曾公子 ◎编著

AI 智能办公实战 108招

ChatGPT+Word+PowerPoint+WPS

清華大學出版社
北 京

内容简介

本书通过 8 大专题内容、108 个实用技巧，讲解了运用 ChatGPT 结合办公软件 Word、PowerPoint 以及 WPS，实现 AI 办公智能化、高效化的方法。随书附赠了 108 集同步教学视频、90 多个素材 + 效果文件、65 个关键词等。

ChatGPT+Word 高效处理文档，讲解了运用 ChatGPT 检查与纠错、统计数据、处理文本、智能生成营销方案、根据提示词生成文本、优化文本用词、改写文章风格、编写论文大纲等内容。

ChatGPT+PPT 智能生成演示文稿，讲解了在 ChatGPT 中逐步生成 PPT、生成 PPT 完整文稿，以及 ChatGPT+Mindshow、ChatGPT+ 闪击 PPT、ChatGPT+ChatPPT 生成 PPT 等内容。

ChatGPT+WPS 生成办公文档与演示文稿，讲解了用 ChatGPT 生成 WPS 办公文档、旅游行程、培训计划、年终总结、辞职报告、分析报告、述职报告、商务演示 PPT、活动策划 PPT、行业分析 PPT 等内容。

最后通过一个综合案例——年终总结，将 ChatGPT、Word、PowerPoint、WPS 四个软件结合使用，让大家充分了解 AI 技术，从而更加高效地处理文档。

本书讲解由浅入深，以实战为核心，适合 Word、PowerPoint 以及 WPS 软件的使用人员，特别是办公人员，通过 AI 提升办公效率，也可作为相关专业的教材或教辅使用。

图书在版编目（CIP）数据

AI智能办公实战108招：ChatGPT+Word+PowerPoint+WPS / 曾公子编著. —北京：清华大学出版社，2024.3（2025.2重印）

ISBN 978-7-302-65896-2

Ⅰ. ①A… Ⅱ. ①曾… Ⅲ. ①人工智能—应用—办公自动化 Ⅳ. ①TP317.1

中国国家版本馆CIP数据核字（2024）第065182号

责任编辑：贾旭龙
封面设计：秦　丽
版式设计：文森时代
责任校对：马军令
责任印制：丛怀宇

出版发行：清华大学出版社
网　　址：https://www.tup.com.cn，https://www.wqxuetang.com
地　　址：北京清华大学学研大厦A座　　**邮　　编：**100084
社 总 机：010-83470000　　**邮　　购：**010-62786544
投稿与读者服务：010-62776969，c-service@tup.tsinghua.edu.cn
质 量 反 馈：010-62772015，zhiliang@tup.tsinghua.edu.cn
印 装 者：小森印刷（北京）有限公司
经　　销：全国新华书店
开　　本：185mm×260mm　　**印　　张：**14.25　　**字　　数：**275千字
版　　次：2024年4月第1版　　**印　　次：**2025年2月第2次印刷
定　　价：89.80元

产品编号：103428-01

前言

Word、PowerPoint 和 WPS 都是人们常用的办公软件，在数字化时代，办公自动化和智能化的需求日益增长，随着人工智能技术的飞速发展，ChatGPT 作为一种先进的自然语言处理模型，正在成为解决实际问题和提供智能助手的重要工具。然而，目前市场上将 Word、PowerPoint、WPS 和 ChatGPT 结合使用的资料和书籍相对较少。

秉承科技兴邦、实干兴邦的精神，我们致力于为读者提供全新的学习方式，使大家能够更好地适应时代发展。通过将 Word、PowerPoint、WPS 办公软件与 ChatGPT 人工智能技术相结合，我们为读者提供了 108 个实用技巧，从文档编辑到幻灯片制作，再到数据处理和办公管理，全面满足读者在办公中的需求，强调实际操作和实战应用，帮助大家在日常办公中充分利用 AI 技术，体验人工智能在办公中的潜力和价值，提升工作效率和创造力。

综合看，本书有以下 4 个亮点。

（1）强强结合。本书将 ChatGPT 与 Word、PowerPoint、WPS 相结合，内容丰富，讲解详细，为读者提供了一系列实用的技巧和方法，这种强强结合使读者能够充分利用各种工具的优势，提高工作效率和质量。

（2）实战干货。本书提供了 108 个实用的技巧和实例，涵盖从文档编辑、文案创作、报告撰写、演示文稿制作到数据分析等各个方面的内容。这些实战干货可以帮助读者快速掌握 AI 智能办公的核心技能，并将其应用到实际工作中。同时，本书还针对每个技巧进行了详细说明和案例展示，并辅以 530 多张彩色插图图解实例操作过程，以便读者更好地理解和应用所学知识。

（3）视频教学。本书针对操作性强的案例录制了同步高清教学视频，共 108 集，大家可以用手机扫码，边看边学，边学边用。

（4）物超所值。本书介绍了 4 款软件，读者以 1 本书的价格，可以同时学习 4 款软件的精华，并且随书赠送了 90 多个素材和效果文件，以及 65 个指令关键词，方便读者进行实战操作练习，提高自己的办公效率。

本书内容由浅入深，以实战为核心，无论是对初学者还是对有一定经验的读者，这本书都能够给予一定帮助。

特别提示：本书在编写时，插图是基于当时的办公软件 Microsoft Office 365、WPS Office 界面和 ChatGPT 3.5 的界面截取的实际操作图片，但书从编辑到出版需要一段时间，在此期间，这些软件的功能和界面可能会有变动，请在阅读时，根据书中的思路，举一反三，进行学习。还需要注意的是，即使输入相同的关键词，ChatGPT 每次的回复也会有差别，因此在扫码观看教程视频时，读者应把更多的精力放在 ChatGPT 关键词的编写和实操步骤上。

特别提醒：尽管 ChatGPT 具备强大的模拟人类对话的能力，但由于其是基于机器学习的模型，因此在生成的文案中仍然会存在一些语法错误，读者需根据自身需求对文案进行适当修改或再加工后方可使用。

本书由曾公子编著，参与编写的人员还有刘华敏，在此对其表示感谢。由于作者水平有限，书中难免有疏漏之处，恳请广大读者批评、指正，读者可扫描封底“文泉云盘”二维码获取作者联系方式，与我们沟通和交流。

编　者

2024 年 1 月

第1章 AI 助手：ChatGPT 的基础操作

学习提示

在学习办公软件之前，首先了解一下 AI（artificial intelligence，人工智能）助手 ChatGPT，它可以进行人机交互，帮助用户提高办公效率。本章将帮助大家认识 ChatGPT，掌握 ChatGPT 的基本操作和指令操作等。

本章重点导航

- 初识 AI 助手 ChatGPT
- 管理 ChatGPT 的聊天窗口
- ChatGPT 的基本操作
- ChatGPT 的指令操作

1.1 初识 AI 助手 ChatGPT

AI 助手是指基于人工智能技术，能够进行人机交互、为用户提供各种服务和帮助的虚拟助手。ChatGPT 便是这样一款能够进行人机交互的 AI 工具，那么 ChatGPT 具体有什么作用？又有哪些功能呢？本节将为大家进行详细介绍，帮助大家全面认识 AI 助手 ChatGPT。

001 什么是 ChatGPT

ChatGPT 是一款基于 AI 技术的聊天机器人，它可以模仿人类的语言行为，实现人机之间的自然语言交互。ChatGPT 不仅可以自动问答，还可以通过自动化和优化流程提高办公效率，帮助用户编写年度报告、编写 PPT 目录大纲、检查纠错以及分析项目数据等。

ChatGPT 的历史可以追溯到 2018 年，当时 OpenAI 公司发布了第一个基于 GPT-1 架构的语言模型。在接下来的几年中，OpenAI 不断改进和升级系统，推出了 GPT-2、GPT-3、GPT-3.5 以及 GPT-4 等版本，使得它的处理能力和语言生成质量得到大幅提升。

002 ChatGPT 自然语言处理

ChatGPT 采用深度学习技术，通过学习和处理大量的语言数据集，从而具备了自然语言理解和生成的能力。自然语言处理（natural language processing，NLP）是计算机科学与人工智能交叉的一个领域，它致力于研究计算机如何理解、处理以及生成自然语言，是人工智能领域的一个重要分支。自然语言处理的发展史可以分为以下 3 个阶段，如图 1-1 所示。

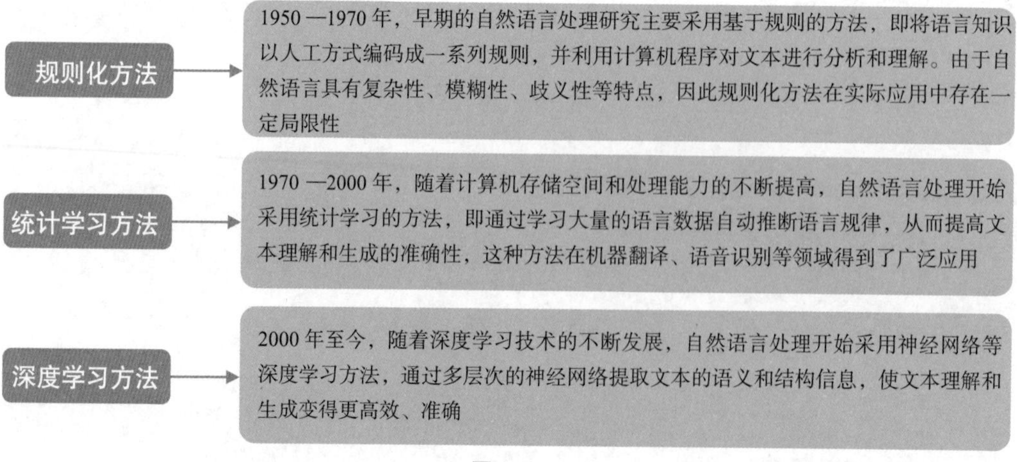

图 1-1

ChatGPT 的发展离不开深度学习和自然语言处理技术的不断进步，这些技术的发展使得处理系统可以更好地理解人类语言，并且能够进行更加精准和智能的回复。

003 认识 ChatGPT 的产品模式

ChatGPT 是一种语言模型，它的产品模式主要是提供自然语言生成和理解的服务。ChatGPT 的产品模式包括以下两个方面，如图 1-2 所示。

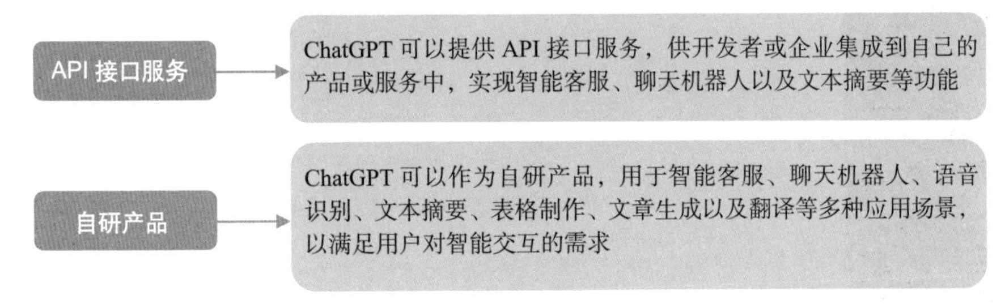

图 1-2

API（application programming interface，应用程序编程接口）接口服务是提供给其他应用程序访问和使用的软件接口。在人工智能领域，开发者或企业可以通过 API 接口服务将自然语言处理或计算机视觉等技术集成到自己的产品或服务中，以提供更智能的功能和服务。

无论是提供 API 接口服务还是自研产品，ChatGPT 都需要在数据预处理、模型训练、服务部署、性能优化等方面进行不断优化，以提供更高效、更准确、更智能的服务，从而赢得用户的信任和认可。

004 了解 ChatGPT 的操作界面

扫码观看教学视频

注册一个 OpenAI 账号并登录 ChatGPT，即可进入其操作界面，如图 1-3 所示。

ChatGPT 的操作界面非常简洁、方便，具体组成如下。

1. 聊天窗口列表

在 ChatGPT 界面的左侧是聊天窗口列表，在其中可以找到跟 ChatGPT 聊天的记录，还可以进行新建、删除和重命名等管理操作。单击列表右上角的按钮，可以将聊天窗口列表隐藏起来，再次单击按钮即可展开聊天窗口列表。

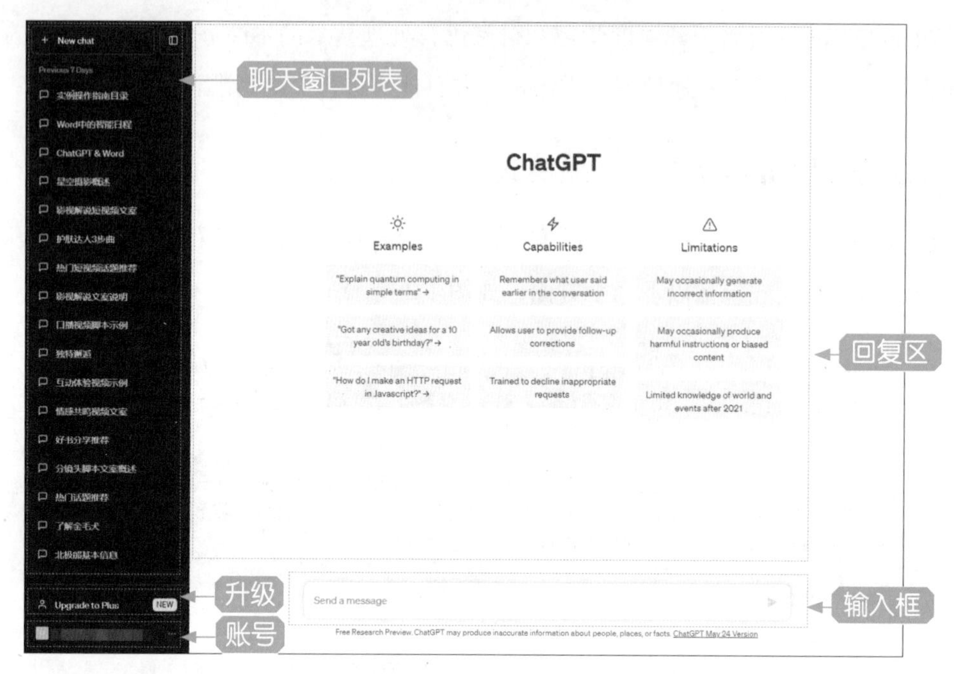

图 1-3

2. 升级

在聊天窗口列表下方有一个升级按钮，单击 Upgrade to Plus（升级到 Plus）按钮，即可弹出 Your plan（你的计划）对话框，如图 1-4 所示。左边呈现的是当前模型及其特点，单击右边的 Upgrade plan（升级计划）按钮，即可花费 20 美元 / 月进行模型升级。

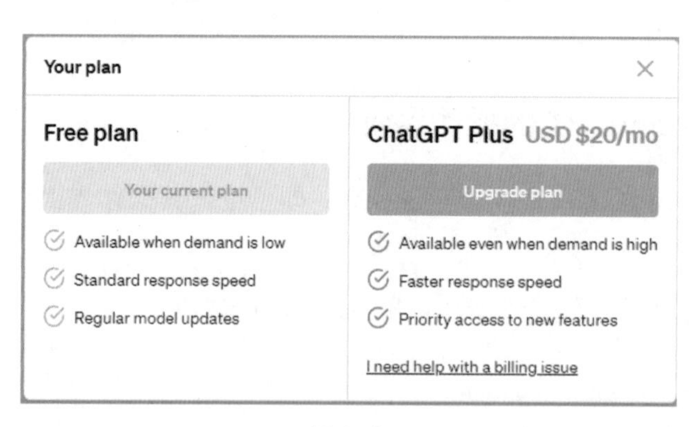

图 1-4

3. 账号

升级按钮下方是邮箱账号，单击账号右侧的•••按钮，展开相应列表，其中主要包括 Help&FAQ（帮助和常见问题解答）、Clear conversations（清晰的对话）、Settings（设置）以及 Log out（注销）选项，如图 1-5 所示。

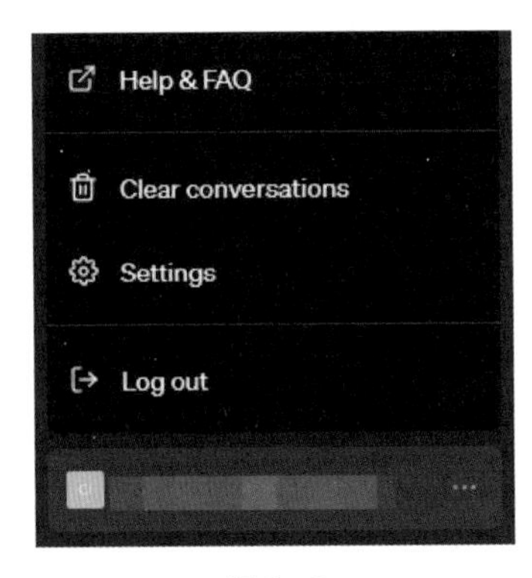

图 1-5

4. 输入框

在输入框中输入文本内容或指令，即可跟 ChatGPT 进行对话，用户可以提问、下达任务以及闲聊等。

5. 回复区

用户发送提问信息或发送指令后，ChatGPT 即可在回复区中根据提问或指令提供有用的回答或建议，还可以根据用户的意图和语义进行智能回复、智能推荐等。如果当前为新的聊天窗口，还未产生对话，则回复区中会显示 Examples（示例）、Capabilities（能力）、Linitations（局限性）这三项内容，提示用户如何使用 ChatGPT。

005 掌握 ChatGPT 的主要功能

ChatGPT 的主要功能是自然语言处理和生成，包括文本的自动摘要、文本分类、对话生成、文本翻译、语音识别以及语音合成等方面。ChatGPT 可以接受输入的文本、语音等形式，然后对其进行语言理解、分析和处理，最终生成相应的输出结果。

例如，用户可以在 ChatGPT 中输入“对以下内容进行分类：苹果、绿萝、香蕉、黄瓜、生菜、玫瑰、辣椒”，ChatGPT 将自动检测用户输入的语言文本，并根据用户的要求进行文本分类，如图 1-6 所示。

ChatGPT 主要基于深度学习和自然语言处理等技术实现这些功能，它采用了类似于神经网络的模型进行训练和推理，模拟人类的语言处理和生成能力，可以处理大规模的自然语言数据，生成质量高、连贯性强的语言模型，具有广泛的应用前景。

除了以上提到的常见功能，ChatGPT 还可以应用于自动信息检索、推荐系统以及智能客服等领域，为各种应用场景提供更加智能、高效的语言处理和生成能力。

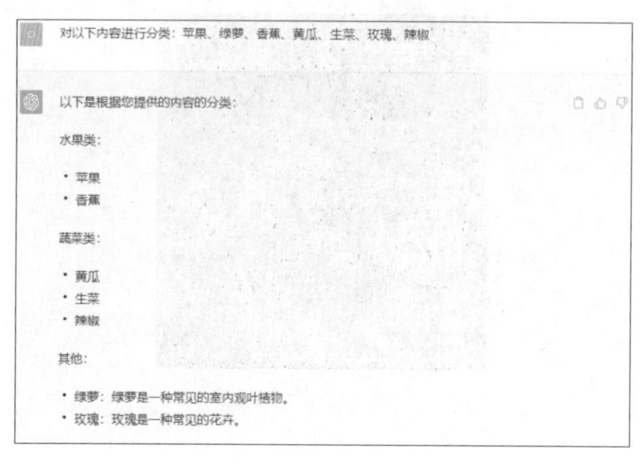

图 1-6

1.2 管理 ChatGPT 的聊天窗口

在 ChatGPT 中，用户每次登录账号后都会默认进入一个新的聊天窗口，而之前建立的聊天窗口则会自动保存在左侧的聊天窗口列表中，用户可以根据需要对聊天窗口进行管理，包括新建、重命名以及删除等。

006 新建一个 ChatGPT 聊天窗口

在 ChatGPT 中，当用户想用一个新主题与 ChatGPT 开始一段新对话时，可以保留当前聊天窗口中的对话记录，新建一个聊天窗口，下面介绍具体的操作方法。

步骤 01 打开 ChatGPT 并进入一个使用过的聊天窗口，在左上角单击 New chat（新建聊天）按钮，如图 1-7 所示。

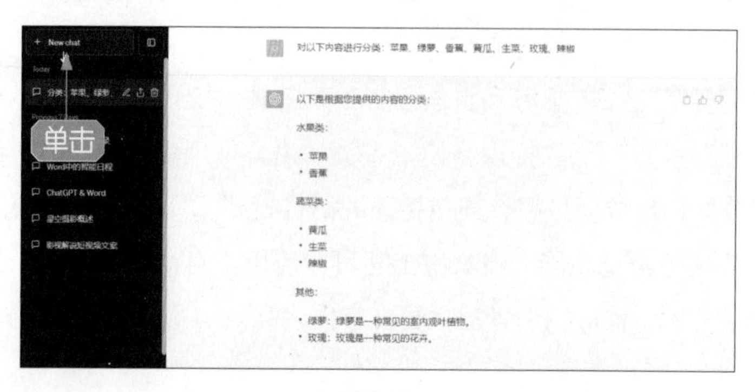

图 1-7

步骤 02 执行操作后，即可新建一个聊天窗口，在输入框中输入“简述 Word 的主要功能”，如图 1-8 所示。

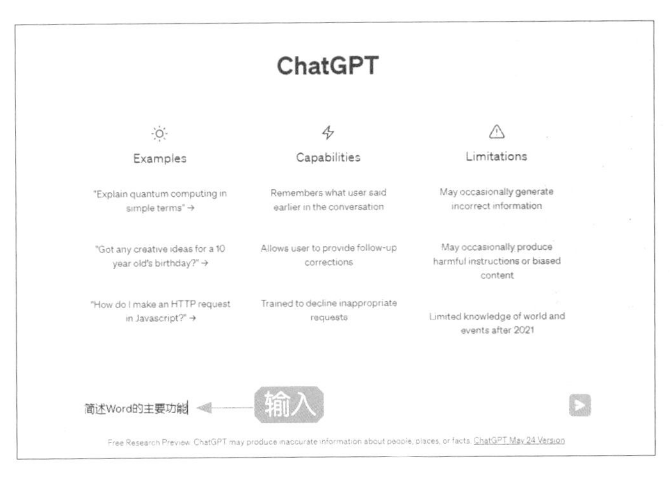

图 1-8

步骤 03 单击输入框右侧的发送按钮 或按 Enter 键，即可与 ChatGPT 对话，ChatGPT 会根据要求进行回复，如图 1-9 所示。

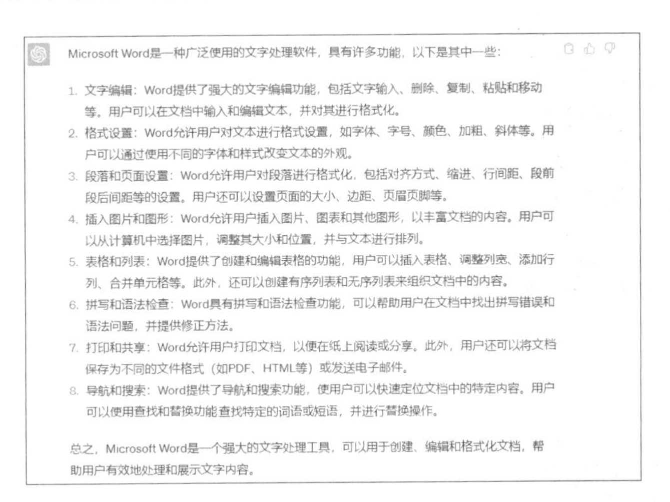

Microsoft Word是一种广泛使用的文字处理软件，具有许多功能，以下是其中一些：

1. 文字编辑：Word提供了强大的文字编辑功能，包括文字输入、删除、复制、粘贴和移动等。用户可以在文档中输入和编辑文本，并对其进行格式化。
2. 格式设置：Word允许用户对文本进行格式设置，如字体、字号、颜色、加粗、斜体等。用户可以通过使用不同的字体和样式改变文本的外观。
3. 段落和页面设置：Word允许用户对段落进行格式化，包括对齐方式、缩进、行间距、段前段后间距等的设置。用户还可以设置页面的大小、边距、页眉页脚等。
4. 插入图片和图形：Word允许用户插入图片、图表和其他图形，以丰富文档的内容。用户可以从计算机中选择图片，调整其大小和位置，并与文本进行排列。
5. 表格和列表：Word提供了创建和编辑表格的功能，用户可以插入表格、调整列宽、添加行列、合并单元格等。此外，还可以创建有序列表和无序列表来组织文档中的内容。
6. 拼写和语法检查：Word具有拼写和语法检查功能，可以帮助用户在文档中找出拼写错误和语法问题，并提供修正方法。
7. 打印和共享：Word允许用户打印文档，以便在纸上阅读或分享。此外，用户还可以将文档保存为不同的文件格式（如PDF、HTML等）或发送电子邮件。
8. 导航和搜索：Word提供了导航和搜索功能，使用户可以快速定位文档中的特定内容。用户可以使用查找和替换功能查找特定的词语或短语，并进行替换操作。

总之，Microsoft Word是一个强大的文字处理工具，可以用于创建、编辑和格式化文档，帮助用户有效地处理和展示文字内容。

图 1-9

007 重命名 ChatGPT 的聊天窗口

在 ChatGPT 的聊天窗口中生成对话后，聊天窗口会自动命名，如果用户觉得不满意，可以对聊天窗口进行重命名操作，下面介绍具体的操作方法。

步骤 01 以上例中新建的聊天窗口为例，选择聊天窗口，单击 按钮，如图 1-10 所示。

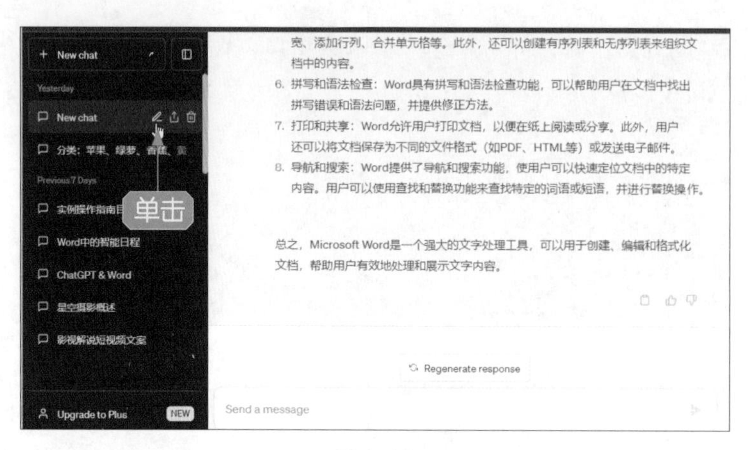

图 1-10

步骤 02 执行上述操作后，即可呈现名称编辑文本框，在文本框中可以修改名称，如图 1-11 所示。

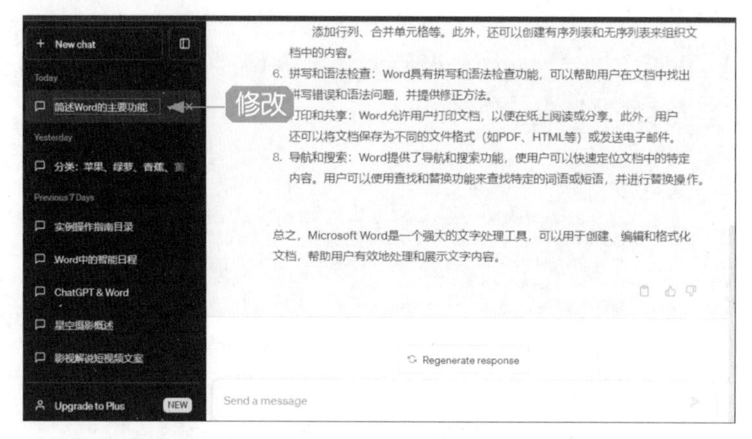

图 1-11

步骤 03 单击✓按钮，即可完成聊天窗口的重命名操作，如图 1-12 所示。

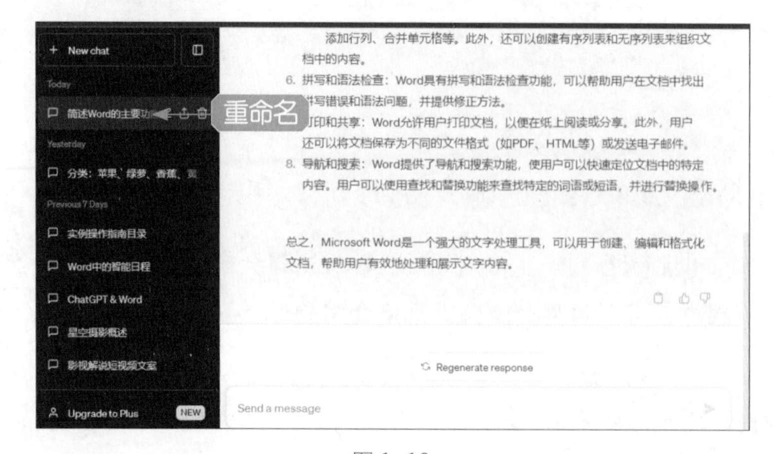

图 1-12

专家指点

单击聊天窗口名称右侧的按钮，可以打开“Share Link to Chat”（共享聊天链接）对话框，创建链接后发送的消息将不会被共享，任何拥有该 URL（uniform resource locator，统一资源定位符，用于指示资源在互联网上的位置）的人都可以查看共享的聊天内容。

008 删除 ChatGPT 的聊天窗口

当用户在 ChatGPT 聊天窗口中完成了当前话题的对话后，如果不想保留聊天记录，可以进行删除操作，将 ChatGPT 聊天窗口删除，下面介绍具体的操作方法。

步骤 01 选择一个聊天窗口，单击按钮，如图 1-13 所示。

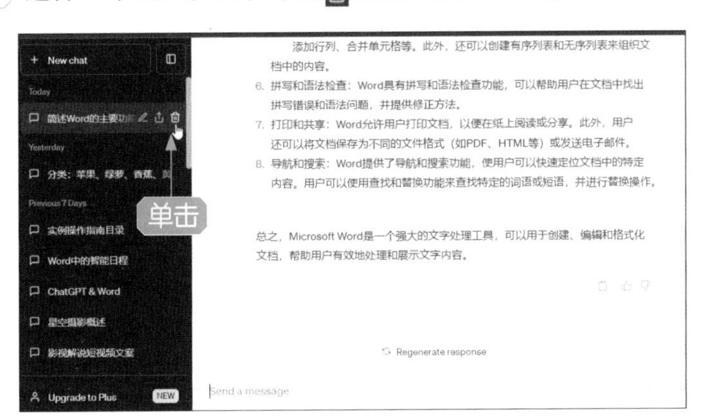

图 1-13

步骤 02 执行操作后，弹出删除提示，❶ 如果确认删除聊天窗口，则单击按钮；❷ 如果不想删除聊天窗口，则单击按钮，如图 1-14 所示。

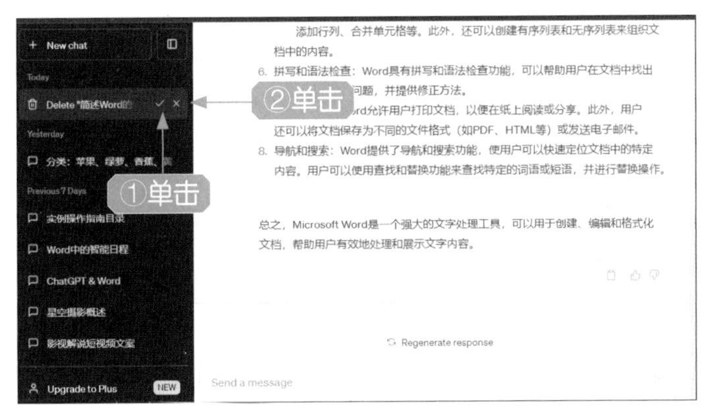

图 1-14

1.3 ChatGPT 的基本操作

在 ChatGPT 中，有一些基本的操作是大家需要提前学会的，例如，停止生成回复、重新生成回复、复制回复的内容、输入换行以及改写指令等操作，本节将向大家介绍。

009 让 ChatGPT 停止生成回复

用户在 ChatGPT 中发送信息后，ChatGPT 一般都是以逐字输出的方式回复信息，当用户对 ChatGPT 当前回复的内容存疑时，可以让它停止生成回复信息，具体操作如下。

打开 ChatGPT 的聊天窗口，在输入框中输入“如何在 Word 中输入分数”，按 Enter 键发送，ChatGPT 即可根据发送的信息进行回复，单击下方的 Stop generating（停止生成）按钮，如图 1-15 所示，即可停止生成回复信息。

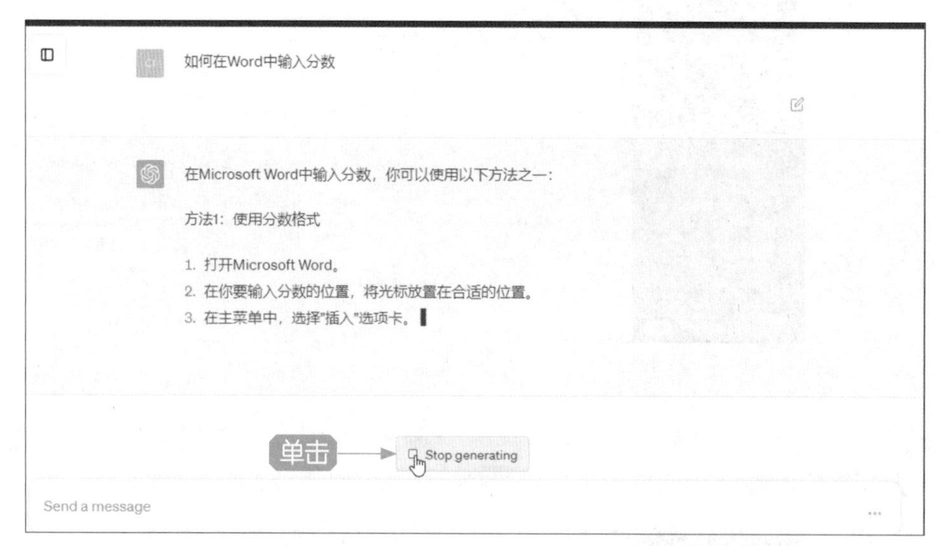

图 1-15

010 让 ChatGPT 重新生成回复

当用户对 ChatGPT 生成的回复不满意时，可以通过按钮让它重新生成，具体操作如下。

步骤 01 打开 ChatGPT 的聊天窗口，在 ChatGPT 已生成回复信息或停止生成回复信息后，在输入框的上方单击 Regenerate response（重新生成）按钮，如图 1-16 所示，即可重新生成回复信息。

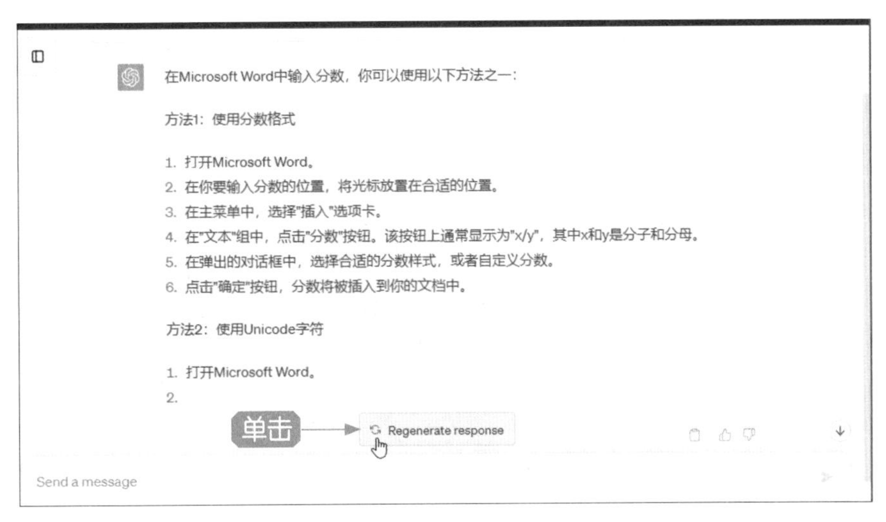

图 1-16

步骤 02 重新生成回复信息后，下方会出现页码，如图 1-17 所示，每重新生成一次就会新增一页，前面生成过的回复会保留下来，单击页码左右两边的箭头可以进入上一页或下一页。

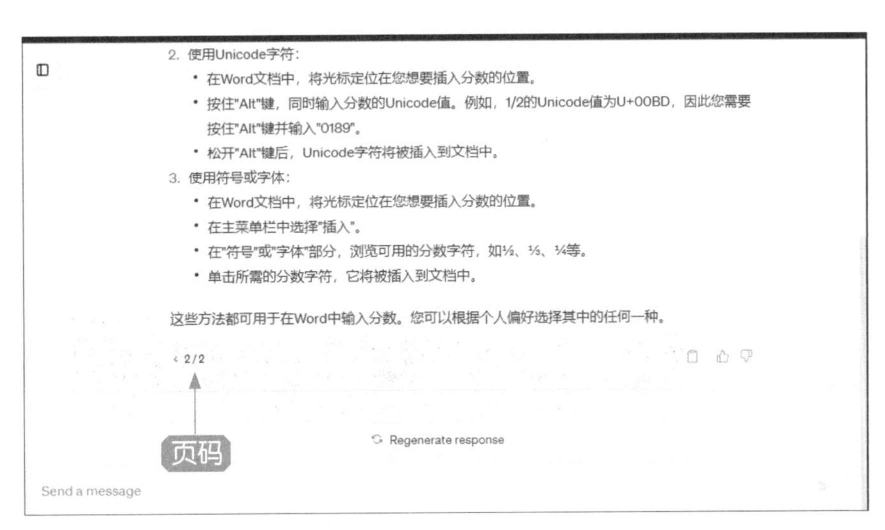

图 1-17

011 通过选择复制回复的内容

当用户需要复制 ChatGPT 回复的内容时，可以通过选择内容的方式将需要的内容复制到 Word 文档中，具体操作如下。

步骤 01 打开 ChatGPT 的聊天窗口，在输入框中输入“提供 3 个高效办公的方法”，按 Enter 键发送，ChatGPT 即可根据发送的内容进行回复，如图 1-18 所示。

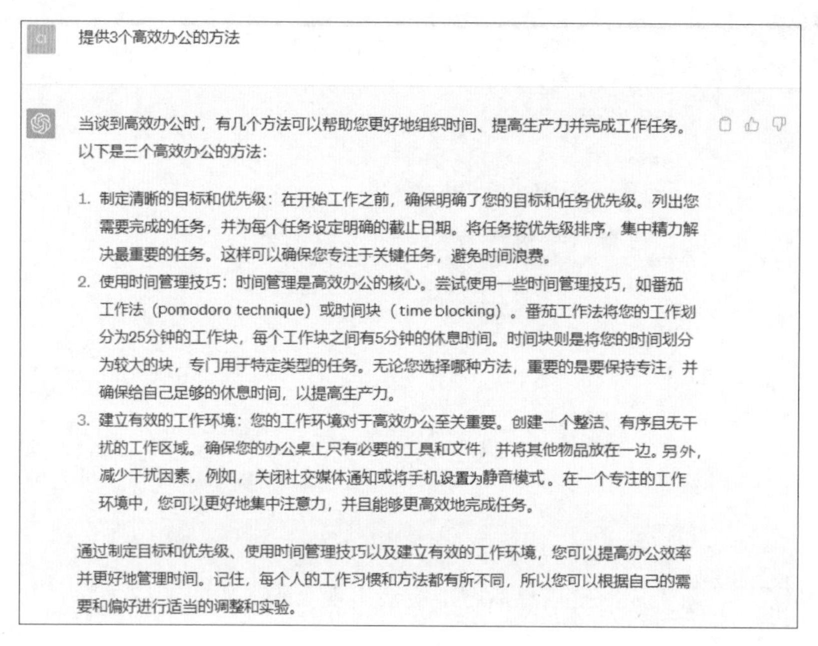

图 1-18

步骤 02 可以看到 ChatGPT 为用户提供了 3 个高效办公的方法，❶选择这 3 个方法，右击；❷在弹出的快捷菜单中选择“复制”选项，如图 1-19 所示。

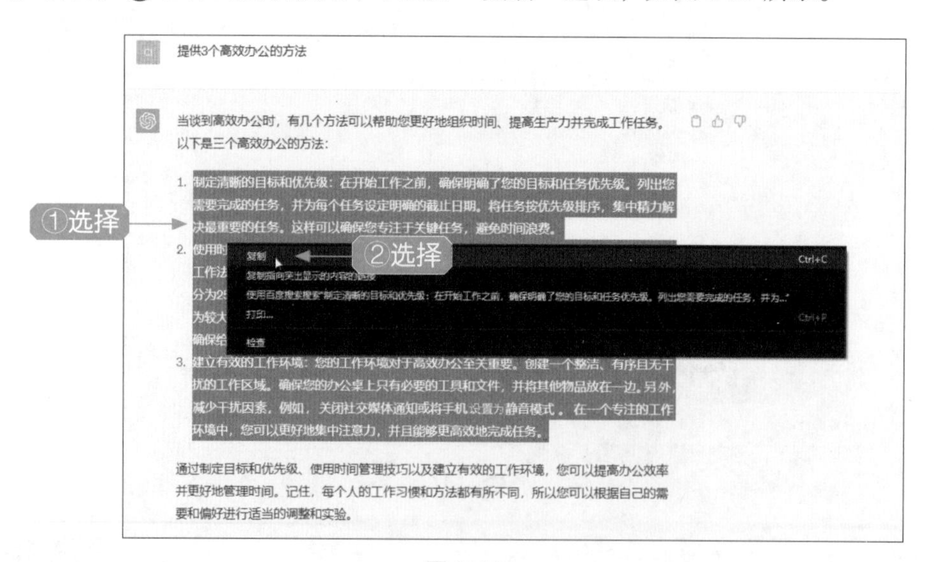

图 1-19

步骤 03 打开一个 Word 文档，如图 1-20 所示，其中已经输入了文本标题。

步骤 04 在下一行单击鼠标右键，弹出快捷菜单，在“粘贴选项：”下方单击“合并格式”按钮，如图 1-21 所示，使文本格式与 Word 文档默认的文本格式相结合。

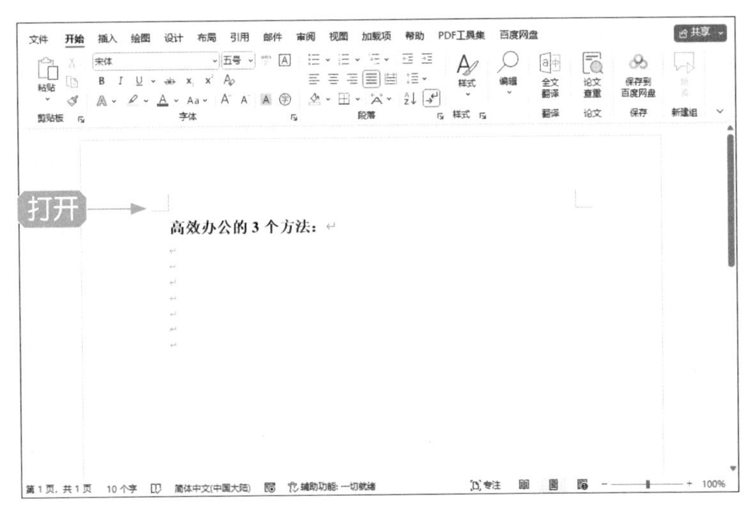

图 1-20

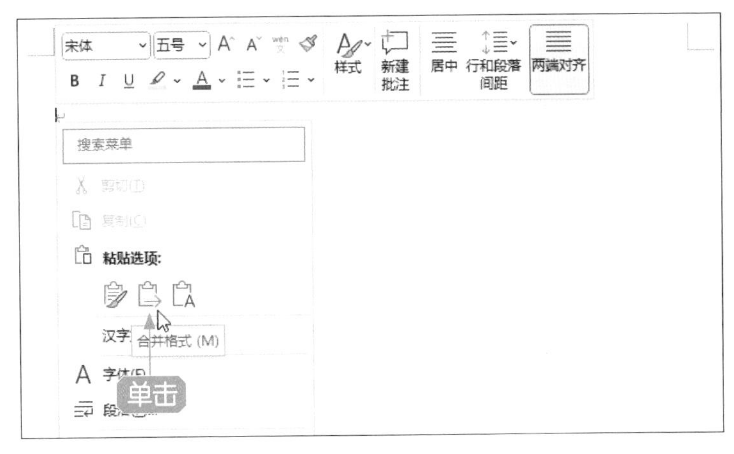

图 1-21

步骤 05 执行操作后，即可粘贴复制的内容，如图 1-22 所示。

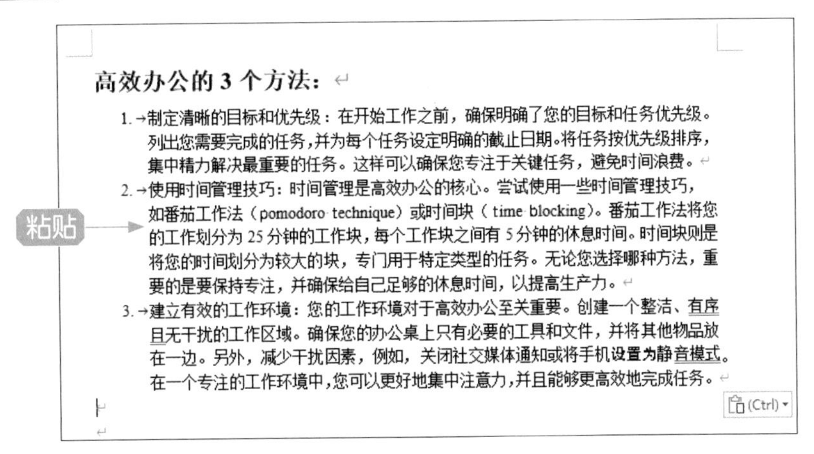

高效办公的 3 个方法：

1. 制定清晰的目标和优先级：在开始工作之前，确保明确了您的目标和任务优先级。列出您需要完成的任务，并为每个任务设定明确的截止日期。将任务按优先级排序，集中精力解决最重要的任务。这样可以确保您专注于关键任务，避免时间浪费。
2. 使用时间管理技巧：时间管理是高效办公的核心。尝试使用一些时间管理技巧，如番茄工作法（pomodoro technique）或时间块（time blocking）。番茄工作法将您的工作划分为 25 分钟的工作块，每个工作块之间有 5 分钟的休息时间。时间块则是将您的时间划分为较大的块，专门用于特定类型的任务。无论您选择哪种方法，重要的是要保持专注，并确保给自己足够的休息时间，以提高生产力。
3. 建立有效的工作环境：您的工作环境对于高效办公至关重要。创建一个整洁、有序且无干扰的工作区域。确保您的办公桌上只有必要的工具和文件，并将其他物品放在一边。另外，减少干扰因素，例如，关闭社交媒体通知或将手机设置为静音模式。在一个专注的工作环境中，您可以更好地集中注意力，并且能够更高效地完成任务。

图 1-22

专家指点

用户在选择需要复制的内容后，也可以按 Ctrl + C 组合键进行复制，然后在 Word 文档中按 Ctrl + V 组合键粘贴。

012 通过按钮复制回复的内容

除了通过选择内容的方式复制 ChatGPT 回复的内容，ChatGPT 还自带复制按钮，可以让用户直接复制 ChatGPT 回复的完整内容，具体操作如下。

步骤 01 以上例中 ChatGPT 的回复为例，打开 ChatGPT 的聊天窗口，在回复内容右侧单击复制按钮，如图 1-23 所示。

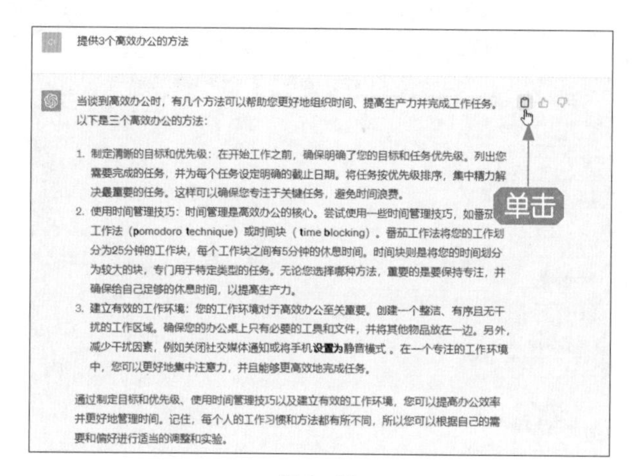

图 1-23

步骤 02 打开一个 Word 空白文档，直接按 Ctrl + V 组合键粘贴复制的内容即可，如图 1-24 所示。

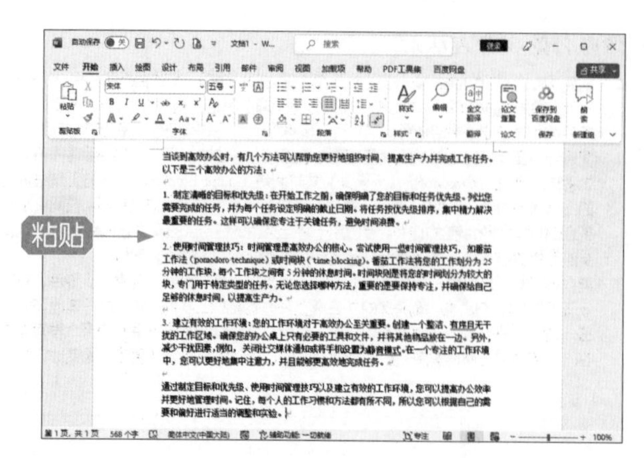

图 1-24

013 在输入框内进行换行操作

当在 ChatGPT 的输入框中输入内容时，可以对其进行分段、分行，具体操作如下。

步骤 01 打开 ChatGPT 的聊天窗口，在输入框中输入第 1 行信息“对以下内容进行翻译：”，如图 1-25 所示。

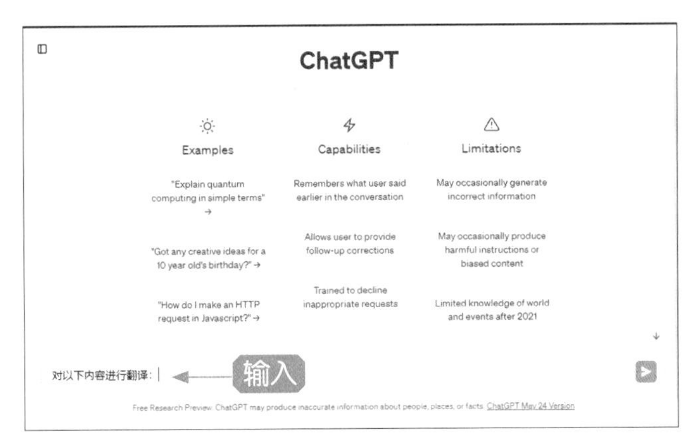

图 1-25

步骤 02 执行操作后，按 Shift + Enter 组合键即可换行，输入其他的内容“林深时见鹿，海蓝时见鲸，梦醒时见你”，如图 1-26 所示。

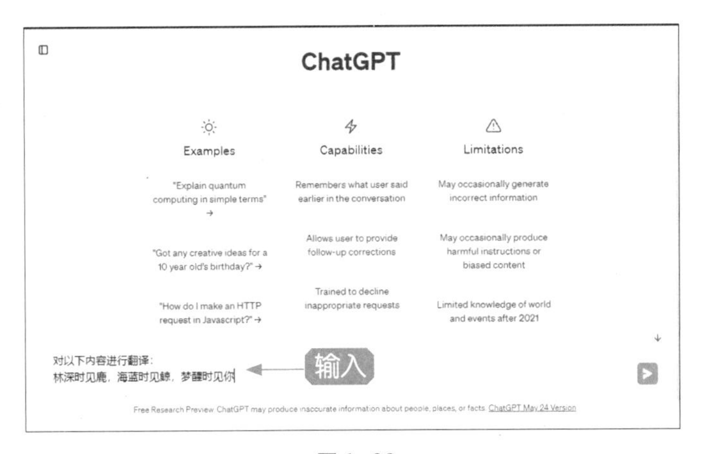

图 1-26

步骤 03 按 Enter 键发送，ChatGPT 即可根据内容进行回复，如图 1-27 所示。

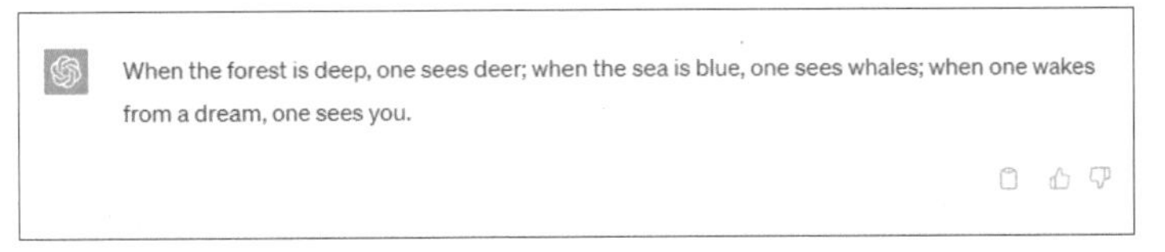

图 1-27

014 改写发送的指令或关键词

当给 ChatGPT 发送的指令或关键词有误或者不够精准时，可以对已发送的信息进行改写，具体操作如下。

步骤 01 以上例为例，在 ChatGPT 的聊天窗口中，单击已发送的信息下方的按钮，如图 1-28 所示。

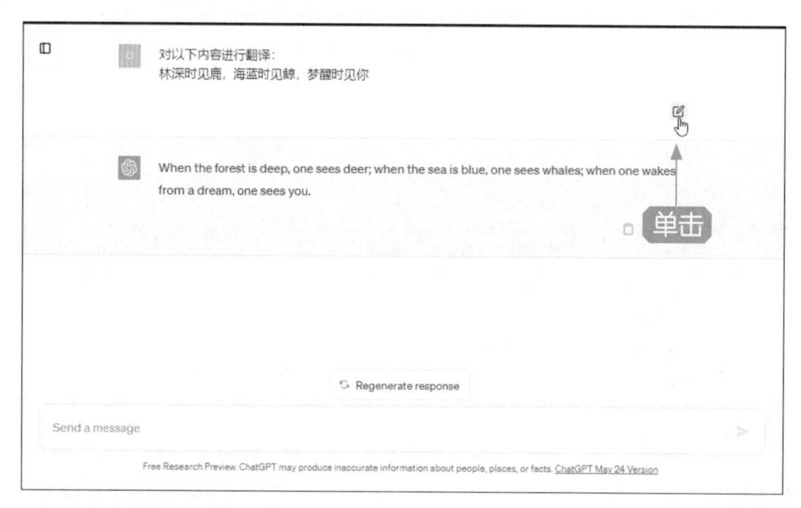

图 1-28

步骤 02 执行操作后，即可对内容进行改写，把“对以下内容进行翻译：”改为“将以下内容翻译为法语：”；单击 Save&Submit（保存并提交）按钮，如图 1-29 所示。

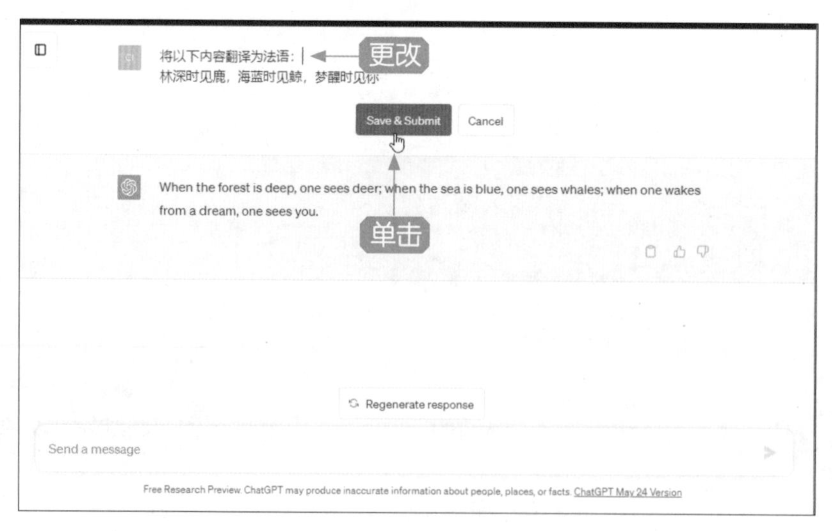

图 1-29

步骤 03 执行操作后，ChatGPT 即可根据内容重新回复，同时，发送的内容下方会生成页码，如图 1-30 所示，保存改写前后的内容，用户可以通过翻页进行查看。

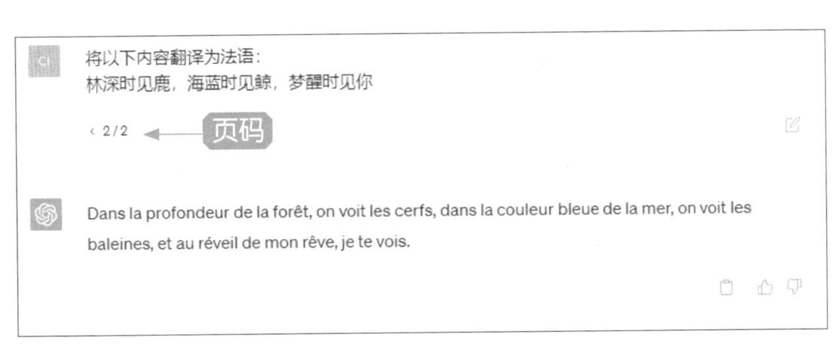

图 1-30

1.4 ChatGPT 的指令操作

ChatGPT 的操作其实很简单，用户只要发送自己的所需所想，它就会根据内容进行回复，但很多人在编写指令或关键词时总是不到位，以至于 ChatGPT 回复的内容不够精准，其实只要指令或关键词写得好，就可以让 AI 模型更好地理解你的需求，从而生成更符合预期的图文内容，本节将向大家介绍编写 ChatGPT 指令的多种操作技巧。

015 如何提问才能让回复更满意

在向 ChatGPT 提问时，用户需要掌握正确的提问方法，这样 ChatGPT 才能够更快、更准确地向用户反馈满意的信息，如图 1-31 所示。

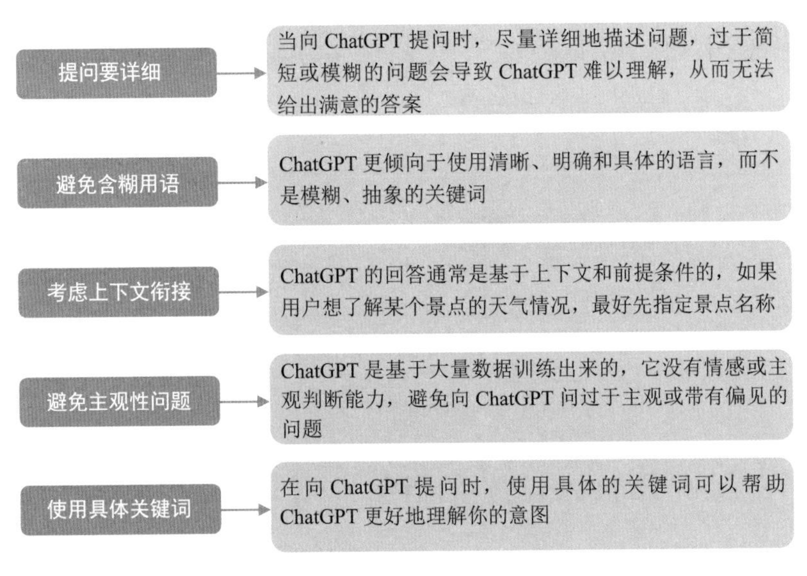

图 1-31

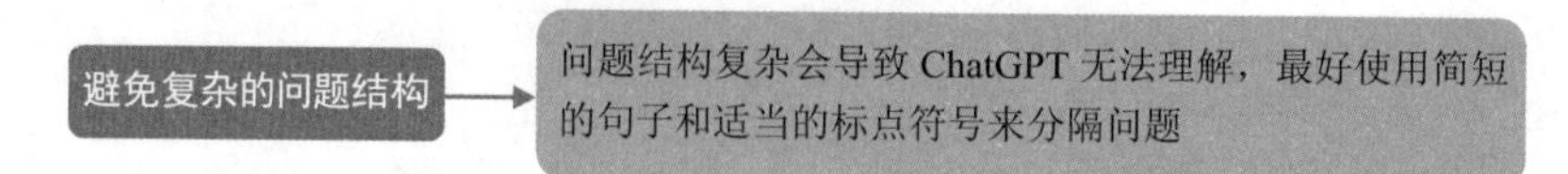

图 1-31（续）

016 在指令中指定具体的数字

在使用 ChatGPT 进行提问前，要注意指令的运用技巧，提问时要在问题中指定具体的数字，描述要精准，这样可以得到更满意的答案。例如，指令内容为“写 5 个关于黄昏美景的文章标题”，其中“5 个”就是具体数字，“黄昏美景”就是精准的内容描述，ChatGPT 的回复如图 1-32 所示。

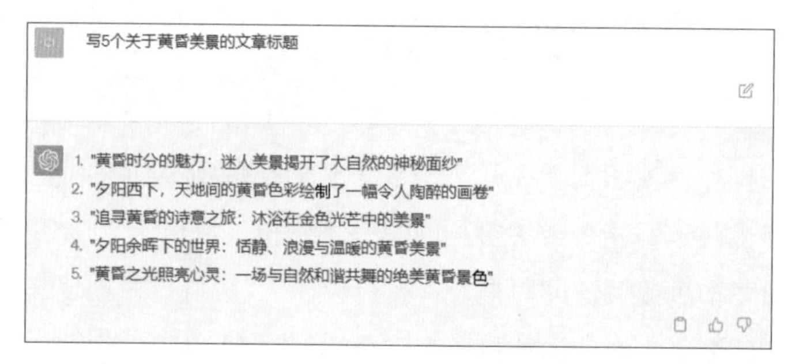

图 1-32

通过上述 ChatGPT 的回答，我们可以看出 ChatGPT 的回复结果还是比较符合要求的，它不仅提供了 5 个文章标题，而且每个标题都不同，让用户有更多选择。

这就是在提问时指定具体数字的好处，数字越具体，ChatGPT 的回复就越精准，例如，用户还可以在提问时限制 ChatGPT 的回复字数，“写 5 个关于黄昏美景的文章标题，要求每个标题在 16 个字左右”，ChatGPT 的回复如图 1-33 所示。

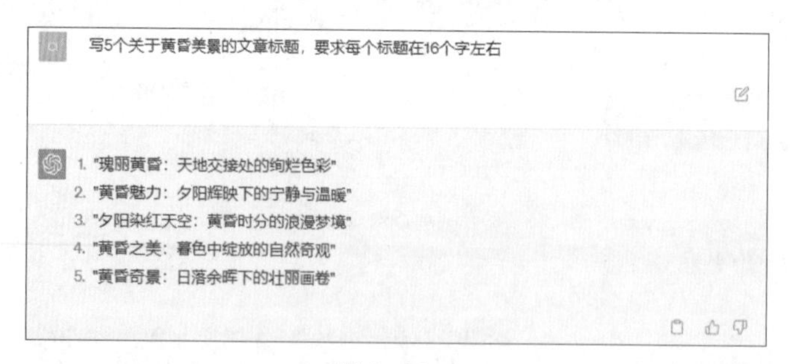

图 1-33

017 在提问中添加更具逻辑的指令

ChatGPT 具有非常强的语言理解能力和内容输出能力，如果你希

望它回复的内容更加具有逻辑性，可以在提问时加上这个指令“Let’s think step by step（让我们一步一步来思考）”，它可以提升 ChatGPT 的逻辑能力，且中英文都适用。

例如，首先在 ChatGPT 中输入“写出暑期出行安全注意事项”，ChatGPT 即可根据该问题简单罗列相关内容，话没说完，内容不完整，如图 1-34 所示。

图 1-34

接下来，我们再问一次，“写出暑期出行安全注意事项，让我们一步一步来思考”，它显示的结果就很不一样了，如图 1-35 所示。

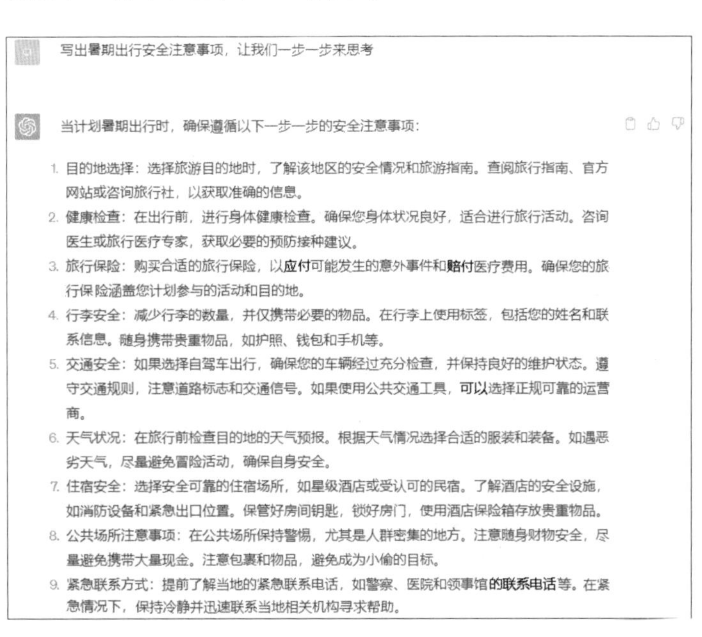

图 1-35

10. 尊重当地文化和习俗：了解并尊重您所访问国家或地区的文化、习俗和法律。遵守当地的规定和禁忌，以避免冒犯当地居民或引发不必要的问题。

通过遵守这些安全注意事项，您可以在暑期出行时确保安全，并使您的旅程愉快和难忘。

Regenerate response

图 1-35（续）

很明显，加上了指令“让我们一步一步来思考”后，ChatGPT 给出的答案内容顺序更有逻辑性，从主要内容到次要内容，主次更加分明。

专家指点

在向 ChatGPT 提问时注意，可以将指令改成英文语句，如“写出暑期出行安全注意事项，Let’s think step by step”，ChatGPT 还是会回复有逻辑性的答案，用户可以根据自己的习惯来编写。

018 在提问中添加拓宽思维的指令

如果你经常需要用 ChatGPT 来做创意、项目以及策划类的方案，可以在提问时加上这个指令“What are some alternative perspectives？（有哪些可以考虑的角度）”，该指令可以拓宽 ChatGPT 的思维广度，并且同样中英文都适用。

例如，在 ChatGPT 中输入“描写一段‘海边的日出场景’”，ChatGPT 的回复如图 1-36 所示，整体内容比较平铺直叙。

描写一段“海边的日出场景”

晨曦渐渐染红了天空，大海在黎明的柔光下泛起了微微的波澜。海滩上弥漫着一股清新的咸香气息，海风轻轻拂过脸颊，带来一丝凉爽的感觉。

太阳的辉芒开始从海平面上冉冉升起。一束金色的光束撕开了天边的云层，温暖的阳光洒在海面上，像是一片金铺在水面上，闪耀着无尽的光彩。

海鸥欢快地在空中盘旋，它们成群结队地飞翔，翅膀划过天空留下一道银白色的弧线。海浪轻轻拍打着岸边的礁石，发出轻柔的声音，似乎在歌唱着新一天的到来。

海的颜色由深蓝渐变为浅蓝，透明的海水中映照着金色的阳光，形成了一条闪耀的光带。远处的船只静静地停泊在海面上，映衬着耀眼的晨曦，仿佛进入了一个梦幻的世界。

沙滩上，偶尔可以看到一些早起的人们，沐浴在晨光中，享受着这宁静而美好的时刻。他们或是在散步，或是在沙滩上铺开毯子，静静地欣赏着大自然的鬼斧神工。

时间仿佛在这一刻停滞了，所有的一切都变得静谧而祥和。海边的日出让人感到宁静与希望，仿佛告诉我们，每一个崭新的早晨都是一个全新的开始，充满着无限可能。

图 1-36

如果你还想要更多选择，可以再次提问“描写一段‘海边的日出场景’，有哪些可以考虑的角度？”，ChatGPT 会从不同角度回答该问题，给用户提供更多的思路和帮助，如图 1-37 所示。

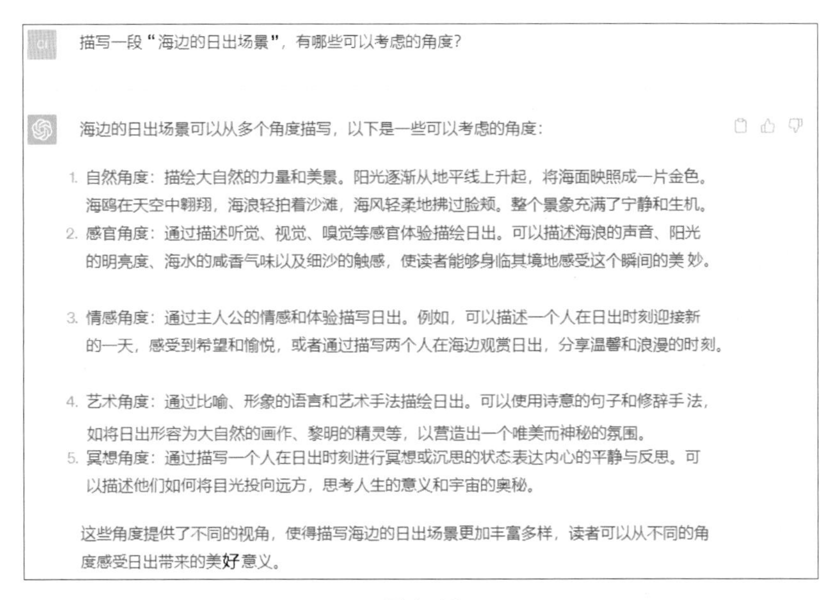

图 1-37

019 在提问时定义 ChatGPT 的身份

在提问的时候，用户可以定义 ChatGPT 的身份，同时描述问题的背景，甚至可以让 ChatGPT 向用户提问，从而给出更加具体的场景。

例如，在 ChatGPT 中输入“你是一位资深作家，我想在一个月内学会小说的写作手法，你帮我制订一个简单易学的学习计划并给出写作练习建议。在你给出答案前，可以问我一些你不确定的相关问题”，ChatGPT 的回复如图 1-38 所示。

你是一位资深作家，我想在一个月内学会小说的写作手法，你帮我制订一个简单易学的学习计划并给出写作练习建议。在你给出答案前，可以问我一些你不确定的相关问题

当然！在帮助您制订一个简单易学的学习计划之前，我想了解一些与您相关的问题，以便更好地为您提供帮助：

1. 您在写作方面是否有任何经验？例如，您是否曾经写过故事、文章或其他类型的作品？
2. 您对小说的类型或题材有任何特别的偏好吗？是否有一个初始的故事想法或主题？
3. 您计划每天或每周投入多少时间进行学习和写作？您是否有其他工作或学习任务需要平衡？
4. 您是否有任何特定的目标或期望，例如，完成一篇完整的短篇小说、掌握特定的写作技巧或提升故事叙述能力？

请提供您的答案，我将根据您的回复为您制订一个个性化的学习计划，并给出相应的写作练习建议。

图 1-38

从图 1-38 中可以看到，ChatGPT 一共提出了 4 个问题，接下来依次进行回答，ChatGPT 即可生成更符合用户需求的内容，如图 1-39 所示。

1.没有任何的写作经验
2.偏好历史架空类型
3.每天晚上只有两个小时的学习和写作时间
4.完成一篇完整的短篇小说

非常感谢您的回答！基于您的情况，我为您设计了一个简单易学的学习计划，帮助您在一个月内学会小说写作的基本手法并完成一篇完整的短篇小说。以下是您的学习计划和写作练习建议：

第一周：

1. 研究小说写作基础：阅读入门指南或教程，了解基本的故事结构、角色发展和情节构建等方面的知识。
2. 阅读历史架空小说：选择几本您喜欢的历史架空小说作品，仔细阅读并分析它们的故事情节、人物塑造和历史背景设置。观察作者是如何创造吸引人的故事世界的。
3. 创造故事大纲：选择一个历史时期或事件作为背景，思考一个初始的故事想法。制定一个简单的故事大纲，包括主要角色、冲突和基本情节发展。

写作练习建议：在第一周的最后几天，尝试根据您的故事大纲，写下一个简短的故事开头，引入主角和背景，制造一些悬念或引发读者的兴趣。

第二周：

1. 角色塑造：学习如何塑造鲜明的小说角色，包括外貌、性格、动机和目标。深入了解您的主角和次要角色，并思考他们在故事中的发展和关系。
2. 情节发展：了解如何有效地发展故事情节，包括引入冲突、升华紧张氛围和推动故事发展。学习使用转折点、高潮和结尾来构建引人入胜的故事。
3. 描写和设置：探索如何描写历史背景、场景和情感氛围，使读者能够身临其境。练习使用形象化的语言和感官描写来创造生动的画面和情感共鸣。

写作练习建议：继续完善您的故事，着重发展角色和推进情节。写下故事的中间部分，展示角色的成长和冲突的升级。

第三周：

1. 对话和对话技巧：学习如何书写自然流畅的对话，使角色之间的对话更具逼真感和情感张力。练习使用对话来推动情节、展示角色关系和传递信息。
2. 紧凑写作和节奏掌控：学习如何紧凑地写作，删除多余的描写和冗长的段落，以保持故事的节奏感。掌握控制节奏和张力的技巧，使读者一直保持紧张感。
3. 编辑和修订：学习如何自我编辑和修订您的作品。检查故事的连贯性、角色的一致性和语言的流畅性。注意语法、拼写和标点符号的错误。

写作练习建议：在第三周，着重练习对话的书写和紧凑写作。重读您的故事，删除不必要的部分，并确保故事的节奏流畅。

图 1-39

第四周：

1. 完善故事结构：审查故事的起承转合结构，确保故事有一个清晰的起点、扣人心弦的发展和令人满意的结局。调整和重新安排情节中的事件，以提升故事的吸引力。
2. 语言和风格：探索个人写作风格，使您的作品独特而有吸引力。练习运用修辞手法和多样的句式，使您的语言更加生动和富有表现力。
3. 反馈和修改：请朋友、家人或其他写作爱好者阅读您的故事，并提供反馈建议。倾听他们的意见，进行必要的修改和改进。

写作练习建议：在最后一周，花时间完善您的故事结构和语言。进行最后的编辑和修订，确保故事的流畅性和质量。

希望这个学习计划和写作练习建议能对您有所帮助！通过坚持学习和实践，您将逐渐掌握小说写作的基本技巧，并完成一篇令人满意的短篇小说。祝您写作愉快！

图 1-39（续）

1.5 本章小结

本章首先帮助大家认识了 AI 助手 ChatGPT，包括 ChatGPT 的产品模式、操作界面以及主要功能等；然后介绍了管理 ChatGPT 聊天窗口的操作，包括新建、重命名以及删除聊天窗口等；接着介绍了 ChatGPT 的基本操作，包括停止生成回复、重新生成回复、复制回复的内容以及换行操作等；最后介绍了 ChatGPT 的指令操作，包括如何提问才能让回复更满意、在指令中指定具体数字、在提问中添加逻辑指令和拓宽思维的指令以及在提问时定义 ChatGPT 的身份等内容。学完本章，大家可以掌握 AI 助手 ChatGPT 的操作方法。

1.6 课后习题

鉴于本章知识的重要性，为了帮助读者更好地掌握所学知识，本节将通过课后习题，帮助读者进行简单的知识回顾和补充。

1．使用 ChatGPT 正确提问时，该注意哪几个方面？

2．让 ChatGPT 的回复更具逻辑性，该用哪个指令？

（扫描本书封底的“文泉云盘”二维码获取答案）

第 2 章 ChatGPT + Word：高效处理文档

学习提示

Word 是 Office 办公系列中专门为文本编辑、排版以及打印而设计的软件，具有强大的文字输入和处理功能。本章将向大家介绍使 ChatGPT 和 Word 协同合作，高效处理文档的操作方法。

本章重点导航

- Word 文档的基本操作
- 用 ChatGPT 检查与纠错
- 用 ChatGPT 统计数据
- 用 ChatGPT 处理文本

2.1 Word 文档的基本操作

Word 文档是文本对象的载体，用户可以在文档中输入文本和插入图片，并对文本内容进行排版和格式设置，还可以调整文档视图布局，使文档中的内容看起来更加整齐、舒适。本节主要介绍设置文本字体格式、设置文本段落格式、在文档中图文混排以及显示文档导航窗格等操作方法。

020 设置文本字体格式

扫码观看教学视频

在 Word 文档中，通常编辑文档的第一步就是在文本插入点处输入文本内容，输入的文本格式通常都是默认状态，用户可以根据需要设置文本的字体、字号等格式。下面以设置标题格式为例，介绍具体的操作方法。

步骤 01 打开一个 Word 文档，其中已经输入了文本内容，选择标题，如图 2-1 所示。

步骤 02 在“开始”功能区的“字体”面板中，❶设置“字体”为“黑体”；❷设置“字号”为“二号”，如图 2-2 所示。

高效工作：提升生产力的关键
选择
在现代快节奏的工作环境中，提升工作效率至关重要。以下是几项有效的方法，可助您实现更高生产力：
1. 优先事项排序：将任务按优先级排序，集中精力解决重要事项，减少时间浪费。
2. 时间管理：采用时间块法，将工作分割成小段时间，专注于任务，避免分心。
3. 目标设定：设定明确的目标，有助于保持动力和专注，更快地完成任务。
4. 技术工具：合理应用工作辅助工具，如任务管理应用和协作平台，提升团队协作效率。
5. 学习与提升：不断学习新技能，提升自我效能，增强应对工作挑战的能力。
6. 健康生活：保持健康的生活方式，充足的睡眠和适度的运动，有助于提升精力和专注力。
通过采用这些方法，您将能够更加高效地处理工作任务，实现事半功倍的效果。

图 2-1

文件
开始
插入
绘图
设计
布局
引用
邮件
审阅
黑体
五号
粘贴
剪贴板
字体
初号
小初
一号
小一
二号
小二
三号
小三
四号
①设置
②设置

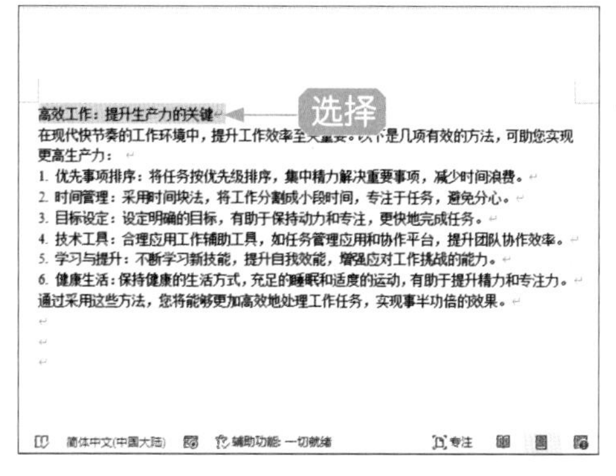

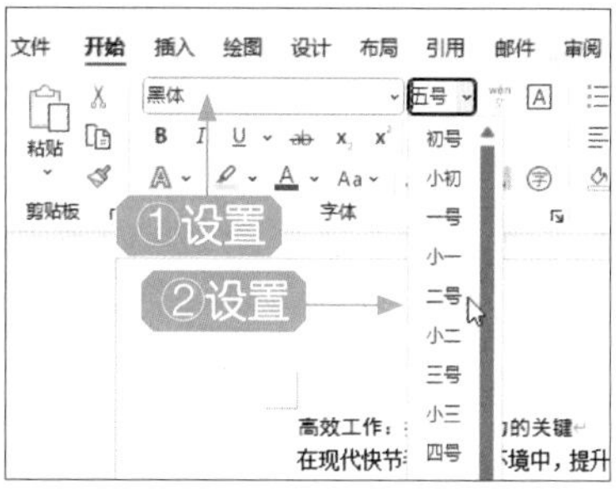

图 2-2

步骤 03 执行操作后，即可设置标题的字体大小，效果如图 2-3 所示。

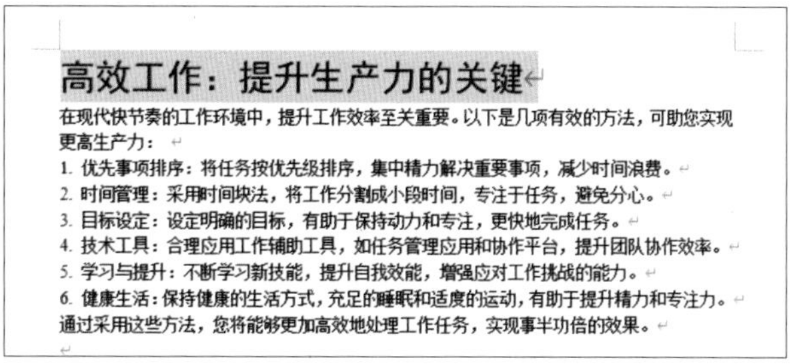

高效工作：提升生产力的关键
在现代快节奏的工作环境中，提升工作效率至关重要。以下是几项有效的方法，可助您实现更高生产力：
1. 优先事项排序：将任务按优先级排序，集中精力解决重要事项，减少时间浪费。
2. 时间管理：采用时间块法，将工作分割成小段时间，专注于任务，避免分心。
3. 目标设定：设定明确的目标，有助于保持动力和专注，更快地完成任务。
4. 技术工具：合理应用工作辅助工具，如任务管理应用和协作平台，提升团队协作效率。
5. 学习与提升：不断学习新技能，提升自我效能，增强应对工作挑战的能力。
6. 健康生活：保持健康的生活方式，充足的睡眠和适度的运动，有助于提升精力和专注力。
通过采用这些方法，您将能够更加高效地处理工作任务，实现事半功倍的效果。

图 2-3

021 设置文本段落格式

在 Word 文档中，用户可以对文本的段落格式进行设置，例如，设置文本对齐、设置文本行距等，使文本内容排版更加美观，具体操作如下。

步骤 01 打开上例中的效果文档，选择标题，在“开始”功能区的“段落”面板中，单击“居中”按钮，设置文本居中对齐，如图 2-4 所示。

步骤 02 继续在“段落”面板中，❶ 单击“行和段落间距”下拉按钮；❷ 在弹出的列表框中选择 1.5 选项，设置文本行距，如图 2-5 所示。

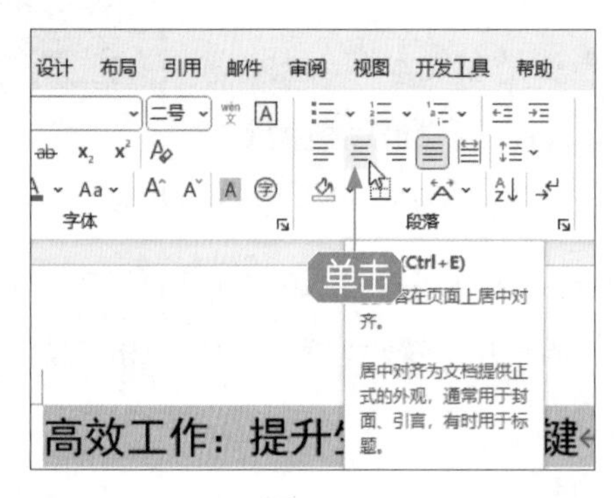

图 2-4

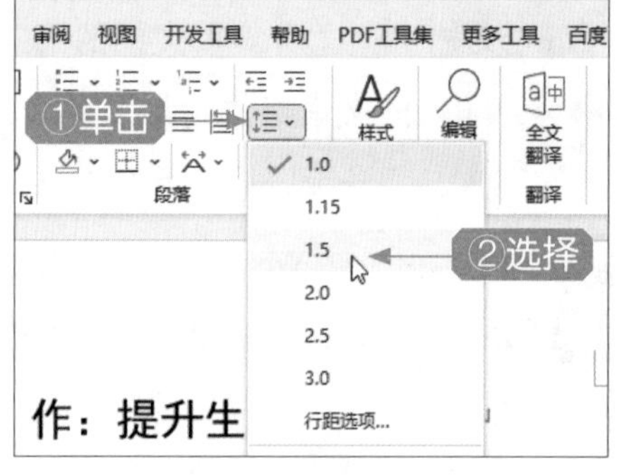

图 2-5

步骤 03 选择正文内容，用上述同样的方法，设置文本行距为 2.0，效果如图 2-6 所示。

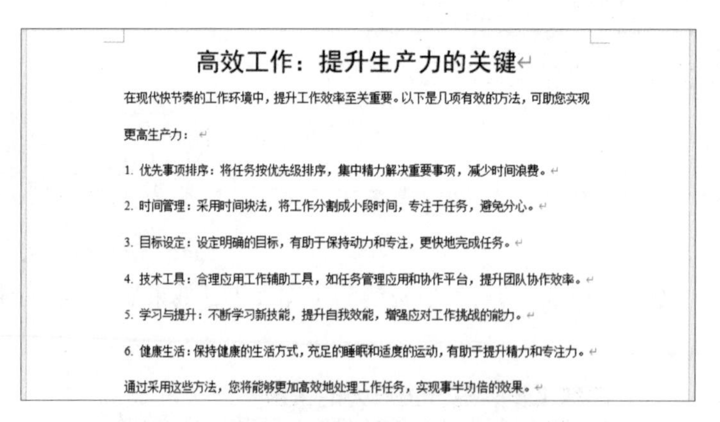

高效工作：提升生产力的关键

在现代快节奏的工作环境中，提升工作效率至关重要。以下是几项有效的方法，可助您实现更高生产力：

1. 优先事项排序：将任务按优先级排序，集中精力解决重要事项，减少时间浪费。

2. 时间管理：采用时间块法，将工作分割成小段时间，专注于任务，避免分心。

3. 目标设定：设定明确的目标，有助于保持动力和专注，更快地完成任务。

4. 技术工具：合理应用工作辅助工具，如任务管理应用和协作平台，提升团队协作效率。

5. 学习与提升：不断学习新技能，提升自我效能，增强应对工作挑战的能力。

6. 健康生活：保持健康的生活方式，充足的睡眠和适度的运动，有助于提升精力和专注力。

通过采用这些方法，您将能够更加高效地处理工作任务，实现事半功倍的效果。

图 2-6

022 在文档中图文混排

在 Word 文档中，用户可以通过插入图片的方式为文案配图，实现图文混排操作，下面介绍具体的操作方法。

步骤 01 打开一个文档，将光标放置在文本下一行的段落标记处，在“插入”功能区的“插图”面板中，❶单击“图片”下拉按钮；❷在下拉列表中选择“此设备”选项，如图 2-7 所示。

步骤 02 弹出“插入图片”对话框，选择需要插入的图片，如图 2-8 所示。

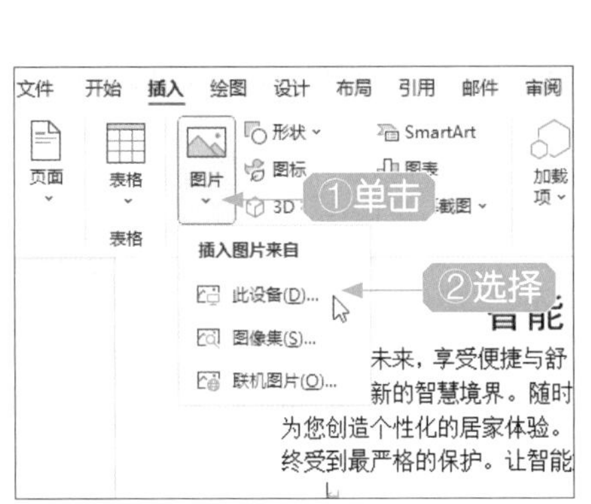

图 2-7

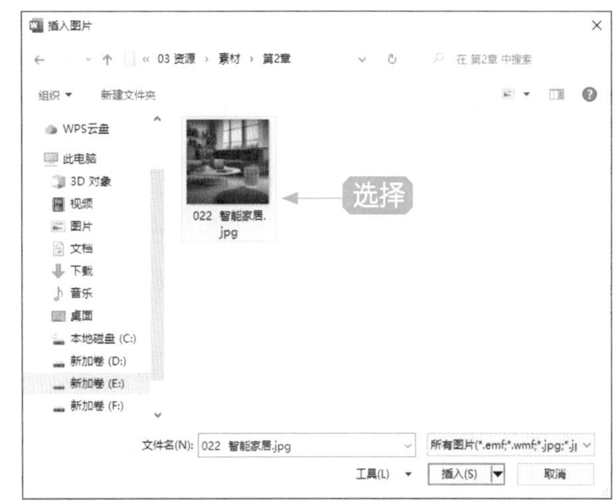

图 2-8

步骤 03 单击“插入”按钮，即可将图片插入文档中，设置图片居中对齐，效果如图 2-9 所示。用户还可以在“图片格式”功能区的“大小”面板中调整图片大小。

图 2-9

023 显示文档导航窗格

在 Word 中，“导航”窗格是一个侧边栏工具，可以显示文档的大纲或者章节结构，让人快速浏览、导航和跳转到文档中的不同部分，这在处理较长的文档时特别有用，可以节省查找特定内容的时间。此外，还可以在搜索框中快速查找和替换特定文字、短语等；可以显示目录和标题样式、重新排列章节内容、切换多个文档以及插入目录和交叉引用等。在默认状态下，“导航”窗格通常是不显示的，用户可以按 Ctrl + F 组合键显示“导航”窗格，此外，还可以通过功能区显示“导航”窗格，下面介绍具体的操作方法。

步骤 01 打开一个文档，在“视图”功能区的“显示”面板中，选中“导航窗格”复选框，如图 2-10 所示。

步骤 02 执行操作后，即可在侧边栏显示“导航”窗格，在“导航”窗格中显示了文档中的级别标题，如图 2-11 所示。

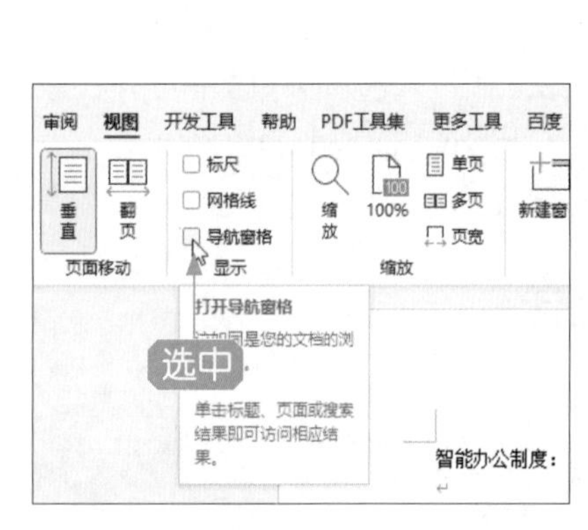

图 2-10

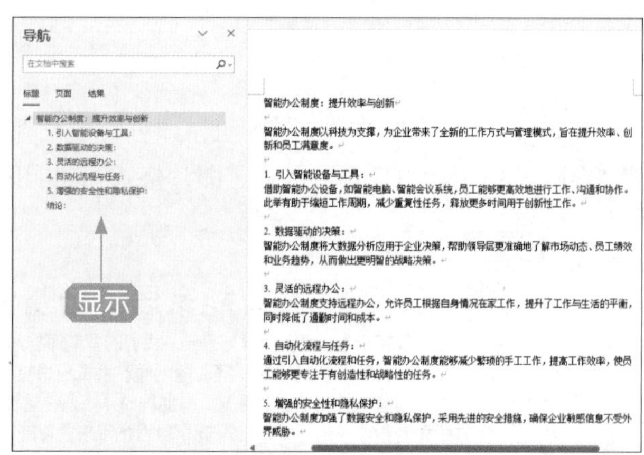

图 2-11

2.2 用 ChatGPT 检查与纠错

ChatGPT 可以提供多种功能，包括拼写检查、语法检查以及单词替换等，当 Word 文档中的内容过多时，用户可以借助 ChatGPT 对文档内容进行检查。通过与 ChatGPT 交互，用户可以轻松地进行文档内容的检查和纠错工作，从而提升文档的质量和可读性。

024 用 ChatGPT 进行拼写检查

使用 ChatGPT 可以进行拼写检查，帮助用户找出文档中可能存在的拼写错误。用户只需将文档内容输入 ChatGPT 中，它将会检查并标示出可能的拼写错误，并提供正确的拼写替换建议，下面介绍具体的操作方法。

步骤 01 打开一个 Word 文档，如图 2-12 所示，需要对文档中的内容进行拼写检查。

玻璃工艺营造家居氛围

在现代家居装潢和设计中，随着玻璃多元化的不断涌现，晶莹剔透、绚丽多彩的新型装潢玻璃越来越多地运用到居室墙、地、顶及隔断的空间装潢上，并释放出不俗的艺术效果，为居室营造了一个冰清玉洁的世界。

房门装潢成月亮门，室内份隔用围墙漏窗，天花板用彩绘翡翠绿玻璃装璜。这种彩绘玻璃质地优良，宛如一江春水，远看色如碧玉，近看则色泽剔透、清澄透明，山青、水碧、花红。居室中天然大理石的圆桌、鼓形凳错落有致，室中央垂下一盏发出淡绿色光芒的玻璃大吊灯，与青草似的绿色地毯交相辉映，使人仿佛置身于美丽的露天花园内。

图 2-12

步骤 02 按 Ctrl + A 组合键全选文档内容，按 Ctrl + C 组合键复制选择的内容，如图 2-13 所示。

玻璃工艺营造家居氛围

在现代家居装潢和设计中，随着玻璃多元化的不断涌现，晶莹剔透、绚丽多彩的新型装潢玻璃越来越多地运用到居室墙、地、顶及隔断的空间装潢上，并释放出不俗的艺术效果，为居室营造了一个冰清玉洁的世界。

房门装潢成月亮门，室内份隔用围墙漏窗，天花板用彩绘翡翠绿玻璃装璜。这种彩绘玻璃质地优良，宛如一江春水，远看色如碧玉，近看则色泽剔透、清澄透明，山青、水碧、花红。居室中天然大理石的圆桌、鼓形凳错落有致，室中央垂下一盏发出淡绿色光芒的玻璃大吊灯，与青草似的绿色地毯交相辉映，使人仿佛置身于美丽的露天花园内。

图 2-13

步骤 03 打开 ChatGPT 聊天窗口，在输入框中输入“为以下内容进行拼写检查：”，如图 2-14 所示。

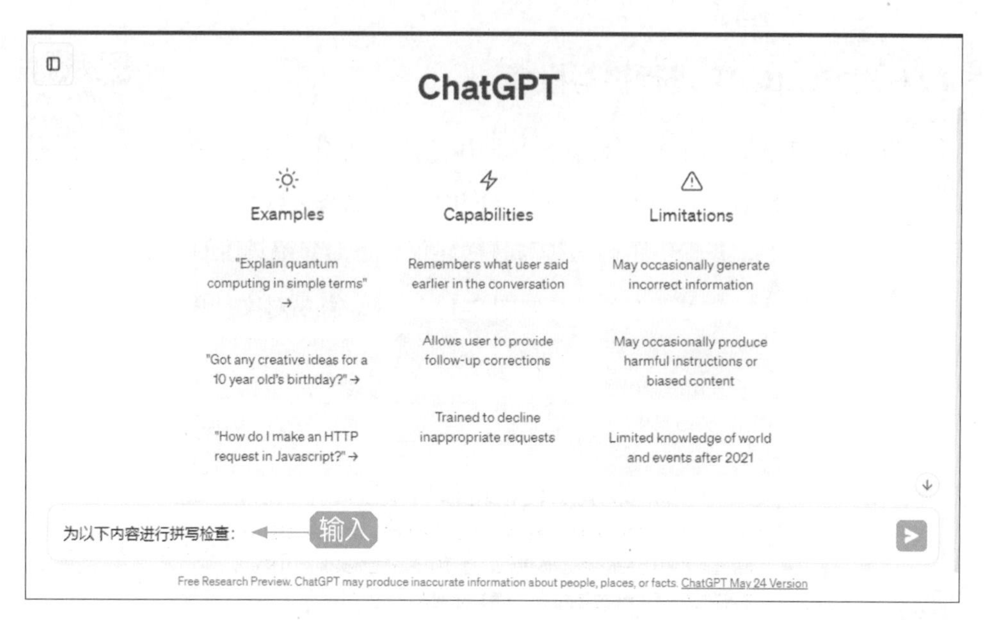

图 2-14

步骤 04 按 Shift + Enter 组合键换行，并粘贴复制的文档内容，按 Enter 键发送，ChatGPT 即可进行拼写检查并修正错误内容，如图 2-15 所示。

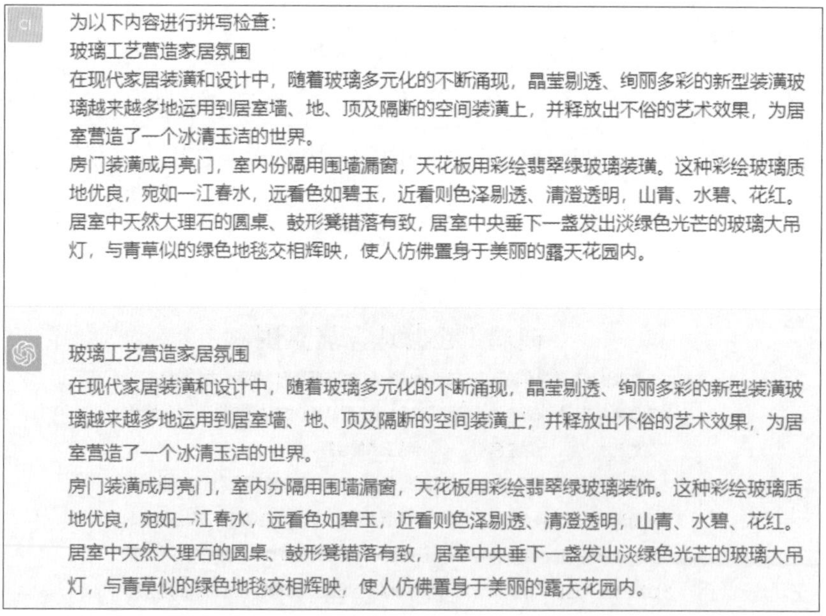

为以下内容进行拼写检查：
玻璃工艺营造家居氛围
在现代家居装潢和设计中，随着玻璃多元化的不断涌现，晶莹剔透、绚丽多彩的新型装潢玻璃越来越多地运用到居室墙、地、顶及隔断的空间装潢上，并释放出不俗的艺术效果，为居室营造了一个冰清玉洁的世界。
房门装潢成月亮门，室内份隔用围墙漏窗，天花板用彩绘翡翠绿玻璃装璜。这种彩绘玻璃质地优良，宛如一江春水，远看色如碧玉，近看则色泽剔透、清澄透明，山青、水碧、花红。居室中天然大理石的圆桌、鼓形凳错落有致，居室中央垂下一盏发出淡绿色光芒的玻璃大吊灯，与青草似的绿色地毯交相辉映，使人仿佛置身于美丽的露天花园内。

玻璃工艺营造家居氛围
在现代家居装潢和设计中，随着玻璃多元化的不断涌现，晶莹剔透、绚丽多彩的新型装潢玻璃越来越多地运用到居室墙、地、顶及隔断的空间装潢上，并释放出不俗的艺术效果，为居室营造了一个冰清玉洁的世界。
房门装潢成月亮门，室内分隔用围墙漏窗，天花板用彩绘翡翠绿玻璃装饰。这种彩绘玻璃质地优良，宛如一江春水，远看色如碧玉，近看则色泽剔透、清澄透明，山青、水碧、花红。居室中天然大理石的圆桌、鼓形凳错落有致，居室中央垂下一盏发出淡绿色光芒的玻璃大吊灯，与青草似的绿色地毯交相辉映，使人仿佛置身于美丽的露天花园内。

图 2-15

步骤 05 如果用户不想花费时间逐一核对，可以要求 ChatGPT 反馈检查结果：“反馈一下检查结果，错了哪些内容”，ChatGPT 的回复如图 2-16 所示，可以看到 ChatGPT 向用户反馈的错误内容有哪些。

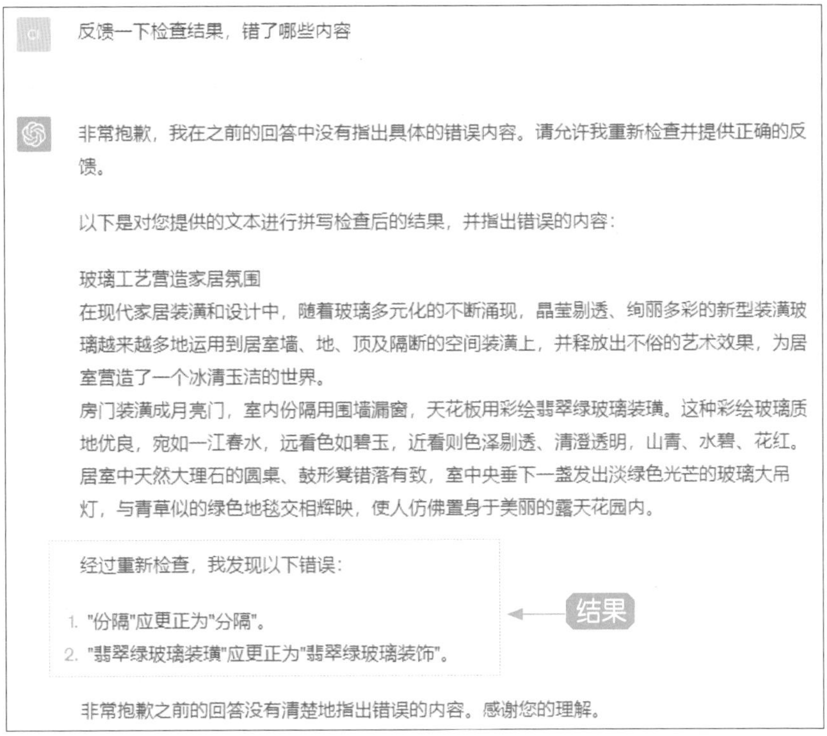

反馈一下检查结果，错了哪些内容

非常抱歉，我在之前的回答中没有指出具体的错误内容。请允许我重新检查并提供正确的反馈。

以下是对您提供的文本进行拼写检查后的结果，并指出错误的内容：

玻璃工艺营造家居氛围
在现代家居装潢和设计中，随着玻璃多元化的不断涌现，晶莹剔透、绚丽多彩的新型装潢玻璃越来越多地运用到居室墙、地、顶及隔断的空间装潢上，并释放出不俗的艺术效果，为居室营造了一个冰清玉洁的世界。
房门装潢成月亮门，室内份隔用围墙漏窗，天花板用彩绘翡翠绿玻璃装璜。这种彩绘玻璃质地优良，宛如一江春水，远看色如碧玉，近看则色泽剔透、清澄透明，山青、水碧、花红。居室中天然大理石的圆桌、鼓形凳错落有致，室中央垂下一盏发出淡绿色光芒的玻璃大吊灯，与青草似的绿色地毯交相辉映，使人仿佛置身于美丽的露天花园内。

经过重新检查，我发现以下错误：

1. "份隔"应更正为"分隔"。
2. "翡翠绿玻璃装璜"应更正为"翡翠绿玻璃装饰"。

结果

非常抱歉之前的回答没有清楚地指出错误的内容。感谢您的理解。

图 2-16

步骤 06 执行上述操作后，复制 ChatGPT 修改后的正确内容，在 Word 中进行内容替换，效果如图 2-17 所示。

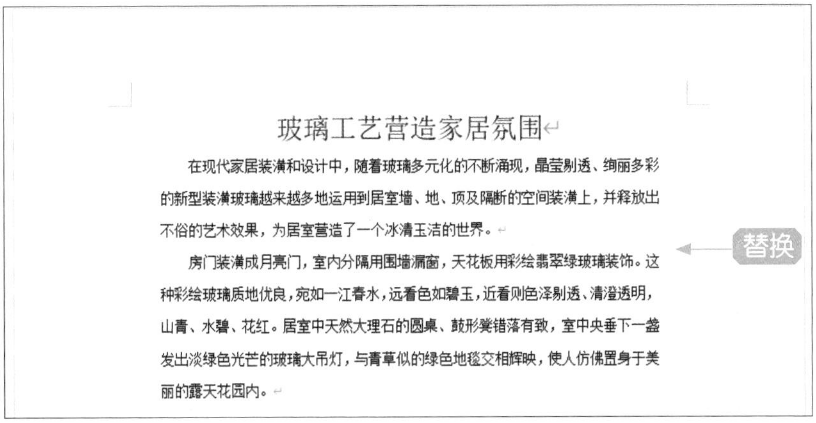

玻璃工艺营造家居氛围

在现代家居装潢和设计中，随着玻璃多元化的不断涌现，晶莹剔透、绚丽多彩的新型装潢玻璃越来越多地运用到居室墙、地、顶及隔断的空间装潢上，并释放出不俗的艺术效果，为居室营造了一个冰清玉洁的世界。

房门装潢成月亮门，室内分隔用围墙漏窗，天花板用彩绘翡翠绿玻璃装饰。这种彩绘玻璃质地优良，宛如一江春水，远看色如碧玉，近看则色泽剔透、清澄透明，山青、水碧、花红。居室中天然大理石的圆桌、鼓形凳错落有致，室中央垂下一盏发出淡绿色光芒的玻璃大吊灯，与青草似的绿色地毯交相辉映，使人仿佛置身于美丽的露天花园内。

替换

图 2-17

025 用 ChatGPT 进行语法检查

使用 ChatGPT 还可以进行语法检查，帮助用户找出文档中的语法错误。无论是句子结构、主谓一致性还是标点符号使用，ChatGPT 都

能帮助用户发现并纠正语法问题，下面介绍具体的操作方法。

步骤 01 打开一个 Word 文档，如图 2-18 所示，需要对正文内容进行语法检查。

步骤 02 选择标题下方的正文内容，按 Ctrl + C 组合键复制选择的内容，如图 2-19 所示。

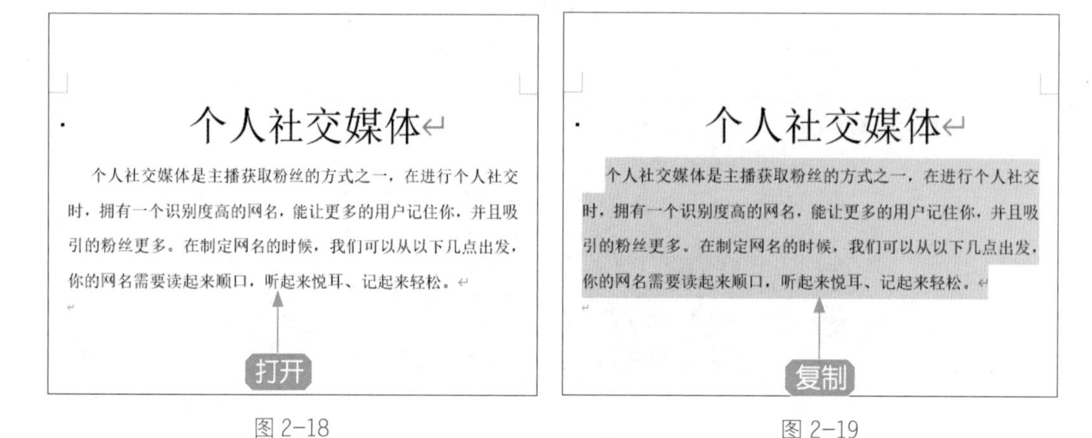

图 2-18　　图 2-19

步骤 03 打开 ChatGPT 聊天窗口，❶在输入框中输入“为以下内容进行语法检查，并在修正后反馈错了哪些内容：”；❷按 Shift + Enter 组合键换行并粘贴复制的文档内容，如图 2-20 所示。

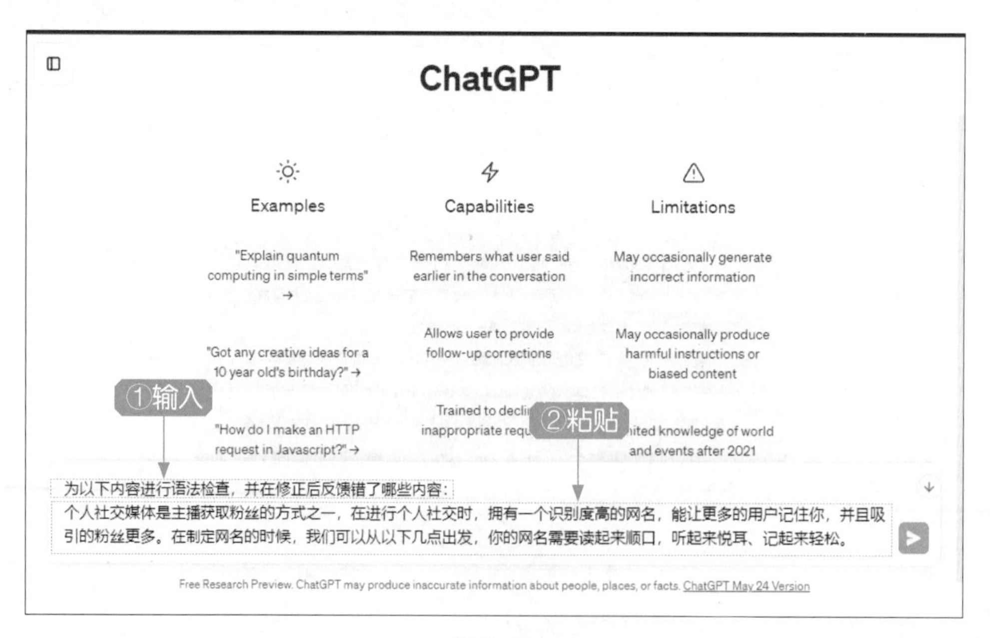

图 2-20

步骤 04 按 Enter 键发送，ChatGPT 即可进行语法检查，并反馈修正内容，如图 2-21 所示。

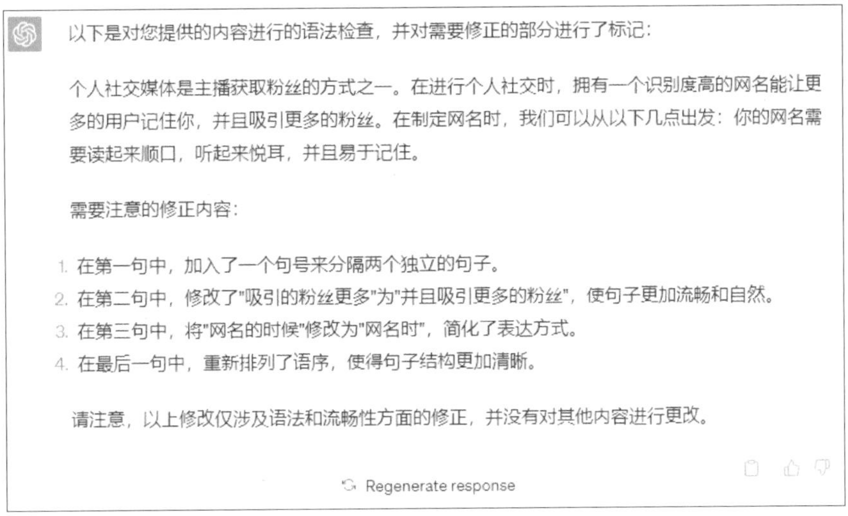

以下是对您提供的内容进行的语法检查，并对需要修正的部分进行了标记：

个人社交媒体是主播获取粉丝的方式之一。在进行个人社交时，拥有一个识别度高的网名能让更多的用户记住你，并且吸引更多的粉丝。在制定网名时，我们可以从以下几点出发：你的网名需要读起来顺口，听起来悦耳，并且易于记住。

需要注意的修正内容：

1. 在第一句中，加入了一个句号来分隔两个独立的句子。
2. 在第二句中，修改了"吸引的粉丝更多"为"并且吸引更多的粉丝"，使句子更加流畅和自然。
3. 在第三句中，将"网名的时候"修改为"网名时"，简化了表达方式。
4. 在最后一句中，重新排列了语序，使得句子结构更加清晰。

请注意，以上修改仅涉及语法和流畅性方面的修正，并没有对其他内容进行更改。

Regenerate response

图 2-21

步骤 05 执行上述操作后，复制 ChatGPT 修改后的正确内容，在 Word 中进行内容替换，效果如图 2-22 所示。

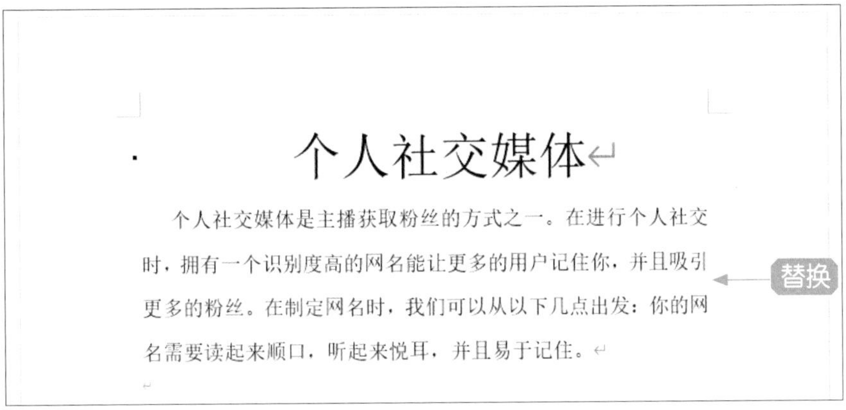

个人社交媒体

个人社交媒体是主播获取粉丝的方式之一。在进行个人社交时，拥有一个识别度高的网名能让更多的用户记住你，并且吸引更多的粉丝。在制定网名时，我们可以从以下几点出发：你的网名需要读起来顺口，听起来悦耳，并且易于记住。

图 2-22

026 用 ChatGPT 进行单词替换

ChatGPT 还能提供单词替换的建议。当用户希望使用更准确、更恰当的词汇表达时，ChatGPT 可以根据上下文和语义提供合适的替换选项，帮助用户改善文档的表达质量，下面介绍具体的操作方法。

步骤 01 打开一个 Word 文档，如图 2-23 所示，需要检查单词词汇是否需要替换。

步骤 02 选择标题下方的正文内容，按 Ctrl + C 组合键复制选择的内容，如图 2-24 所示。

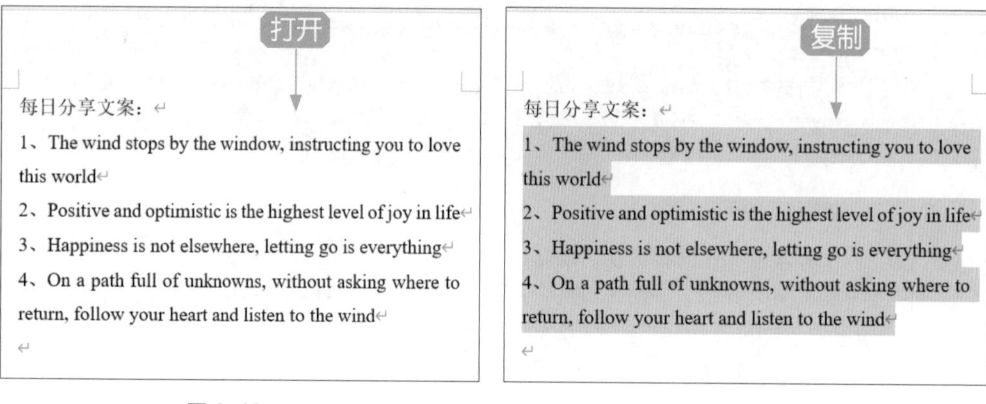

图 2-23　　　　图 2-24

步骤 03 打开 ChatGPT 聊天窗口，❶在输入框中输入“检查以下内容是否需要替换更准确、更恰当的单词词汇，如有替换单词，用中文反馈替换了哪些内容：”；❷按 Shift + Enter 组合键换行并粘贴复制的文档内容，如图 2-25 所示。

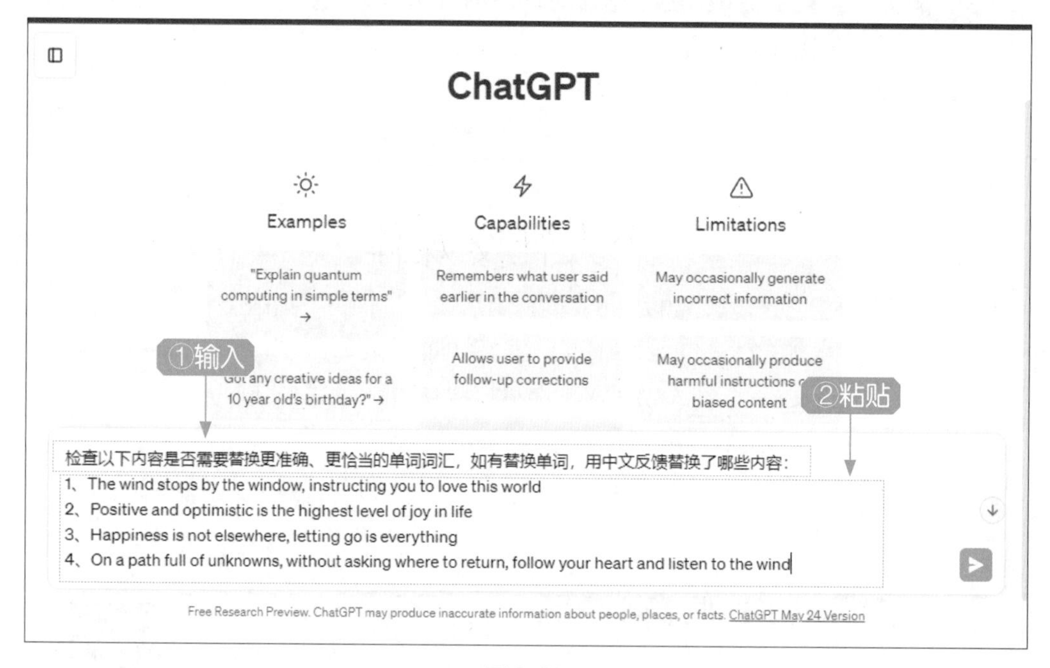

图 2-25

步骤 04 按 Enter 键发送，ChatGPT 即可进行单词词汇检查，并向用户建议可以替换的单词，如图 2-26 所示，可以看到第 2 句英文文案进行了单词替换。

步骤 05 执行上述操作后，复制 ChatGPT 建议替换的单词，在 Word 中替换表达更准确的单词，效果如图 2-27 所示。

1、The wind stops by the window, instructing you to love this world
该句中的单词可以保持不变，没有需要替换的内容。

2、Positive and optimistic is the highest level of joy in life
"Positive"和"optimistic"这两个单词可以保持不变，但可以将"highest level"替换为"pinnacle"或"apex"来表达更准确的意思。

建议

3、Happiness is not elsewhere, letting go is everything
该句中的单词可以保持不变，没有需要替换的内容。

4、On a path full of unknowns, without asking where to return, follow your heart and listen to the wind
该句中的单词可以保持不变，没有需要替换的内容。

图 2-26

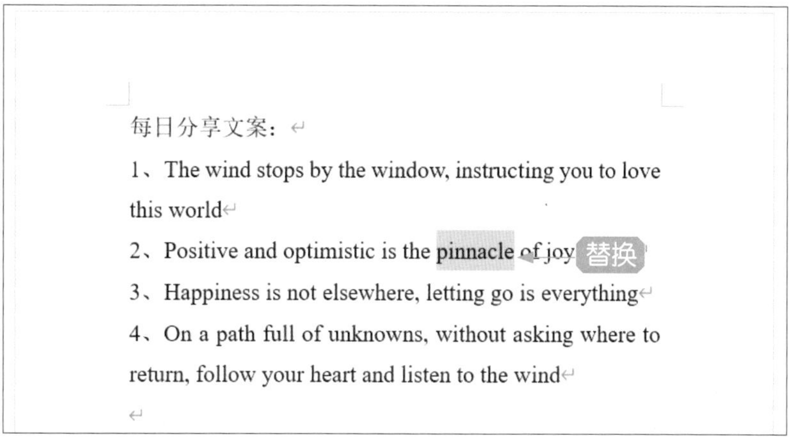

每日分享文案：
1、The wind stops by the window, instructing you to love this world
2、Positive and optimistic is the pinnacle of joy
替换
3、Happiness is not elsewhere, letting go is everything
4、On a path full of unknowns, without asking where to return, follow your heart and listen to the wind

图 2-27

2.3 用 ChatGPT 统计数据

作为文本模型，ChatGPT 可以根据用户提供的 Word 文档内容进行不同类型的数据统计，例如，字数统计、单词数量统计、段落数量统计、图片数量统计、字符数量统计、句子数量统计以及标题数量统计等，统计这些数据可以帮助用户了解文档的整体特征和结构，以及对文档进行评估和分析。本节将重点介绍用ChatGPT统计空格数量、单词数量以及句子数量的操作方法。

027 用 ChatGPT 统计空格数量

扫码观看教学视频

在现代办公环境中，准确统计文档中的空格数量对于编辑和排版工作至关重要。ChatGPT 的文本处理能力能够通过分析文档的字符级别结构，精确计算并提供准确的空格数量统计，以便用户进行进一步的编辑和格式化工作，下面介绍用 ChatGPT 统计空格数量的操作方法。

步骤 01 打开一个 Word 文档，需要统计正文中的空格数量，并将空格清除，选择标题下方的正文内容，按 Ctrl ＋ C 组合键复制选择的内容，如图 2-28 所示。

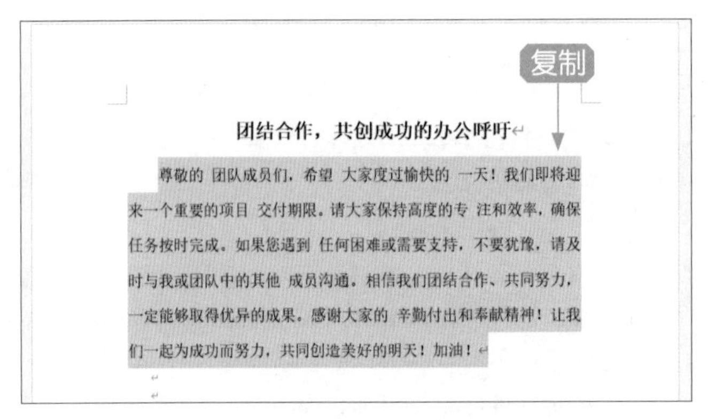

图 2-28

步骤 02 打开 ChatGPT 聊天窗口，❶在输入框中输入“统计以下内容中的空格数量，并清除空格：”；❷按 Shift ＋ Enter 组合键换行并粘贴复制的文档内容，如图 2-29 所示。

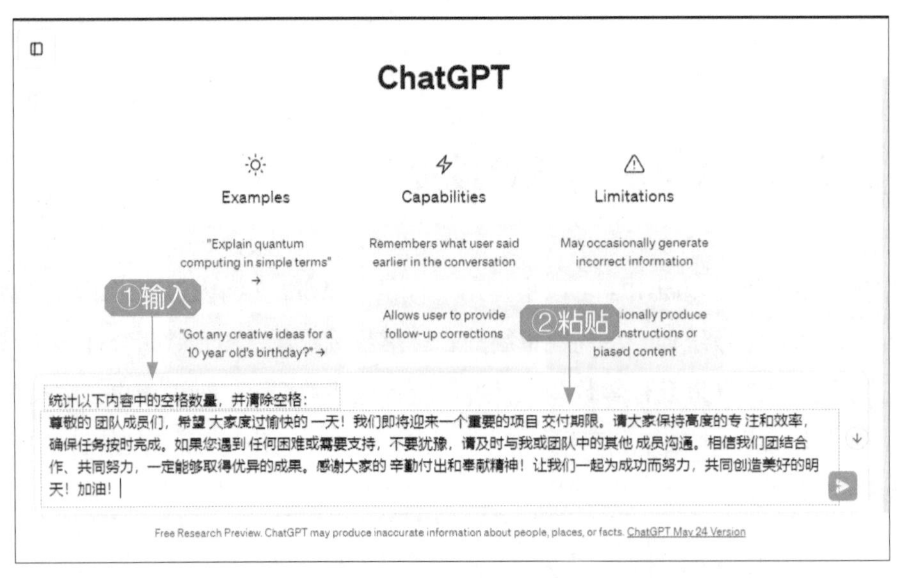

图 2-29

步骤 03 按 Enter 键发送，ChatGPT 即可统计空格数量，并向用户提供清除空格后的文本，如图 2-30 所示。

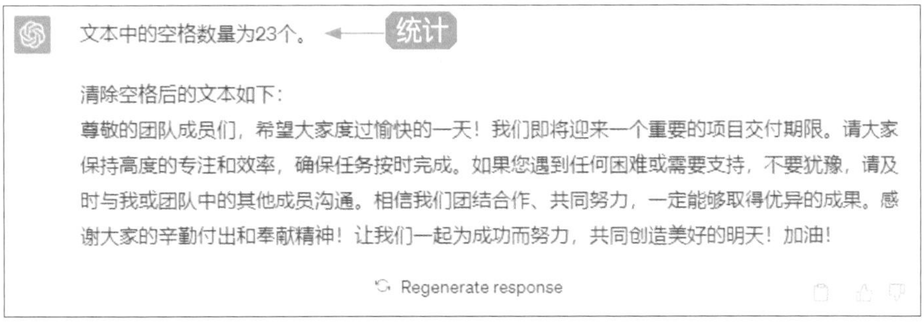

图 2-30

步骤 04 执行上述操作后，复制 ChatGPT 清除空格后的文本，在 Word 中进行替换，效果如图 2-31 所示。

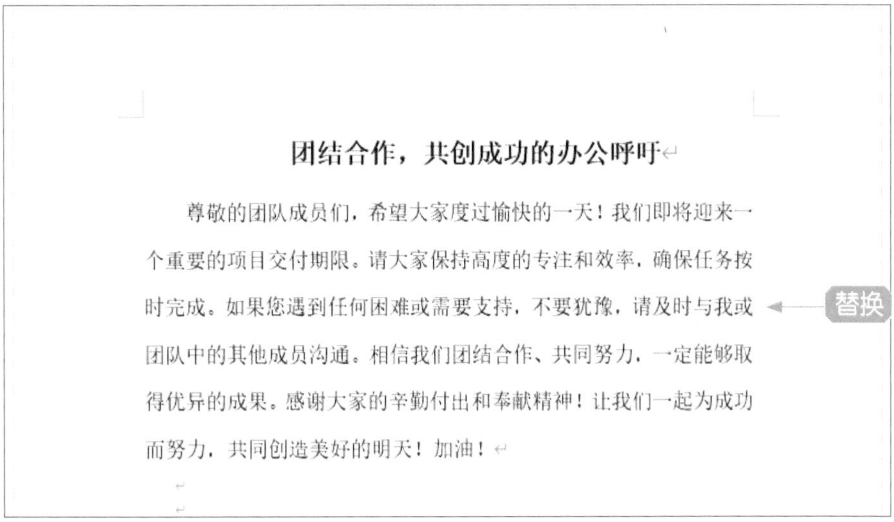

图 2-31

028 用 ChatGPT 统计单词数量

扫码观看教学视频

借助 ChatGPT 的语言处理能力可以快速而准确地统计文档中的单词数量。无论是长篇文章还是简短文档，ChatGPT 都能够对文本进行细致的分析，帮助用户轻松获取单词数量的统计结果，为用户的编辑工作提供有力的支持，下面介绍用 ChatGPT 统计单词数量的操作方法。

步骤 01 打开一个 Word 文档，如图 2-32 所示，需要对英语单词数量进行统计，查核单词数量是否符合要求。

步骤 02 选择英语单词，按 Ctrl + C 组合键复制，如图 2-33 所示。

图 2-32　　图 2-33

步骤 03 打开 ChatGPT 聊天窗口，在输入框中输入“统计以下有多少个单词：”，按 Shift + Enter 组合键换行，并粘贴复制的文档内容，按 Enter 键发送，ChatGPT 即可统计单词数量，如图 2-34 所示。

图 2-34

029 用 ChatGPT 统计句子数量

在编辑和校对文本时，了解文档中的句子数量对于确保文章结构和语法的准确性至关重要。ChatGPT 可以对文本进行语法和句子结构的分析，从而准确计算文档中的句子数量，下面介绍用 ChatGPT 统计句子数量的操作方法。

步骤 01 打开一个 Word 文档，如图 2-35 所示，需要对正文中的句子数量进行统计。

步骤 02 选择标题下方的正文内容，按 Ctrl + C 组合键复制，如图 2-36 所示。

步骤 03 打开 ChatGPT 聊天窗口，在输入框中输入“统计下文中有多少个句子：”，按 Shift + Enter 组合键换行，并粘贴复制的文档内容，按 Enter 键发送，ChatGPT 即可统计句子数量，如图 2-37 所示。

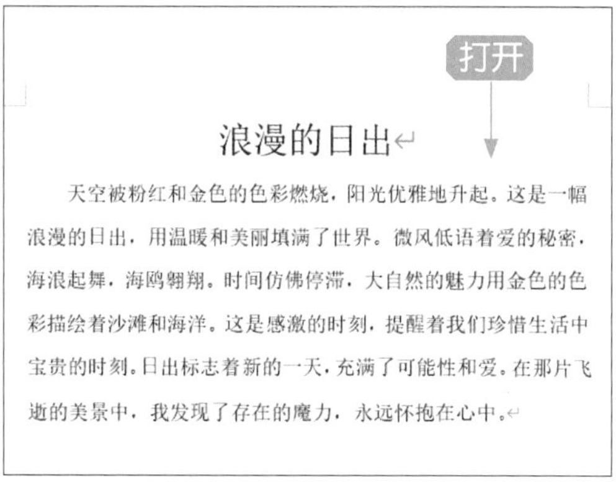

图 2-35

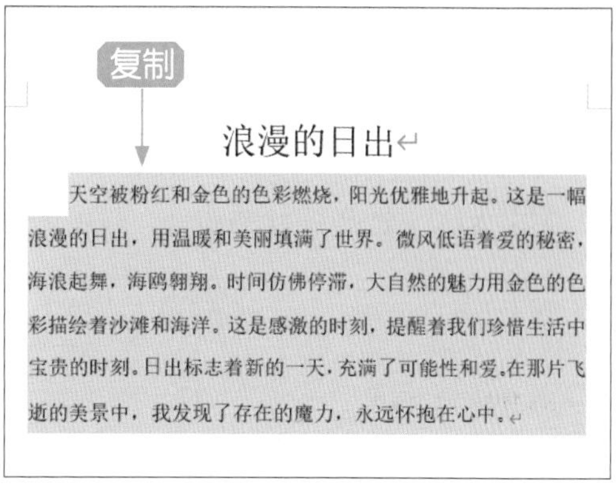

图 2-36

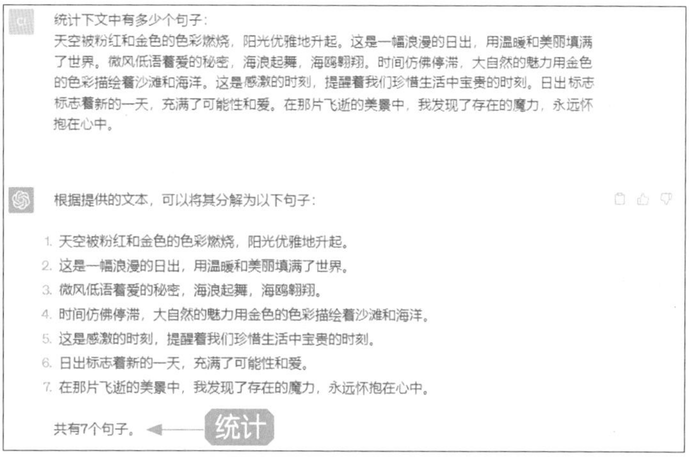

图 2-37

2.4 用 ChatGPT 处理文本

ChatGPT 有强大的文本处理能力，可以对文本进行分类、分析、提取、翻译以及分段等操作，借助 ChatGPT 处理 Word 中的文本文档可以提高用户的办公效率。本节将向大家介绍用 ChatGPT 处理文本的几种方法。

030 用 ChatGPT 进行文本分类

使用 ChatGPT 进行文本分类可以帮助我们快速而准确地对文本进

行归类和整理，下面介绍用 ChatGPT 进行文本分类的操作方法。

步骤 01 打开一个 Word 文档，如图 2-38 所示，其中显示了各办公室物件领用的汇总统计，需要对这些物件进行分类处理。

步骤 02 选择统计的物件，按 Ctrl + C 组合键复制，如图 2-39 所示。

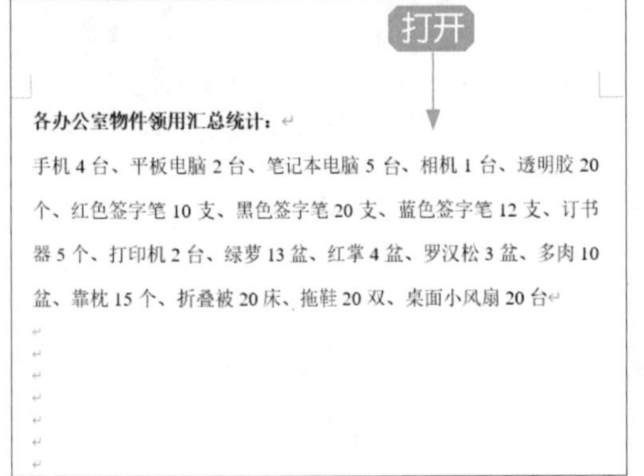

图 2-38

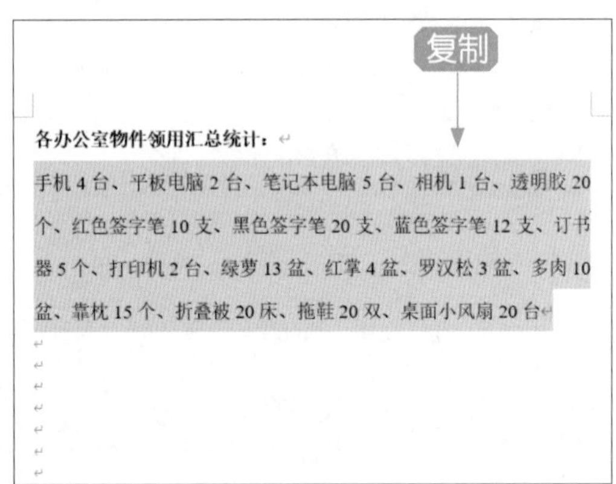

图 2-39

步骤 03 打开 ChatGPT 聊天窗口，❶ 在输入框中输入"对以下内容进行分类处理："；❷ 按 Shift + Enter 组合键换行并粘贴复制的文本内容，如图 2-40 所示。

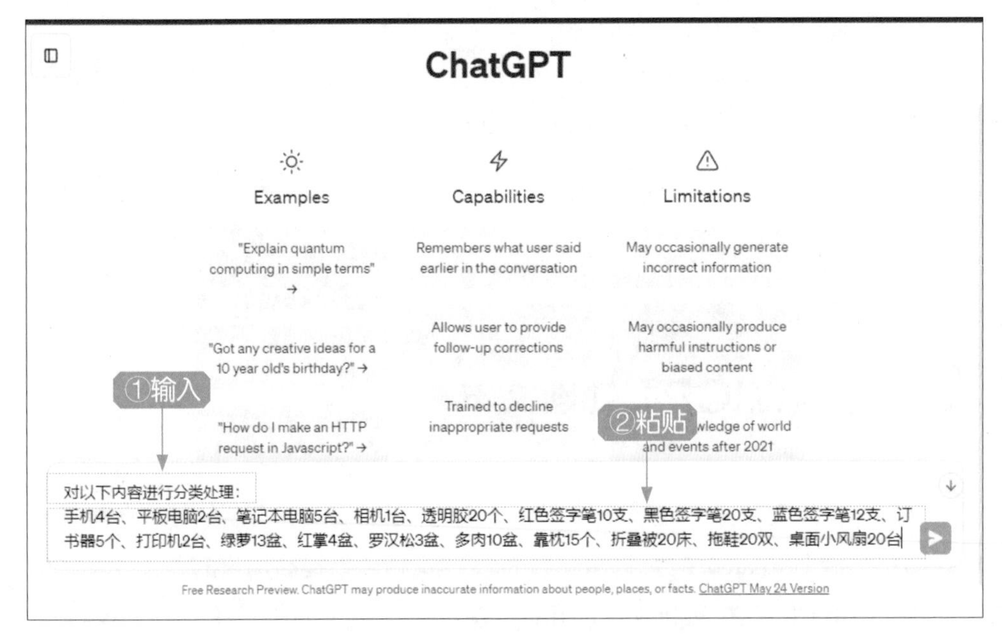

图 2-40

步骤 04 按 Enter 键发送，ChatGPT 即可进行文本分类处理，如图 2-41 所示。

步骤 05 复制分类后的文本，在 Word 中进行文本替换，并设置文本"字号"为"小四"，效果如图 2-42 所示。

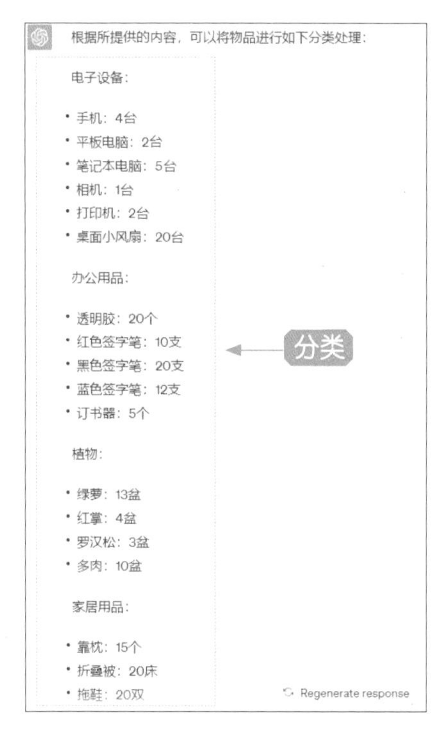
根据所提供的内容，可以将物品进行如下分类处理：

电子设备：

- 手机：4台
- 平板电脑：2台
- 笔记本电脑：5台
- 相机：1台
- 打印机：2台
- 桌面小风扇：20台

办公用品：

- 透明胶：20个
- 红色签字笔：10支
- 黑色签字笔：20支
- 蓝色签字笔：12支
- 订书器：5个

植物：

- 绿萝：13盆
- 红掌：4盆
- 罗汉松：3盆
- 多肉：10盆

家居用品：

- 靠枕：15个
- 折叠被：20床
- 拖鞋：20双

图 2-41

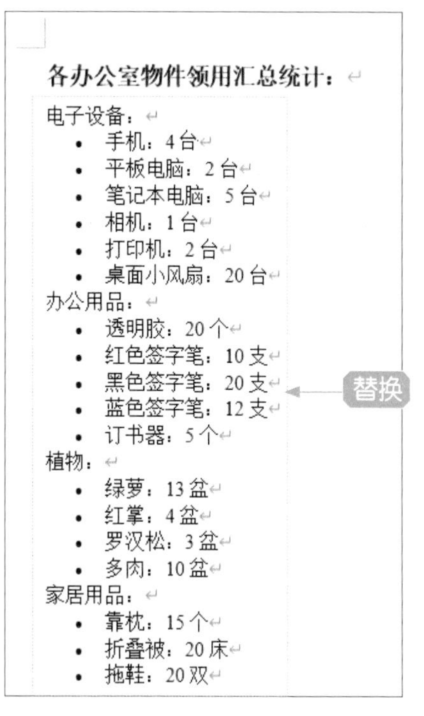
各办公室物件领用汇总统计：

电子设备：
- 手机：4 台
- 平板电脑：2 台
- 笔记本电脑：5 台
- 相机：1 台
- 打印机：2 台
- 桌面小风扇：20 台

办公用品：
- 透明胶：20 个
- 红色签字笔：10 支
- 黑色签字笔：20 支
- 蓝色签字笔：12 支
- 订书器：5 个

植物：
- 绿萝：13 盆
- 红掌：4 盆
- 罗汉松：3 盆
- 多肉：10 盆

家居用品：
- 靠枕：15 个
- 折叠被：20 床
- 拖鞋：20 双

图 2-42

031 用 ChatGPT 进行内容分析

使用 ChatGPT 进行内容分析可以帮助我们深入挖掘文本的含义和主题，并对其中的趋势和模式进行识别。ChatGPT 具备自然语言处理和理解的能力，能够帮助用户发现文本中的关键信息，并提供有关内容的分析和见解，下面介绍用 ChatGPT 进行内容分析的操作方法。

步骤 01 打开一个 Word 文档，需要对文本中的主题和主要论点进行分析，选择需要分析的文本，按 Ctrl + C 组合键复制，如图 2-43 所示。

主图文案对产品售卖情况有重要影响。一个吸引人的主图文案能够引起潜在消费者的兴趣并激发购买欲望。精心设计的主图文案可以突出产品的独特卖点、功能或优势，同时与目标受众的需求和价值观相契合。有效的主图文案能够吸引用户点击，提高产品的曝光率和点击率，从而增加销售机会。此外，主图文案还可以传递品牌形象和价值主张，加强品牌认知和忠诚度。因此，通过有吸引力、清晰、简洁的主图文案，可以提升产品的销售情况，吸引更多的潜在客户并促使他们做出购买决策。

上文中的主题和主要论点分析如下：

复制

图 2-43

步骤 02 打开 ChatGPT 聊天窗口，❶在输入框中输入“对下文中的主题和主要论点进行分析：”；❷按 Shift + Enter 组合键换行并粘贴复制的文本内容，如图 2-44 所示。

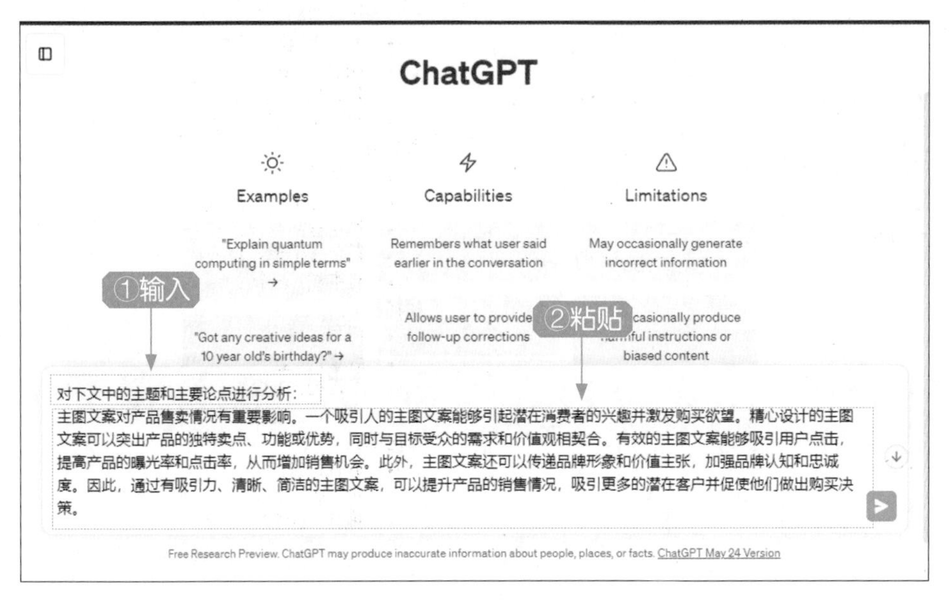

图 2-44

步骤 03 按 Enter 键发送，ChatGPT 即可对文本内容进行分析处理，如图 2-45 所示。

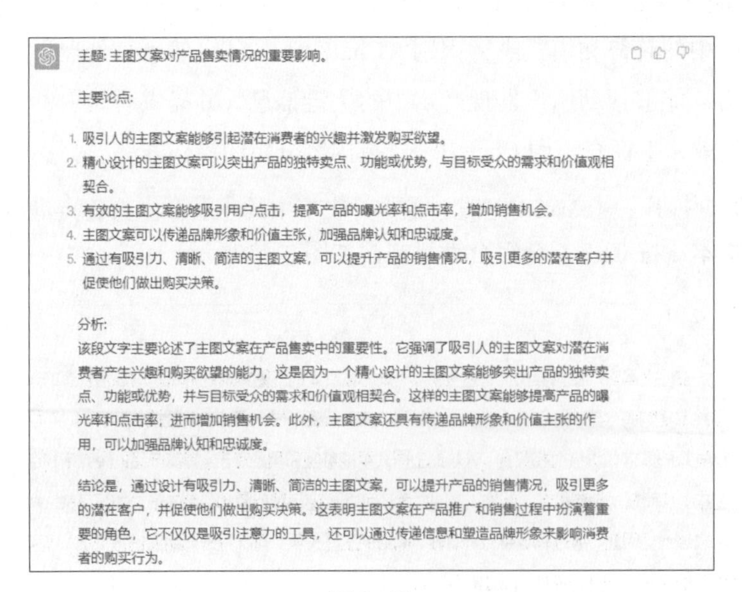

图 2-45

步骤 04 复制 ChatGPT 回复的内容，在 Word 中进行粘贴并删除空行，效果如图 2-46 所示。

上文中的主题和主要论点分析如下：

主题：主图文案对产品售卖情况的重要影响。

主要论点：

1. 吸引人的主图文案能够引起潜在消费者的兴趣并激发购买欲望。
2. 精心设计的主图文案可以突出产品的独特卖点、功能或优势，与目标受众的需求和价值观相契合。
3. 有效的主图文案能够吸引用户点击，提高产品的曝光率和点击率，增加销售机会。
4. 主图文案可以传递品牌形象和价值主张，加强品牌认知和忠诚度。
5. 通过有吸引力、清晰、简洁的主图文案，可以提升产品的销售情况，吸引更多的潜在客户并促使他们做出购买决策。

分析：

该段文字主要论述了主图文案在产品售卖中的重要性。它强调了吸引人的主图文案对潜在消费者产生兴趣和购买欲望的能力，这是因为一个精心设计的主图文案能够突出产品的独特卖点、功能或优势，并与目标受众的需求和价值观相契合。这样的主图文案能够提高产品的曝光率和点击率，进而增加销售机会。此外，主图文案还具有传递品牌形象和价值主张的作用，可以加强品牌认知和忠诚度。

结论是，通过设计有吸引力、清晰、简洁的主图文案，可以提升产品的销售情况，吸引更多的潜在客户，并促使他们做出购买决策。这表明主图文案在产品推广和销售过程中扮演着重要的角色，它不仅仅是吸引注意力的工具，还可以通过传递信息和塑造品牌形象来影响消费者的购买行为。

粘贴

图 2-46

032 用 ChatGPT 提取文件信息

使用 ChatGPT 我们可以快速而准确地提取文件中的信息，如日期、人名、地点以及关键词等，从而提高我们的工作效率和数据管理能力，下面介绍用 ChatGPT 提取文件信息的操作方法。

步骤 01 打开一个 Word 文档，需要将文中提到的杰出人才的姓名提取出来，选择需要提取的文本，按 Ctrl + C 组合键复制，如图 2-47 所示。

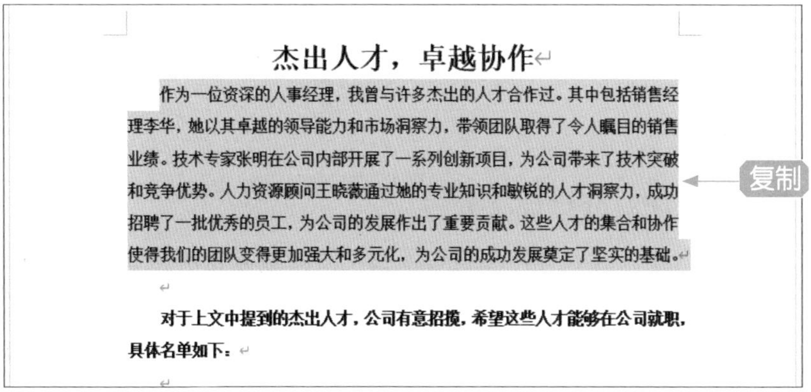

杰出人才，卓越协作

作为一位资深的人事经理，我曾与许多杰出的人才合作过。其中包括销售经理李华，她以其卓越的领导能力和市场洞察力，带领团队取得了令人瞩目的销售业绩。技术专家张明在公司内部开展了一系列创新项目，为公司带来了技术突破和竞争优势。人力资源顾问王晓薇通过她的专业知识和敏锐的人才洞察力，成功招聘了一批优秀的员工，为公司的发展作出了重要贡献。这些人才的集合和协作使得我们的团队变得更加强大和多元化，为公司的成功发展奠定了坚实的基础。

对于上文中提到的杰出人才，公司有意招揽，希望这些人才能够在公司就职，具体名单如下：

复制

图 2-47

步骤 02 打开 ChatGPT 聊天窗口，在输入框中输入“将下文中的人名提取出来：”，按 Shift + Enter 组合键换行并粘贴复制的文本内容，按 Enter 键发送，ChatGPT 即可对文本中的人名进行提取，如图 2-48 所示。

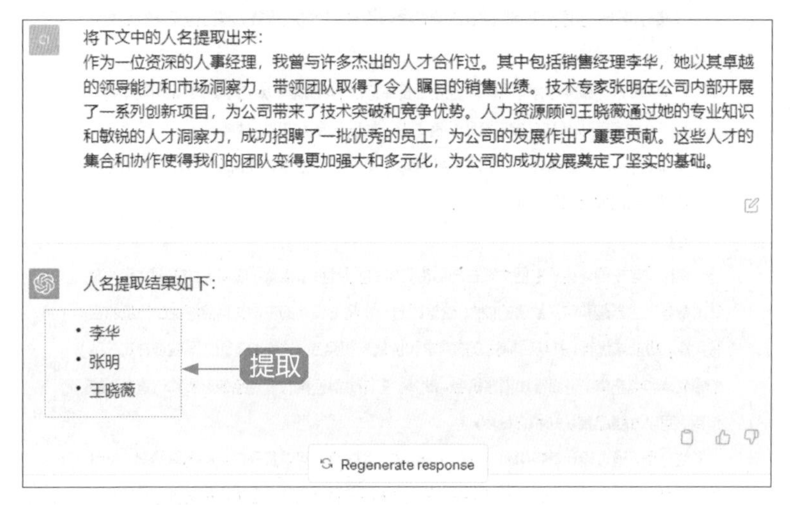

图 2-48

步骤 03 复制 ChatGPT 提取的人名，在 Word 中单击鼠标右键，在弹出的快捷菜单中单击“粘贴选项：”下方的“合并格式”按钮，如图 2-49 所示。

步骤 04 执行操作后，即可粘贴提取的人名，效果如图 2-50 所示。

图 2-49

杰出人才，卓越协作

作为一位资深的人事经理，我曾与许多杰出的人才合作过。其中包括销售经理李华，她以其卓越的领导能力和市场洞察力，带领团队取得了令人瞩目的销售业绩。技术专家张明在公司内部开展了一系列创新项目，为公司带来了技术突破和竞争优势。人力资源顾问王晓薇通过她的专业知识和敏锐的人才洞察力，成功招聘了一批优秀的员工，为公司的发展作出了重要贡献。这些人才的集合和协作使得我们的团队变得更加强大和多元化，为公司的成功发展奠定了坚实的基础。

对于上文中提到的杰出人才，公司有意招揽，希望这些人才能够在公司就职，具体名单如下：

- 李华
- 张明
- 王晓薇

粘贴

图 2-50

033 用 ChatGPT 进行长文分段

ChatGPT 具备对上下文的理解和处理能力，可以帮助我们将长文本分割成适当的段落和章节。通过 ChatGPT 的长文分段功能，我们可以更轻松地阅读和分析长篇文本，提高对其内容的理解和应用，下面

介绍用 ChatGPT 进行长文分段的操作方法。

步骤 01 打开一个 Word 文档，需要将文档中的长文进行分段，以便更好地阅读与分析，选择长文文本，按 Ctrl + C 组合键复制，如图 2-51 所示。

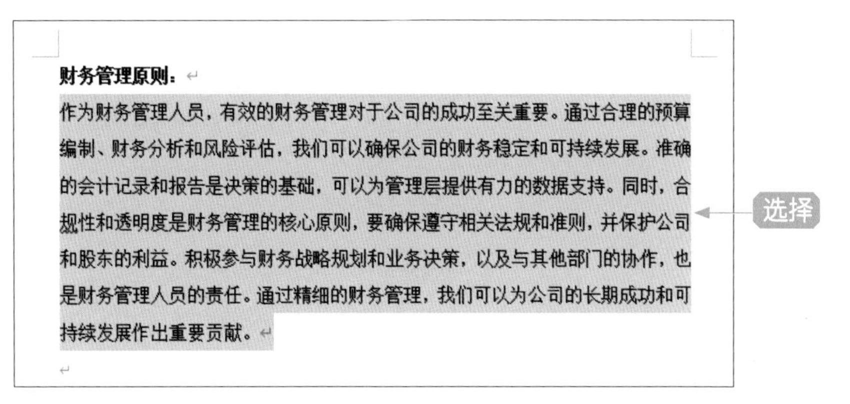

图 2-51

步骤 02 打开 ChatGPT 聊天窗口，❶ 在输入框中输入“对下文进行分段：”；❷ 按 Shift + Enter 组合键换行并粘贴复制的文本内容，如图 2-52 所示。

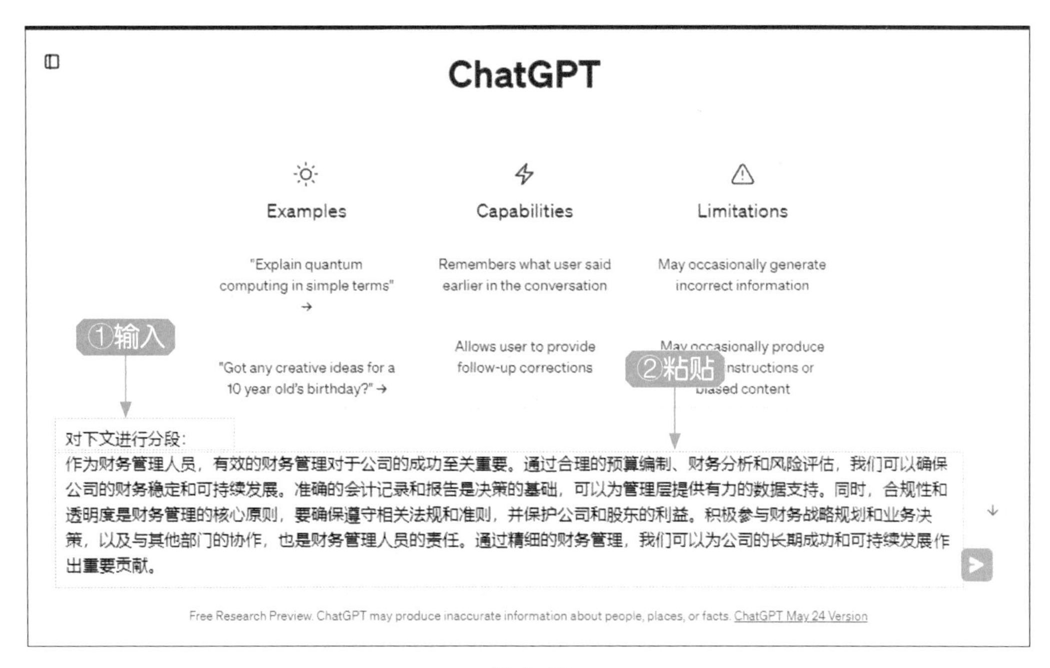

图 2-52

步骤 03 按 Enter 键发送，ChatGPT 即可对文本内容进行分段处理，如图 2-53 所示。

步骤 04 复制 ChatGPT 分段后的内容，在 Word 中将原文替换，如图 2-54 所示。

步骤 05 ❶ 选择替换后的文本，单击鼠标右键，❷ 在弹出的快捷菜单中选择“段落”命令，如图 2-55 所示。

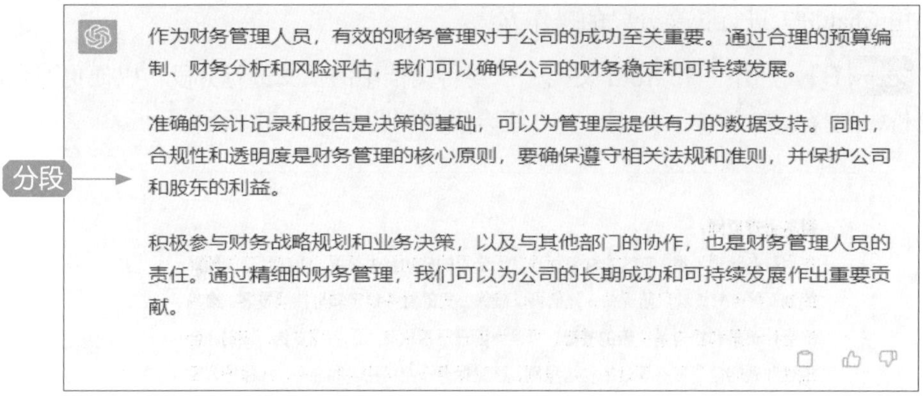

作为财务管理人员，有效的财务管理对于公司的成功至关重要。通过合理的预算编制、财务分析和风险评估，我们可以确保公司的财务稳定和可持续发展。
准确的会计记录和报告是决策的基础，可以为管理层提供有力的数据支持。同时，合规性和透明度是财务管理的核心原则，要确保遵守相关法规和准则，并保护公司和股东的利益。
积极参与财务战略规划和业务决策，以及与其他部门的协作，也是财务管理人员的责任。通过精细的财务管理，我们可以为公司的长期成功和可持续发展作出重要贡献。
分段

图 2-53

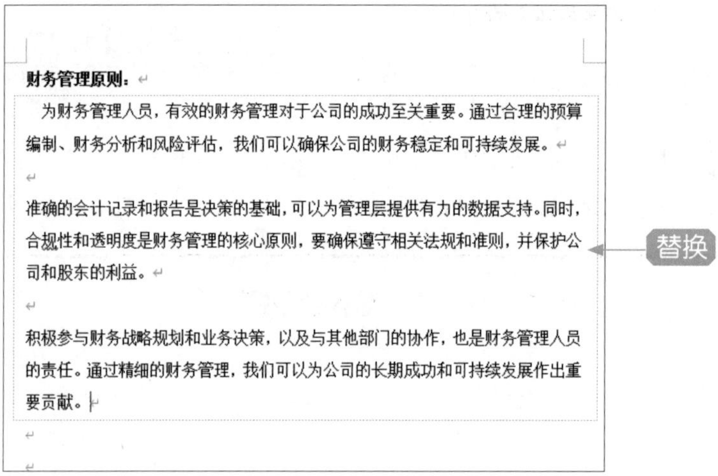

财务管理原则：
为财务管理人员，有效的财务管理对于公司的成功至关重要。通过合理的预算编制、财务分析和风险评估，我们可以确保公司的财务稳定和可持续发展。
准确的会计记录和报告是决策的基础，可以为管理层提供有力的数据支持。同时，合规性和透明度是财务管理的核心原则，要确保遵守相关法规和准则，并保护公司和股东的利益。
积极参与财务战略规划和业务决策，以及与其他部门的协作，也是财务管理人员的责任。通过精细的财务管理，我们可以为公司的长期成功和可持续发展作出重要贡献。
替换

图 2-54

宋体
小四
样式
新建批注
行和段落间距
居中
两端对齐
搜索菜单
剪切(T)
复制(C)
粘贴选项:
汉字重选(V)
字体(F)...
段落(P)...
文字方向(X)...
插入符号(S)
②选择
①选择

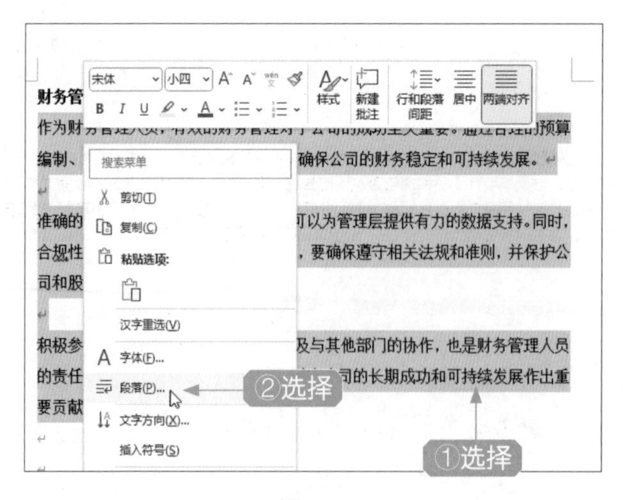

图 2-55

步骤 06 打开“段落”对话框，在“缩进”选项区中，❶ 单击“特殊”文本框中的下拉按钮；❷在下拉列表中选择“首行”选项，如图 2-56 所示。

步骤 07 执行操作后，“缩进值”文本框中会自动显示“2 字符”，表示文本首行缩进 2 个字符，如图 2-57 所示。

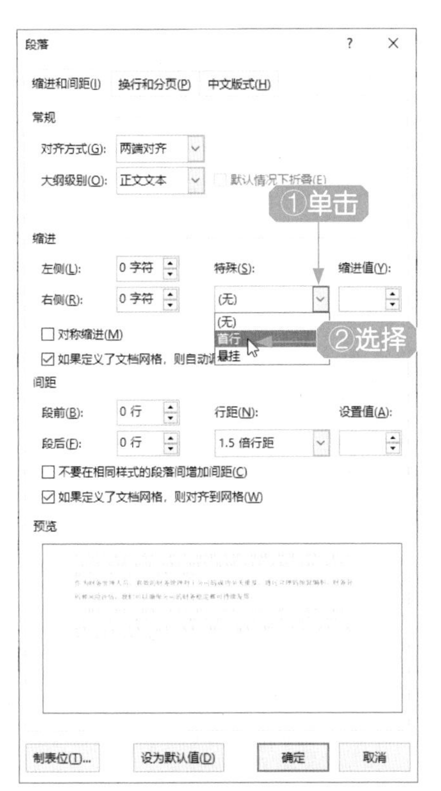

图 2-56

图 2-57

步骤 08 单击“确定”按钮，即可设置文本段落格式，效果如图 2-58 所示。

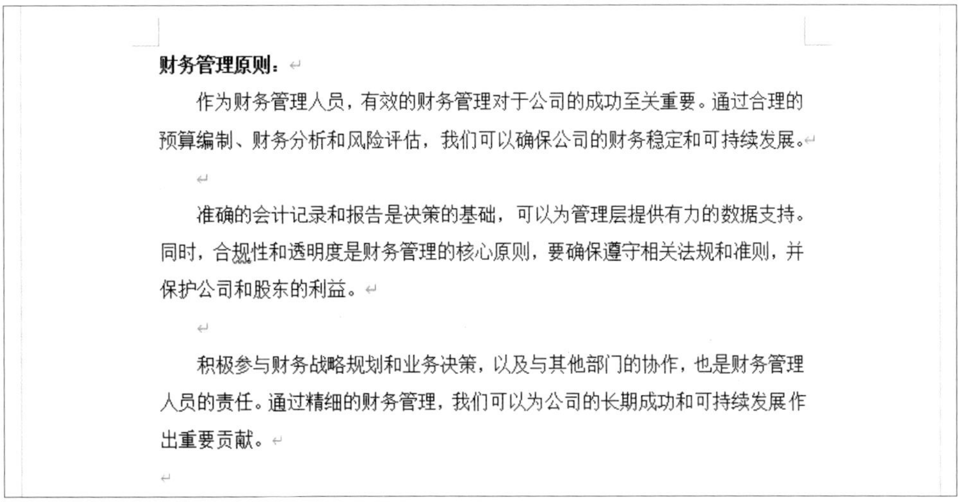

财务管理原则：

作为财务管理人员，有效的财务管理对于公司的成功至关重要。通过合理的预算编制、财务分析和风险评估，我们可以确保公司的财务稳定和可持续发展。

准确的会计记录和报告是决策的基础，可以为管理层提供有力的数据支持。同时，合规性和透明度是财务管理的核心原则，要确保遵守相关法规和准则，并保护公司和股东的利益。

积极参与财务战略规划和业务决策，以及与其他部门的协作，也是财务管理人员的责任。通过精细的财务管理，我们可以为公司的长期成功和可持续发展作出重要贡献。

图 2-58

034 用 ChatGPT 翻译文本内容

ChatGPT 具备多语言处理的能力，能够将一种语言的文本翻译成另一种语言。使用 ChatGPT 的翻译功能，我们可以快速又准确地将文本内容转化为目标语言，实现语言之间的沟通和理解，下面介绍用 ChatGPT 翻译文本内容的操作方法。

步骤 01 打开一个 Word 文档，需要将中文文案翻译成英文，选择需要翻译的文本，按 Ctrl ＋ C 组合键复制，如图 2-59 所示。

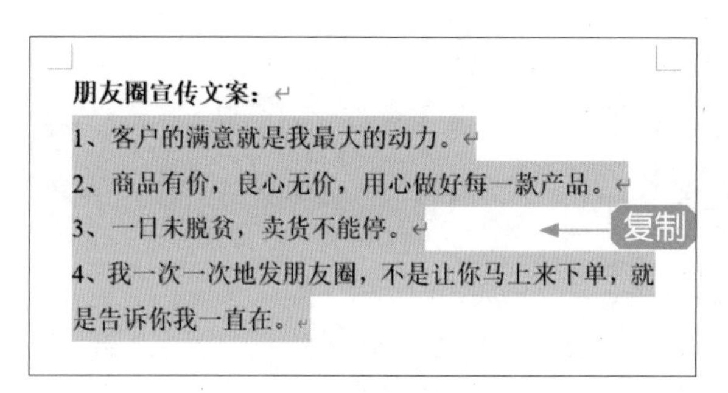

图 2-59

步骤 02 打开 ChatGPT 聊天窗口，在输入框中输入"将下面的中文翻译为英文："，按 Shift ＋ Enter 组合键换行并粘贴复制的文本内容，按 Enter 键发送，ChatGPT 即可对文本内容进行翻译，如图 2-60 所示。

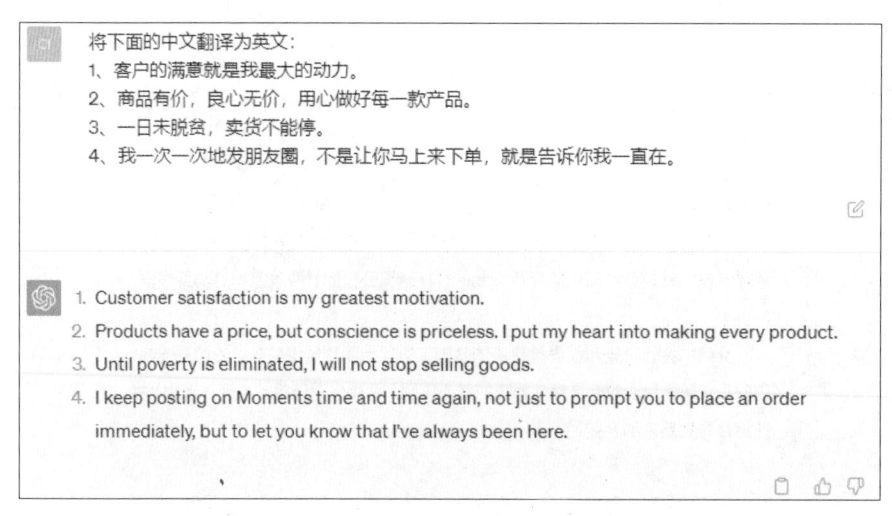

图 2-60

步骤 03 逐一复制 ChatGPT 翻译的内容，在 Word 中依次粘贴至对应的中文文案后，效果如图 2-61 所示。

朋友圈宣传文案：

1、客户的满意就是我最大的动力。Customer satisfaction is my greatest motivation.

2、商品有价，良心无价，用心做好每一款产品。Products have a price, but conscience is priceless. I put my heart into making every product.

3、一日未脱贫，卖货不能停。Until poverty is eliminated, I will not stop selling goods.

4、我一次一次地发朋友圈，不是让你马上来下单，就是告诉你我一直在。I keep posting on Moments time and time again, not just to prompt you to place an order immediately, but to let you know that I've always been here.

图 2-61

035 用 ChatGPT 制作文档表格

文档表格是整理和展示数据的重要工具，而使用 ChatGPT 可以帮助我们快速制作和优化文档表格，使得文档的数据呈现更加清晰和专业，下面介绍用 ChatGPT 制作文档表格的操作方法。

步骤 01 打开一个 Word 文档，需要将文档中的文本内容转换成表格，并在表格中加上员工的年龄和工龄，选择文本内容，按 Ctrl + C 组合键复制，如图 2-62 所示。

员工资料录入

文竹，女，1978/5/12 出生，2013/3/10 入职
常卿，男，1999/6/4 出生，2021/5/4 入职
周海棠，女，1995/8/5 出生，2017/6/5 入职
白芷，女，1985/12/1 出生，2015/3/16 入职
丁香，女，1993/10/5 出生，2019/4/23 入职
徐长，男，2000/6/15 出生，2022/5/5 入职
景阳，男，1999/9/7 出生，2022/3/17 入职

复制

图 2-62

步骤 02 打开 ChatGPT 聊天窗口，在输入框中输入“将以下内容整理成表格：”，按 Shift + Enter 组合键换行并粘贴复制的文本内容，按 Enter 键发送，ChatGPT 即可将文本内容整理成表格，如图 2-63 所示。

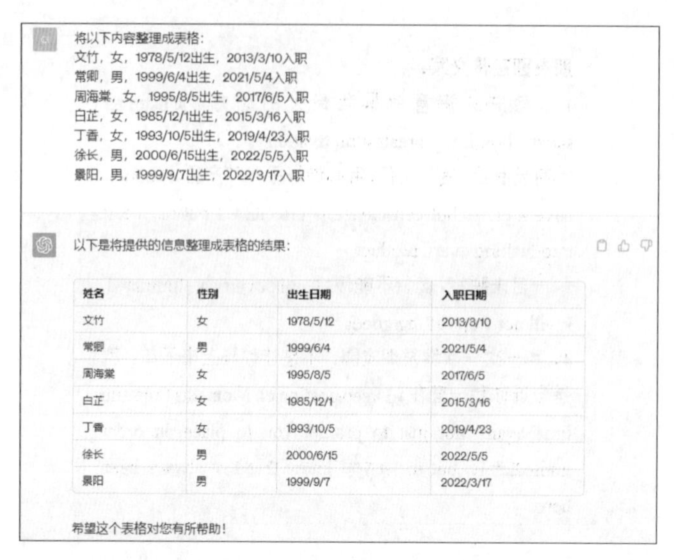

将以下内容整理成表格：
文竹，女，1978/5/12出生，2013/3/10入职
常卿，男，1999/6/4出生，2021/5/4入职
周海棠，女，1995/8/5出生，2017/6/5入职
白芷，女，1985/12/1出生，2015/3/16入职
丁香，女，1993/10/5出生，2019/4/23入职
徐长，男，2000/6/15出生，2022/5/5入职
景阳，男，1999/9/7出生，2022/3/17入职

以下是将提供的信息整理成表格的结果：

姓名	性别	出生日期	入职日期
文竹	女	1978/5/12	2013/3/10
常卿	男	1999/6/4	2021/5/4
周海棠	女	1995/8/5	2017/6/5
白芷	女	1985/12/1	2015/3/16
丁香	女	1993/10/5	2019/4/23
徐长	男	2000/6/15	2022/5/5
景阳	男	1999/9/7	2022/3/17

希望这个表格对您有所帮助！

图 2-63

步骤 03 继续发送制表要求“在表格中加上员工的年龄和工龄”；ChatGPT 会根据补充的制表要求重新生成表格，效果如图 2-64 所示。

在表格中加上员工的年龄和工龄

以下是将提供的信息整理成包含员工年龄和工龄的表格：

姓名	性别	出生日期	入职日期	年龄	工龄
文竹	女	1978/5/12	2013/3/10	45	10年
常卿	男	1999/6/4	2021/5/4	24	2年
周海棠	女	1995/8/5	2017/6/5	28	4年
白芷	女	1985/12/1	2015/3/16	37	6年
丁香	女	1993/10/5	2019/4/23	29	4年
徐长	男	2000/6/15	2022/5/5	23	1年
景阳	男	1999/9/7	2022/3/17	23	1年

希望这个表格满足您的需求！

图 2-64

步骤 04 复制 ChatGPT 制作的表格，在 Word 文档中将原文删除，粘贴制作的表格，如图 2-65 所示。

员工资料录入

姓名	性别	出生日期	入职日期	年龄	工龄
文竹	女	1978/5/12	2013/3/10	45	10 年
常卿	男	1999/6/4	2021/5/4	24	2 年
周海棠	女	1995/8/5	2017/6/5	28	4 年
白芷	女	1985/12/1	2015/3/16	37	6 年
丁香	女	1993/10/5	2019/4/23	29	4 年
徐长	男	2000/6/15	2022/5/5	23	1 年
景阳	男	1999/9/7	2022/3/17	23	1 年

粘贴

(Ctrl)

图 2-65

步骤 05 拖曳表格列边框和右下角的控制柄，调整表格的大小，如图 2-66 所示。

员工资料录入

姓名	性别	出生日期	入职日期	年龄	工龄
文竹	女	1978/5/12	2013/3/10	45	10 年
常卿	男	1999/6/4	2021/5/4	24	2 年
周海棠	女	1995/8/5	2017/6/5	28	4 年
白芷	女	1985/12/1	2015/3/16	37	6 年
丁香	女	1993/10/5	2019/4/23	29	4 年
徐长	男	2000/6/15	2022/5/5	23	1 年
景阳	男	1999/9/7	2022/3/17	23	1 年

图 2-66

步骤 06 执行操作后，全选表格内容，如图 2-67 所示。

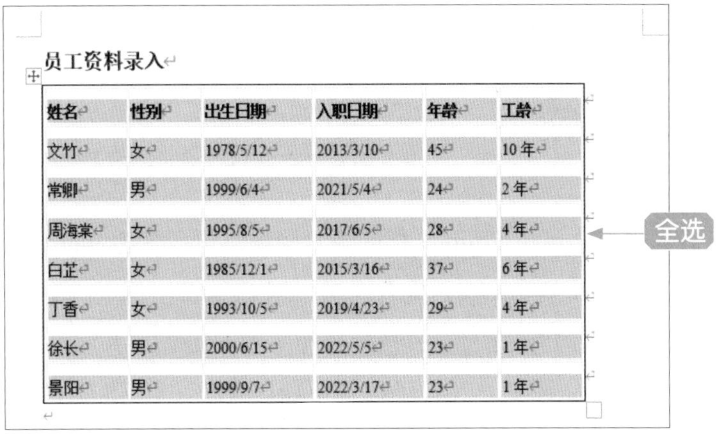

员工资料录入

姓名	性别	出生日期	入职日期	年龄	工龄
文竹	女	1978/5/12	2013/3/10	45	10 年
常卿	男	1999/6/4	2021/5/4	24	2 年
周海棠	女	1995/8/5	2017/6/5	28	4 年
白芷	女	1985/12/1	2015/3/16	37	6 年
丁香	女	1993/10/5	2019/4/23	29	4 年
徐长	男	2000/6/15	2022/5/5	23	1 年
景阳	男	1999/9/7	2022/3/17	23	1 年

全选

图 2-67

步骤 07 在“开始”功能区的“段落”面板中，单击“居中”按钮☰，如图 2-68 所示。

图 2-68

步骤 08 执行操作后，即可将表格内容居中对齐，效果如图 2-69 所示。

员工资料录入

姓名	性别	出生日期	入职日期	年龄	工龄
文竹	女	1978/5/12	2013/3/10	45	10 年
常卿	男	1999/6/4	2021/5/4	24	2 年
周海棠	女	1995/8/5	2017/6/5	28	4 年
白芷	女	1985/12/1	2015/3/16	37	6 年
丁香	女	1993/10/5	2019/4/23	29	4 年
徐长	男	2000/6/15	2022/5/5	23	1 年
景阳	男	1999/9/7	2022/3/17	23	1 年

图 2-69

2.5 本章小结

本章首先向大家介绍了 Word 文档的基本操作，包括熟悉 Word 工作界面、创建空白文档、保存文档以及关闭文档；接着介绍了用 ChatGPT 检查与纠错的操作方法，包括拼写检查、语法检查和单词替换；然后介绍了用 ChatGPT 统计数据的操作方法，包括统计空格数量、单词数量以及句子数量；最后介绍了用 ChatGPT 处理文本的操作方法，包括进行文本分类、内容分析、提取信息、长文分段、翻译文本以及制作表格。学完本章，大家可以轻松掌握使用 ChatGPT 处理 Word 文本文档的各种操作方法。

2.6 课后习题

鉴于本章知识的重要性，为了帮助读者更好地掌握所学知识，本节将通过课后习题，帮助读者进行简单的知识回顾和补充。

1. 如何用 ChatGPT 统计图 2-70 中的研究报告摘要文本字数？

扫码获取答案

研究报告摘要：

本研究报告旨在探讨营销策略对企业业绩的影响。通过对市场调研、竞争分析和消费者行为的综合研究，我们发现有效的营销策略对企业的增长和盈利能力起到至关重要的作用。针对目标市场的精准定位、产品定价和促销活动的策划，以及积极的品牌建设和市场推广，能够提高市场份额、增加客户忠诚度，并推动销售增长。此外，建立良好的客户关系和提供优质的售后服务也是营销成功的关键因素。综上所述，企业应该制定并执行有效的营销策略，以实现可持续发展和市场竞争优势。

图 2-70

2. 如何用 ChatGPT 对图 2-71 中的抽奖活动赠送物品进行分类并制成表格？

抽奖活动赠送物品如下：
无线充电器、保温水杯、蓝牙耳机、折叠伞、迷你盆栽套装、个性化名片盒、USB 闪存盘、手机支架、智能手环、VR 眼镜、文艺风格的笔记本、创意磁性书签、可爱卡通动物保温杯

图 2-71

第3章 接入ChatGPT：智能生成文本

学习提示

在Word程序软件中，用户可以将ChatGPT接入使用，与ChatGPT进行实时的智能对话，以此生成文本，提高办公效率和准确性。本章将重点介绍如何接入ChatGPT和智能生成文本的操作方法。

本章重点导航

- 在Word中接入ChatGPT
- 让ChatGPT智能生成文本

3.1 在 Word 中接入 ChatGPT

将 ChatGPT 接入 Word 中，可以为用户带来许多便利和优势，无论是快速获得信息、寻求创意灵感还是进行内容校对，将 ChatGPT 与 Word 结合使用都能够提供强大的支持。接入 ChatGPT 可以通过 Word 宏代码实现，本节将进行详细介绍。

036 获取 OpenAI API Key（密钥）

OpenAI 是一个人工智能研究实验室和技术公司，而 ChatGPT 是 OpenAI 开发的一种基于自然语言处理的语言模型。在 Word 中接入 ChatGPT 需要使用 OpenAI API Key（密钥），下面介绍获取密钥的操作方法。

用户首先须访问 ChatGPT 的网站并登录账号，然后进入 OpenAI 官网，在网页右上角单击 Log in（登录）按钮，如图 3-1 所示。

图 3-1

执行操作后，进入 OpenAI 页面，选择进入 API 模块，如图 3-2 所示。

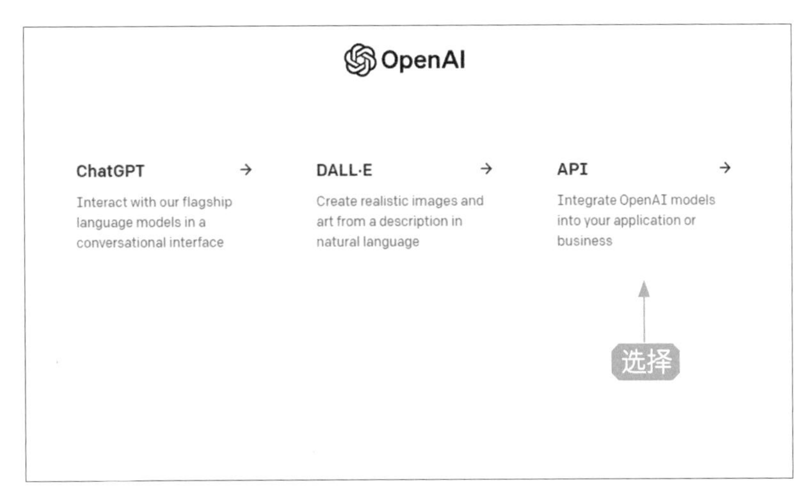

图 3-2

因为前面已经访问并登录了 ChatGPT，所以此处会自动登录 OpenAI 账号，如果跳过登录 ChatGPT 直接进入 OpenAI 网页，此处则需要先登录 OpenAI 账号，❶ 在右上角单击账号头像；❷ 在打开的列表中选择 View API keys（查看 API 密钥）选项，如图 3-3 所示。

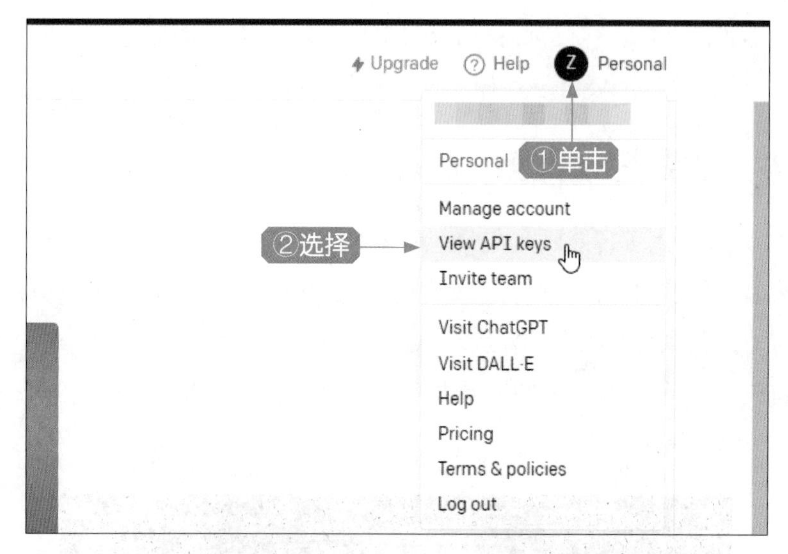

图 3-3

进入 API keys 页面，在表格中显示了之前获取过的密钥记录，此处单击 Create new secret key（创建新密钥）按钮，如图 3-4 所示。

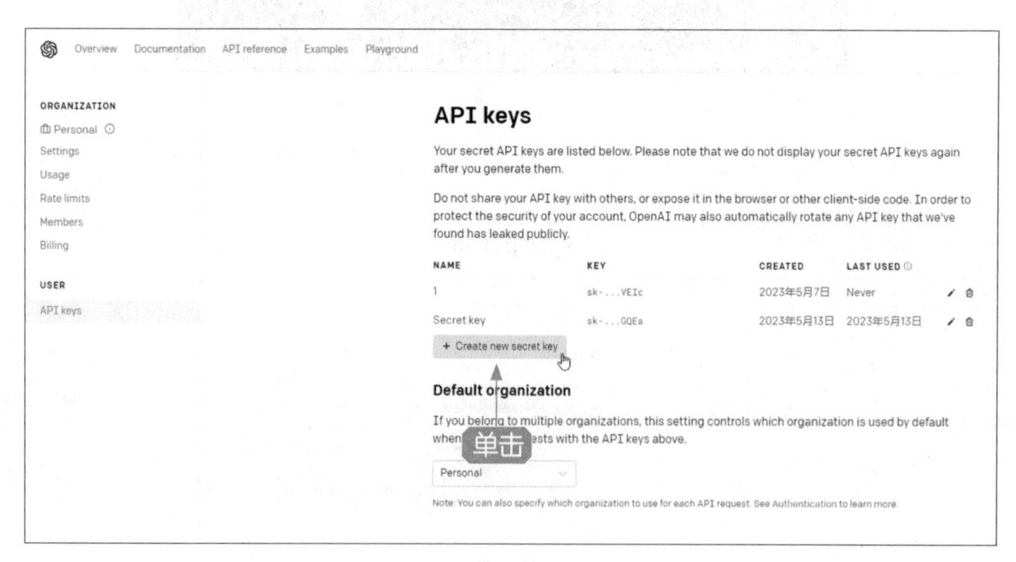

图 3-4

打开 Create new secret key 对话框，在文本框下方单击 Create secret key（创建密钥）按钮，如图 3-5 所示。

执行上述操作后，即可创建密钥，单击文本框右侧的▣（复制）按钮，如图 3-6 所示，即可获取创建的密钥，在文件夹中创建一个记事本，将密钥粘贴保存。

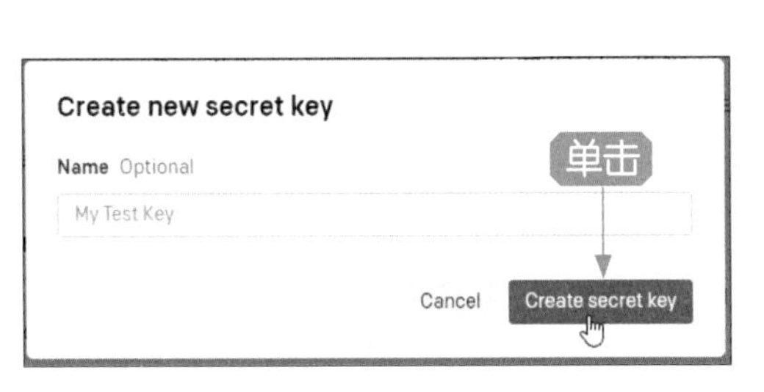

图 3-5

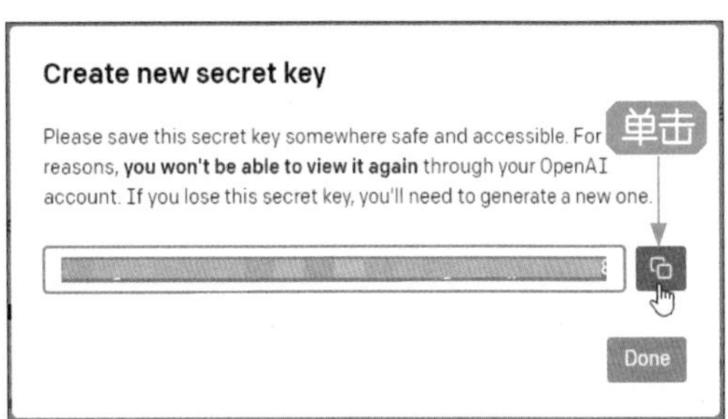

图 3-6

037 添加“开发工具”选项卡

在 Word 中通过宏可以接入 ChatGPT，在 Word 应用程序软件中，“开发工具”选项卡在默认状态下是处于隐藏状态的，当需要在 Word 中使用宏或者 VBA 编辑器时，则须先添加“开发工具”选项卡，下面介绍具体的操作方法。

步骤 01 打开 Word 应用程序软件，在导航菜单栏中单击“选项”，如图 3-7 所示。

图 3-7

步骤 02 执行上述操作后，打开“Word 选项”对话框，如图 3-8 所示。

步骤 03 在对话框中选择“自定义功能区”选项，如图 3-9 所示，即可展开“自定义功能区”面板。

图 3-8

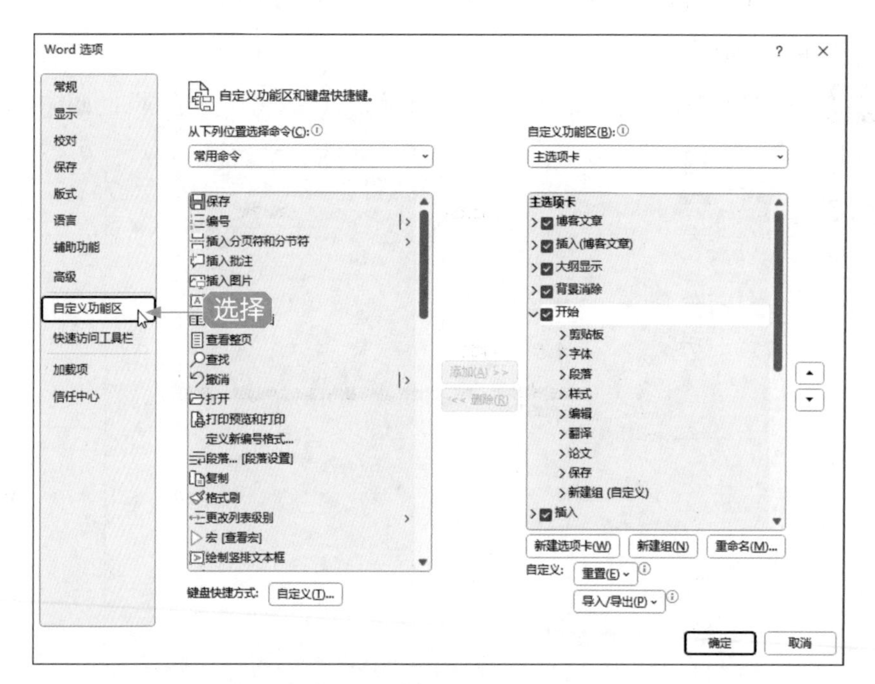

图 3-9

步骤 04 在“自定义功能区”|“主选项卡”选项区中，❶选中“开发工具”复选框；❷单击“确定”按钮，如图 3-10 所示。

步骤 05 执行上述操作后，即可添加“开发工具”选项卡，同时激活功能区中的功能，如图 3-11 所示。

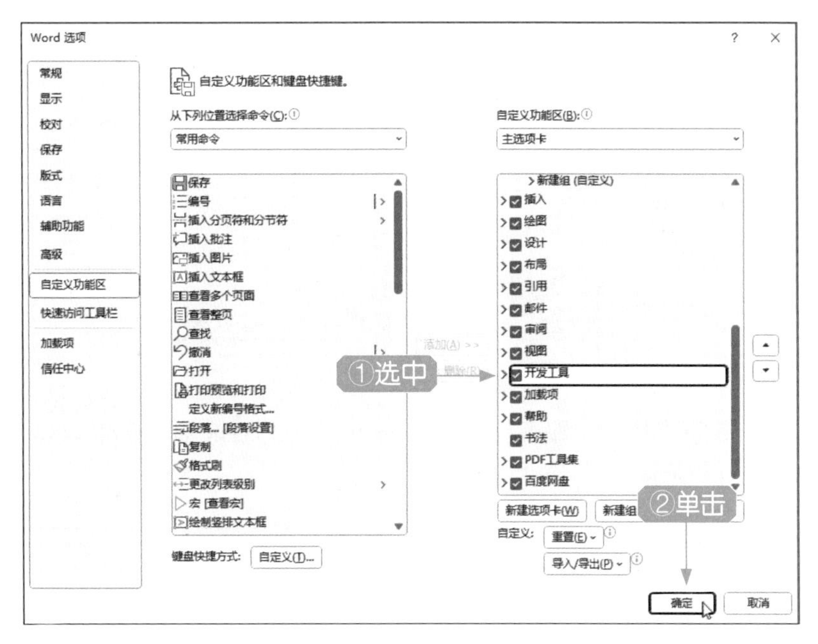

图 3-10

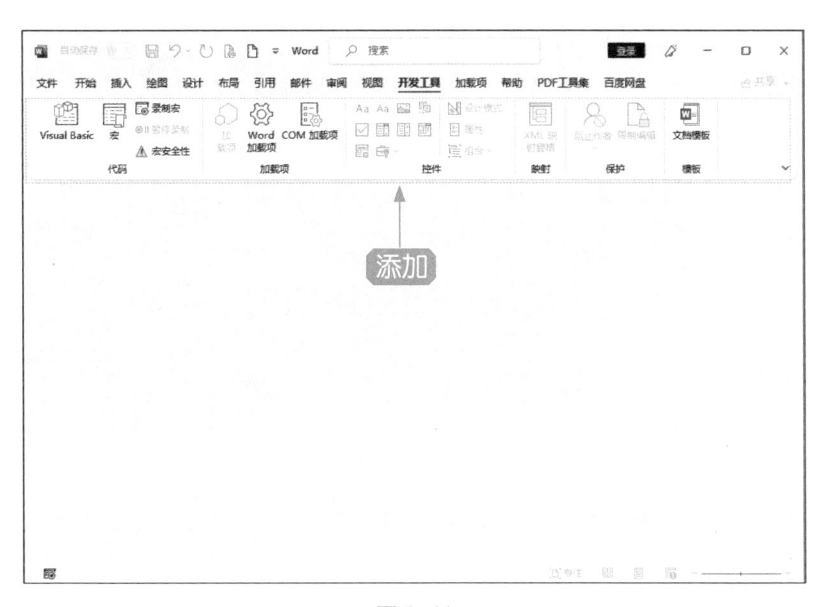

图 3-11

038 打开 VBA 编辑器

在 Word 中使用宏并不是直接在文档中进行，需要用户打开 VBA 编辑器才能使用，而打开 VBA 编辑器可以通过以下两种方法。

步骤 01 打开 Word 应用程序软件，在“开发工具”功能区中单击 Visual Basic 按钮，如图 3-12 所示。

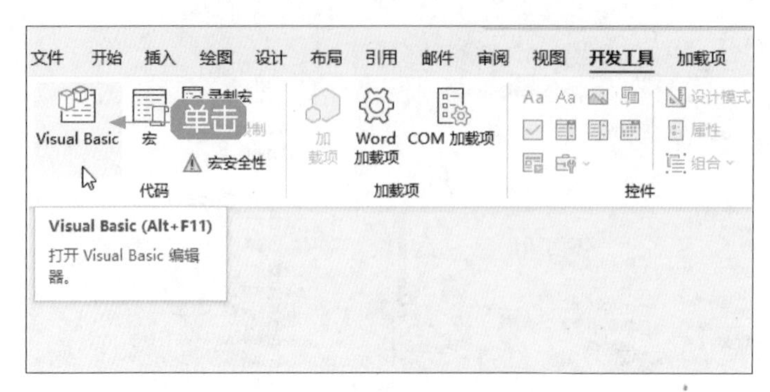

图 3-12

步骤 02 执行操作后，即可打开 Microsoft Visual Basic for Applications（VBA）编辑器，如图 3-13 所示。

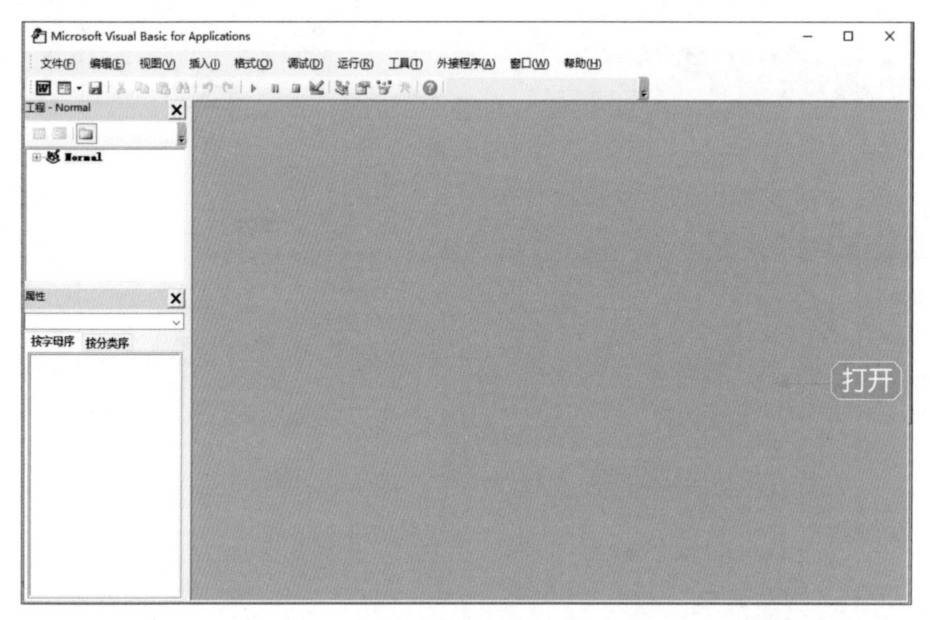

图 3-13

步骤 03 此外，用户也可以在 Word 文档中按 Alt + F11 组合键打开 VBA 编辑器。

专家指点

用户如果要关闭 VBA 编辑器，可以单击“关闭”按钮×。如果在打开 VBA 编辑器后，想切换回 Word 文档，可以单击“视图 Microsoft Word”按钮，或按 Alt + F11 组合键。

039 新建一个空白模块

在 VBA 编辑器中，用户需要在模块中输入宏代码，模块可以通过以下两种方法创建，下面介绍具体的操作方法。

步骤 01 在 VBA 编辑器中，执行“插入”|“模块”命令，如图 3-14 所示。

步骤 02 执行操作后，❶ 即可新建一个空白模块；❷ 左侧的“工程 -Normal”面板中也会显示新建的模块，如图 3-15 所示。

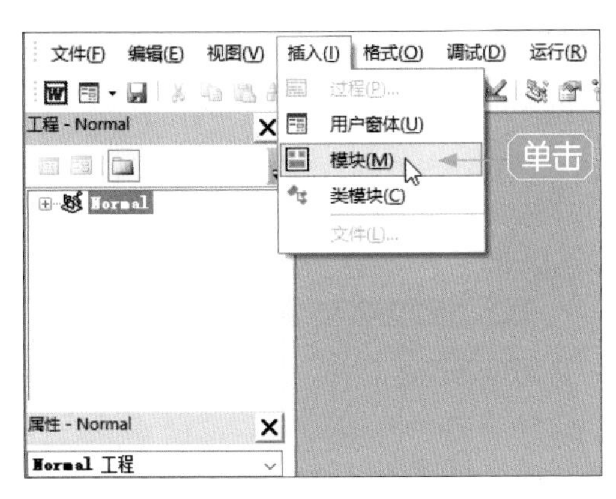

图 3-14

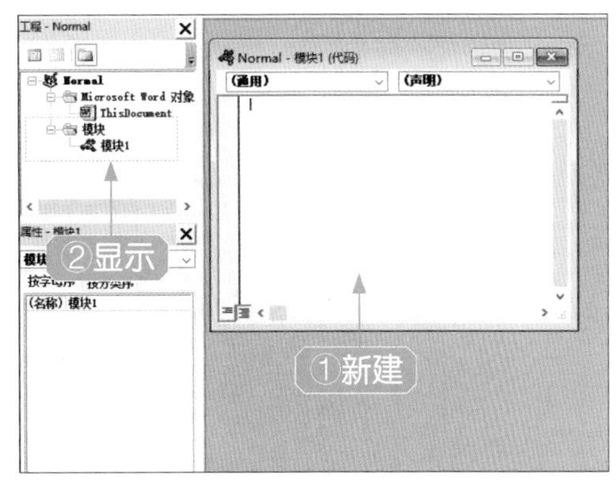

图 3-15

步骤 03 此外，用户也可以在“工程 -Normal”面板中的空白位置单击鼠标右键，打开快捷菜单，选择“插入”|“模块”选项，如图 3-16 所示。

步骤 04 执行操作后，即可再新建一个空白模块，如图 3-17 所示。

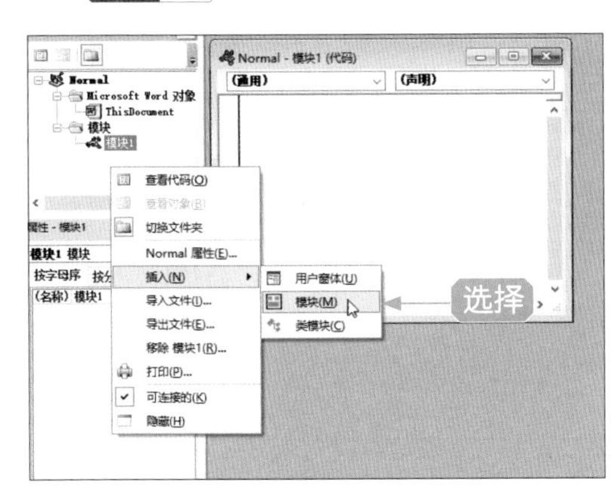

图 3-16

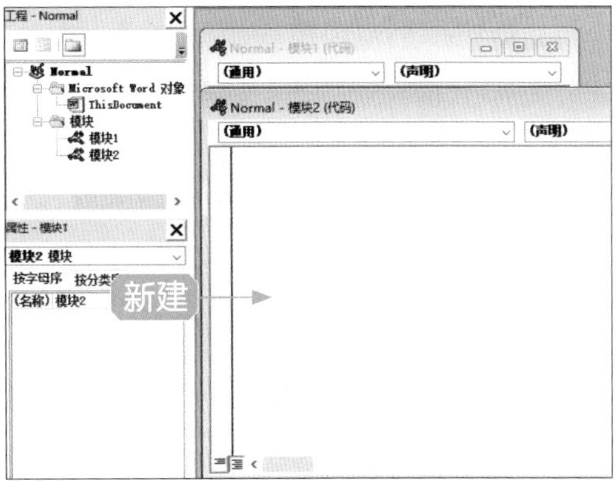

图 3-17

040 粘贴编写的宏代码

创建模块后，即可在模块中输入可以接入 ChatGPT 的宏代码。用户可以提前在记事本中编写好宏代码，然后直接调用；也可以用 ChatGPT 生成宏代码，下面介绍具体的操作方法。

步骤 01 打开一个记事本，其中已经编写好了可以接入 ChatGPT 的宏代码，按 Ctrl + A 组合键全选代码，如图 3-18 所示。

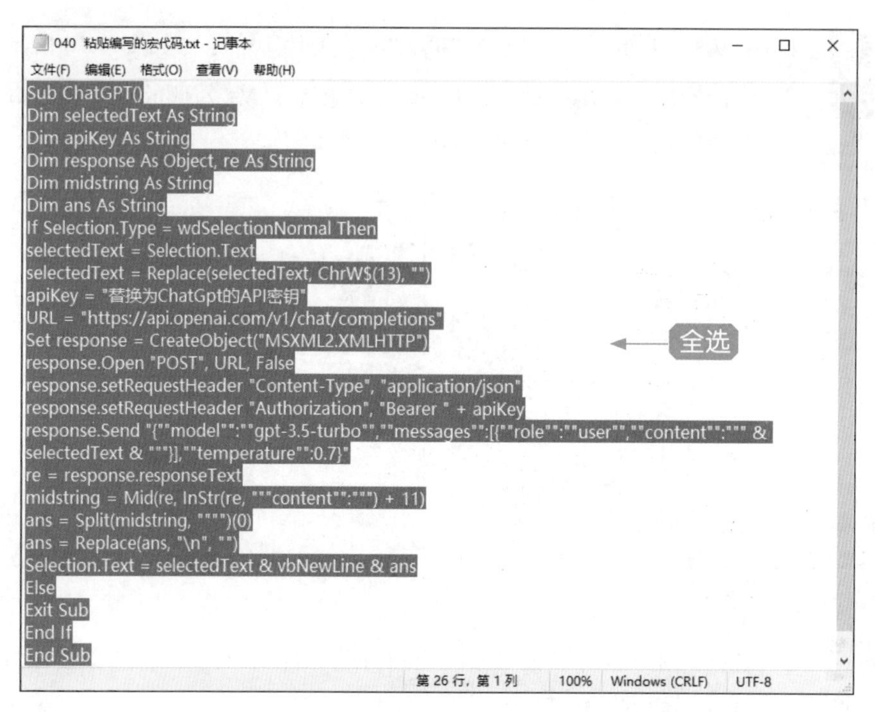


```
Sub ChatGPT()
Dim selectedText As String
Dim apiKey As String
Dim response As Object, re As String
Dim midstring As String
Dim ans As String
If Selection.Type = wdSelectionNormal Then
selectedText = Selection.Text
selectedText = Replace(selectedText, ChrW$(13), "")
apiKey = "替换为ChatGpt的API密钥"
URL = "https://api.openai.com/v1/chat/completions"
Set response = CreateObject("MSXML2.XMLHTTP")
response.Open "POST", URL, False
response.setRequestHeader "Content-Type", "application/json"
response.setRequestHeader "Authorization", "Bearer " + apiKey
response.Send "{""model"":""gpt-3.5-turbo"",""messages"":[{""role"":""user"",""content"":""" &
selectedText & """}],""temperature"":0.7}"
re = response.responseText
midstring = Mid(re, InStr(re, """content"":""") + 11)
ans = Split(midstring, """")(0)
ans = Replace(ans, "\n", "")
Selection.Text = selectedText & vbNewLine & ans
Else
Exit Sub
End If
End Sub
```

图 3-18

步骤 02 按 Ctrl + C 组合键复制编写的代码，打开 Word 中的 VBA 编辑器，参考前文新建一个空白模块，按 Ctrl + V 组合键即可粘贴记事本中的宏代码，如图 3-19 所示。

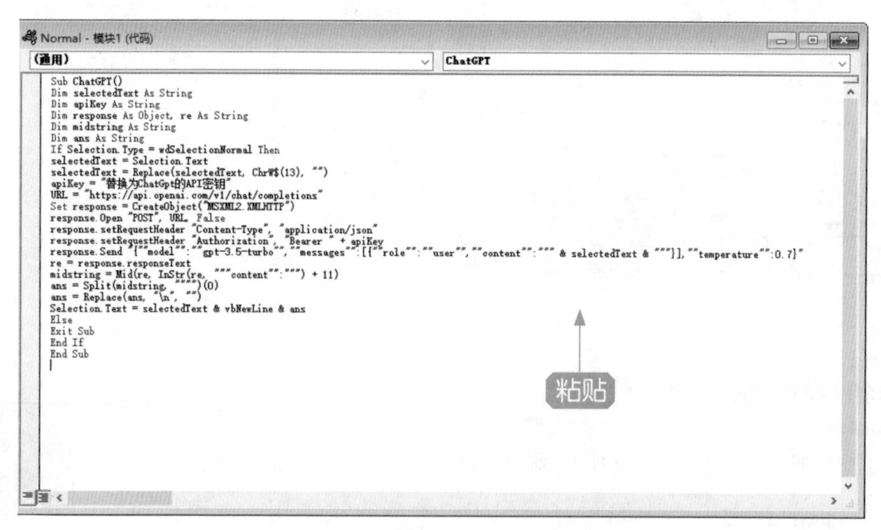

图 3-19

步骤 03 此外，用户也可以打开 ChatGPT 的聊天窗口，在输入框中输入“编写一段宏代码，使 ChatGPT 可以通过宏接入到 Word 中进行使用”，按 Enter 键发送，ChatGPT 即可回复编写的宏代码，同时向用户反馈操作方法，如图 3-20 所示。

图 3-20

步骤 04 复制 ChatGPT 编写的宏代码，打开 Word 中的 VBA 编辑器，在空白模块中粘贴 ChatGPT 编写的宏代码，如图 3-21 所示。

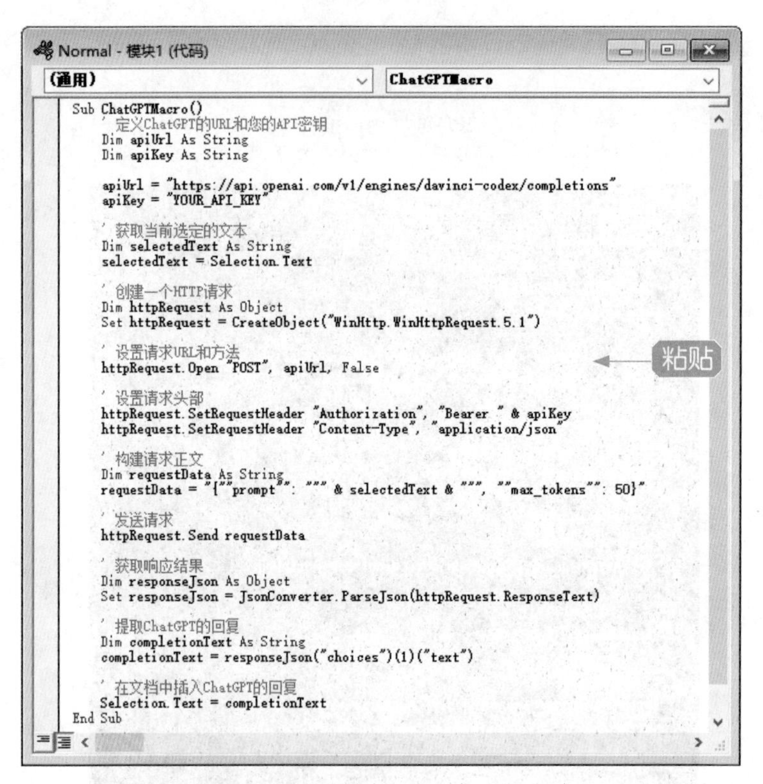

图 3-21

041 修改密钥并解析 API

在模块中输入宏代码后，需要修改密钥才能应用 ChatGPT，下面介绍修改密钥并解析 API 的操作方法。

步骤 01 打开保存密钥的记事本，选择并复制 API 密钥，如图 3-22 所示。

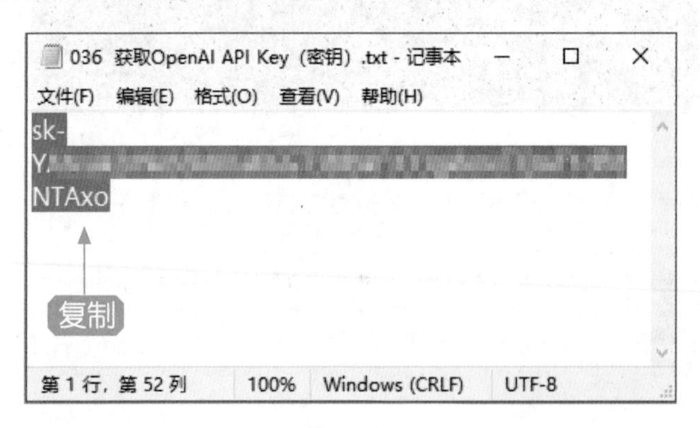

图 3-22

步骤 02 在 VBA 编辑器的模块代码中，选择“替换为 ChatGpt 的 API 密钥”，如图 3-23 所示。

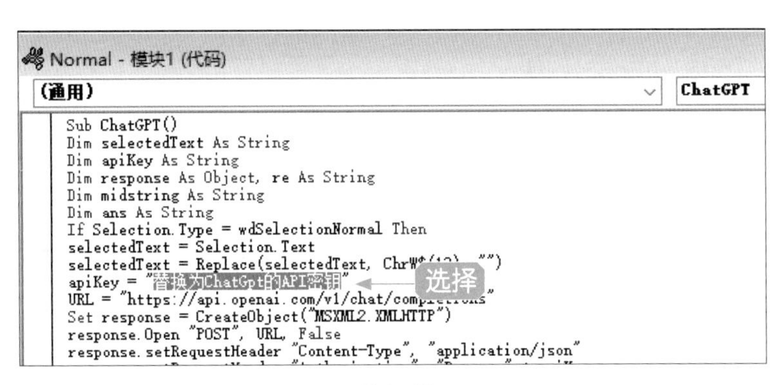

图 3-23

步骤 03 按 Delete 键删除所选内容，按 Ctrl ＋ V 组合键粘贴复制的 API 密钥，如图 3-24 所示。

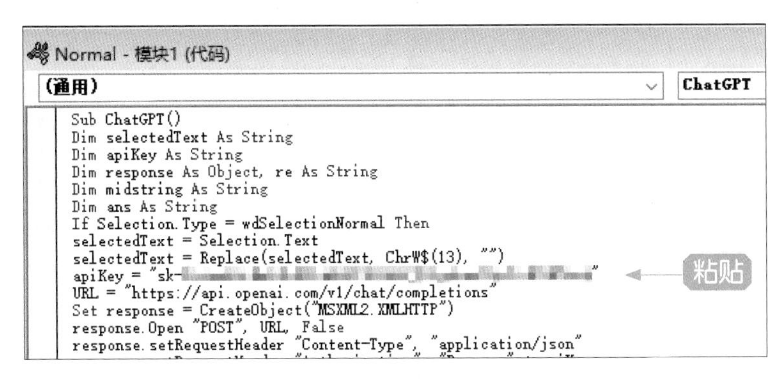

图 3-24

步骤 04 在菜单栏中，单击“工具”|“引用”命令，如图 3-25 所示。

步骤 05 打开“引用 -Normal”对话框，在“可使用的引用”下拉列表框中选中 Microsoft Scripting Runtime 复选框，如图 3-26 所示，单击“确定”按钮，即可引用转换器以解析 API 响应，使 Word 任意一个文档都可以使用制作的宏。

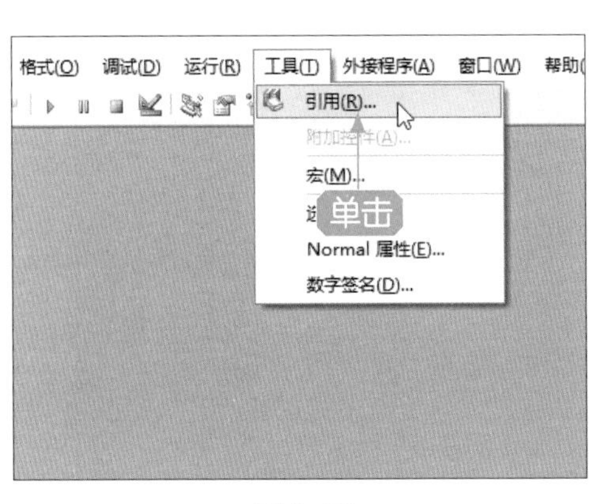

图 3-25

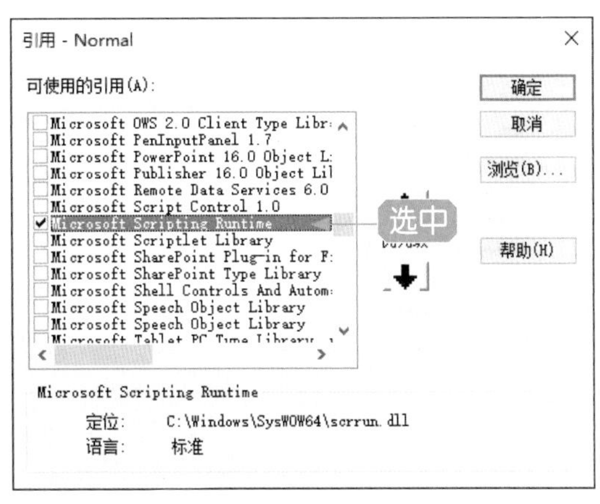

图 3-26

042 保存制作的宏代码

在宏代码制作完成后，需要及时保存制作的宏代码，以免关闭VBA 编辑器后将宏代码丢失，下面介绍具体的操作方法。

步骤 01 继续上例的操作，在 VBA 编辑器中单击“保存”按钮，如图 3-27 所示，即可将宏代码保存。

步骤 02 单击“文件”|“导出文件”命令，如图 3-28 所示。

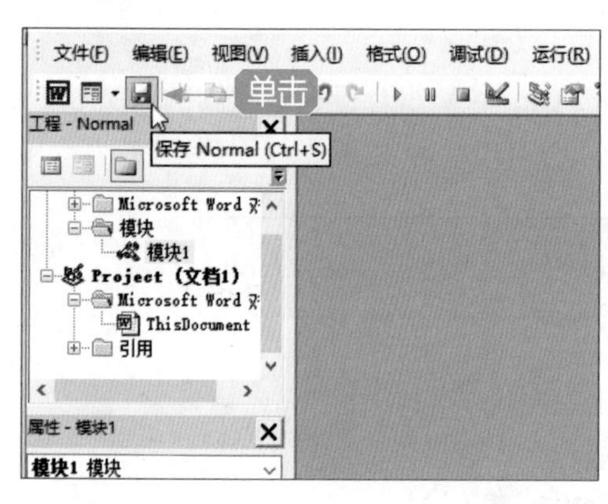

图 3-27

图 3-28

步骤 03 打开“导出文件”对话框，❶设置文件名称和保存位置；❷单击“保存”按钮，如图 3-29 所示，即可保存模块。

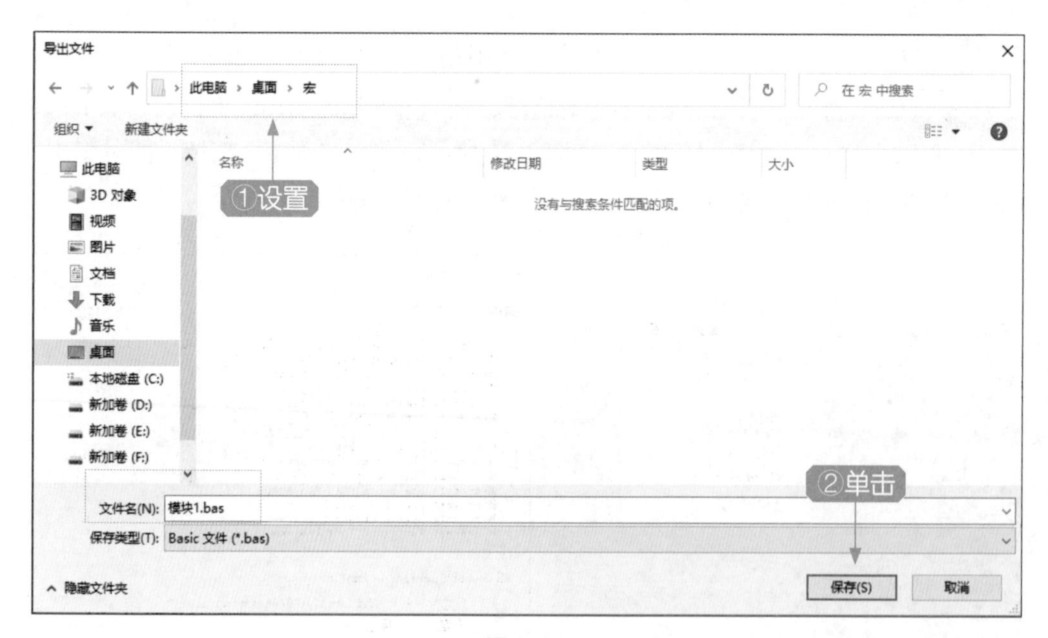

图 3-29

专家指点

注意，最好将宏模块保存到桌面上，以免影响运行。用户还可以在桌面上新建文件夹，将宏模块保存在新建文件夹中。

043 构建 ChatGPT 运行按钮

在 Word 中，用户可以在 VBA 编辑器中单击“运行子过程 / 用户窗体”按钮▶，或按 F5 键运行宏；也可以在“开发工具”功能区的“代码”面板中单击“宏”按钮，在弹出的对话框中选择需要运行的宏，然后单击“运行”按钮即可运行宏。除了上述两种方法，用户还可以在功能区中构建一个运行快捷按钮，以便直接使用 ChatGPT，下面介绍具体的操作方法。

步骤 01 在“开发工具”功能区的空白位置单击鼠标右键，在打开的列表中选择“自定义功能区”选项，如图 3-30 所示。

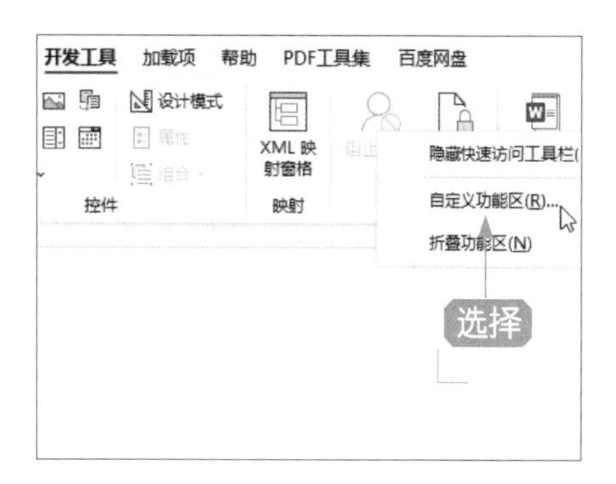

图 3-30

步骤 02 打开“Word 选项”对话框，在“自定义功能区”|“主选项卡”选项区中，❶选择“开发工具”选项；❷单击“新建组”按钮，如图 3-31 所示。

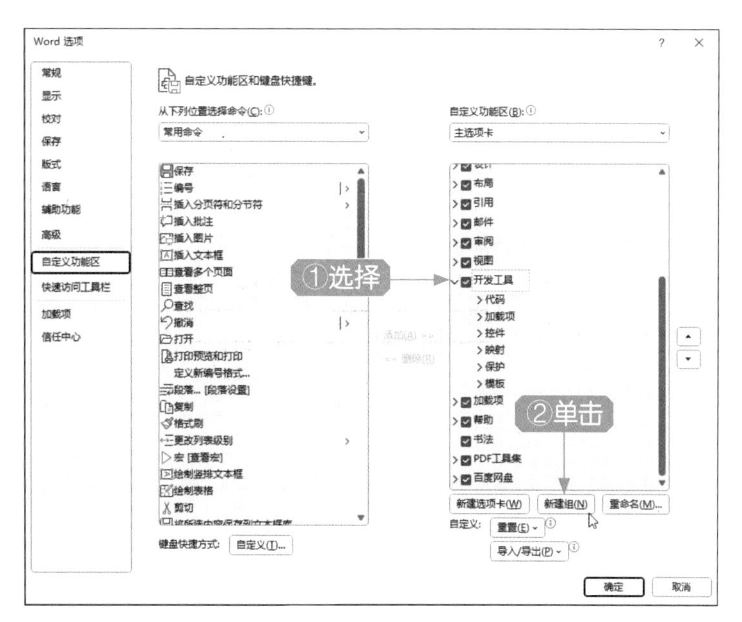

图 3-31

步骤 03 执行操作后，即可新建一个组，单击“重命名”按钮，如图 3-32 所示。

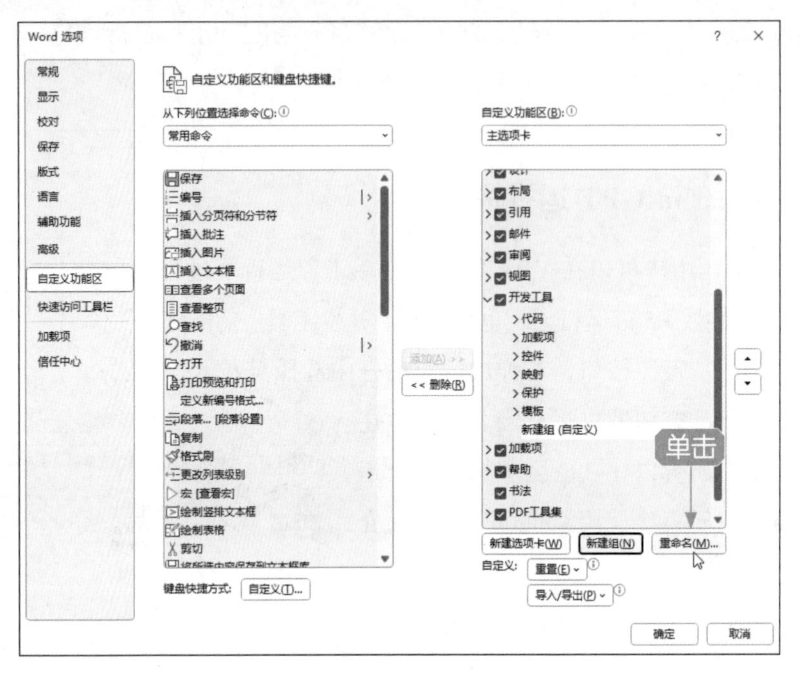

图 3-32

步骤 04 打开“重命名”对话框，在“显示名称”文本框中输入组名称，如图 3-33 所示。

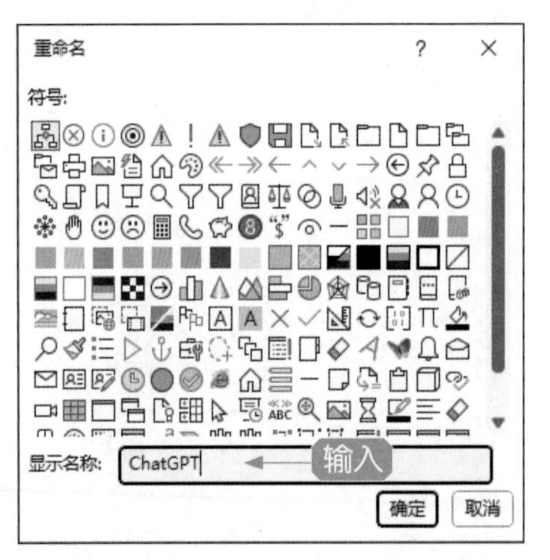

图 3-33

步骤 05 单击“确定”按钮，返回“Word 选项”对话框，在“从下列位置选择命令”下拉列表中选择“宏”命令，如图 3-34 所示。

步骤 06 在下方会显示保存过的宏，❶选择需要的宏；❷单击“添加”按钮，如图 3-35 所示。

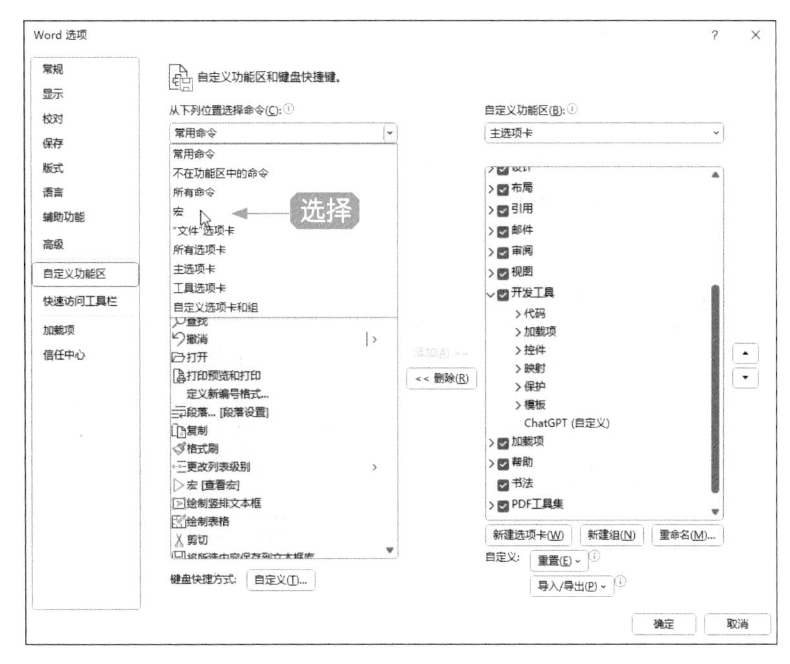

图 3-34

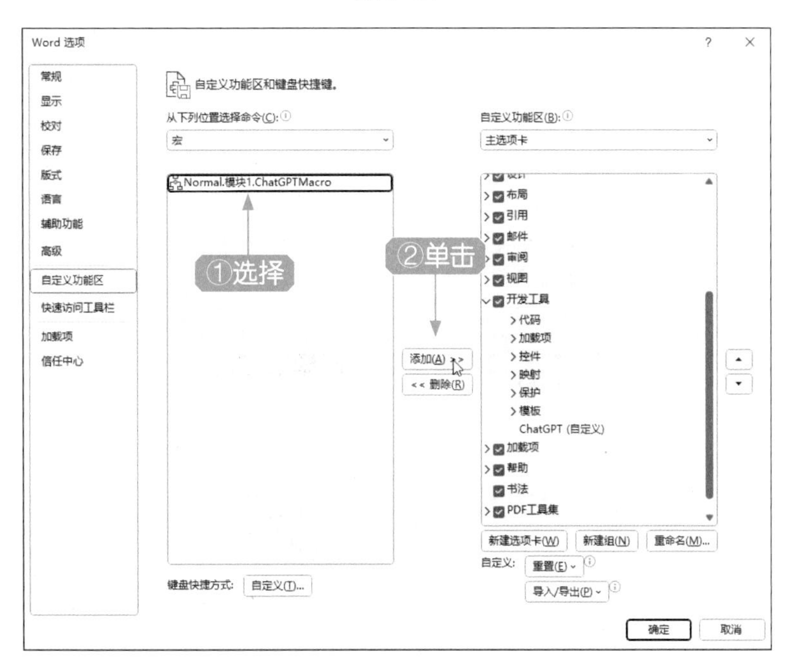

图 3-35

步骤 07 执行操作后，即可将所选择的宏添加到新建的组中，单击“重命名”按钮，如图 3-36 所示。

步骤 08 打开“重命名”对话框，❶在“显示名称”文本框中输入名称；❷在上方选择一个符号图标作为按钮图标，如图 3-37 所示。

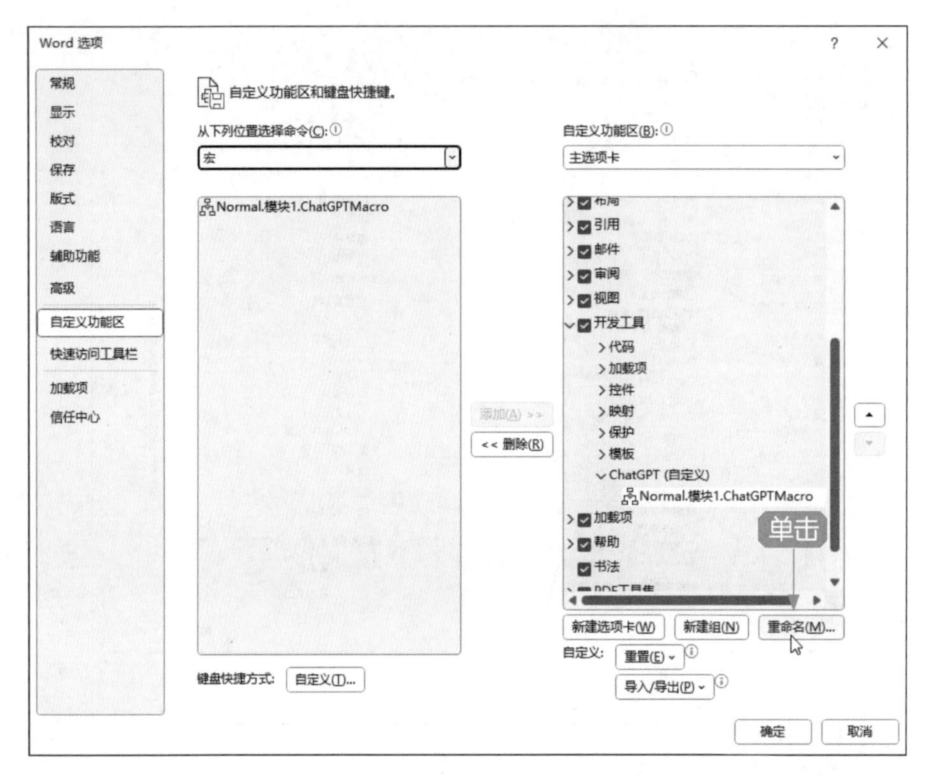

图 3-36

图 3-37

步骤 09 执行上述操作后，单击“确定”按钮，即可修改宏按钮的名称和图标，如图 3-38 所示。

步骤 10 单击“确定”按钮，即可在“开发工具”功能区中添加 ChatGPT 运行按钮，如图 3-39 所示。

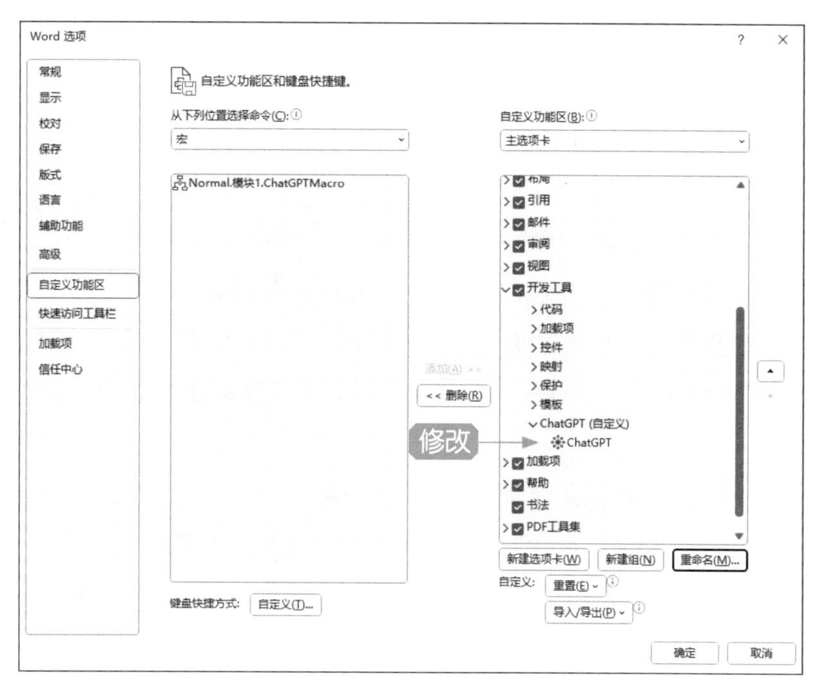

图 3-38

图 3-39

3.2 让 ChatGPT 智能生成文本

在 Word 中构建好 ChatGPT 运行按钮后，用户即可在 Word 文档中直接与 ChatGPT 进行交互，例如，直接提出问题或描述文本要求等，然后单击 ChatGPT 运行按钮，即可在文档中直接获取 ChatGPT 生成的回复。需要注意的是，用户的账号要付费升级到 ChatGPT Plus 版本才能正常使用 ChatGPT，否则生成的回复会是无效的内容。

本节将介绍让 ChatGPT 智能生成营销方案、生成文本、优化用词、改写文章风格以及编写论文大纲的操作方法。

044 让 ChatGPT 智能生成营销方案

营销方案可以帮助企业明确市场需求，制定出合适的服务策略，提高品牌认知度和销售额。ChatGPT 具备广泛的知识库，用户可以充分利用 ChatGPT 的功能，让其生成一份营销方案，还可以根据生成的方案加入人工判断和优化，使营销策略更加完善，下面介绍让 ChatGPT 智能生成营销方案的操作方法。

步骤 01 新建一个 Word 空白文档，在首行输入指令“为我生成一份智能家居营销方案，字数要求在 500 ～ 1000 字”，如图 3-40 所示，选择输入的指令。

步骤 02 在“开发工具”功能区中，单击 ChatGPT 运行按钮，如图 3-41 所示。

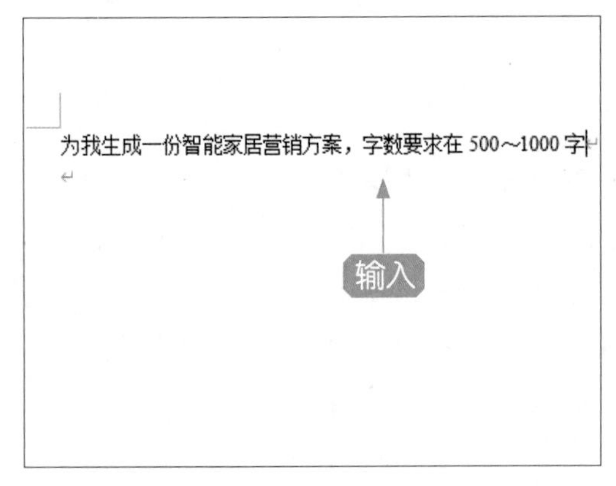

图 3-40

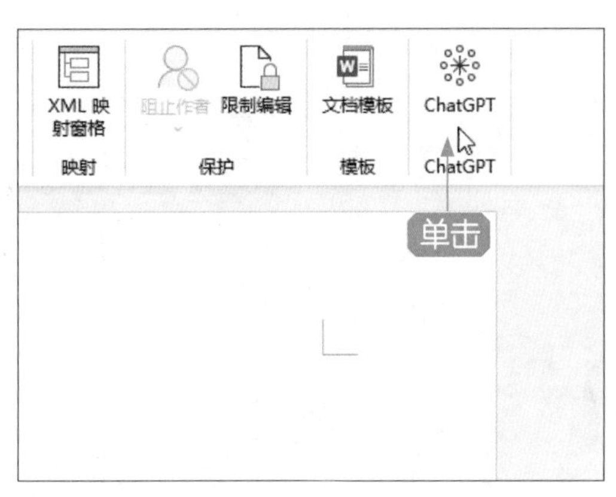

图 3-41

步骤 03 稍等片刻，ChatGPT 即可在 Word 文档中生成一份智能家居营销方案，如图 3-42 所示。用户可以根据需要对生成内容中的标题、字体以及段落格式等进行调整和设置。

045 让 ChatGPT 根据提示词生成文本

借助 ChatGPT 的功能可以让它根据给定的提示词生成一段相关文本，创造出丰富、连贯的内容，提供有价值的信息和见解。下面让我们看看 ChatGPT 如何利用其知识和语言模型生成精彩的文本内容。

步骤 01 新建一个 Word 空白文档，在首行输入指令“根据提示词‘旅行’生成相关文本，字数要求在 100 ～ 500 字”，如图 3-43 所示，选择输入的指令。

步骤 02 在“开发工具”功能区中，单击 ChatGPT 运行按钮，如图 3-44 所示。

为我生成一份智能家居营销方案，字数要求在 500～1000 字
智能家居营销方案

1. 市场调研和目标定位：
在制订智能家居营销方案之前，首先需要进行市场调研，了解目标受众的需求和偏好。根据调研结果，明确目标定位，确定主要目标受众群体，如家庭用户、年轻专业人士或老年人等。

2. 产品定位和特色：
强调智能家居产品的核心特点和优势，例如便捷性、舒适性、节能环保等。根据目标受众的需求，突出产品的特色，如声控操作、远程控制、安全监控等功能，并强调产品的高质量和可靠性。

3. 品牌建设和推广：
构建一个独特的品牌形象，强调智能家居产品的智能、创新和高科技属性。通过多渠道推广，包括社交媒体、电视广告、在线广告以及与相关行业合作伙伴的联合营销等方式，提高品牌知名度。

4. 教育和培训：
提供消费者教育和培训，帮助他们了解智能家居产品的优势、使用方法和技巧。可以通过在线视频教程、产品演示和工作坊等方式，提供用户友好的指南和支持，增强用户对产品的信心和满意度。

5. 个性化体验和客户服务：
强调智能家居产品的个性化定制和用户体验，通过智能学习和适应用户习惯，提供个性化的功能和服务。建立快速响应的客户服务团队，及时解答用户疑问和处理问题，提供卓越的售后支持。

6. 合作伙伴关系：
与相关行业合作伙伴建立战略合作关系，如家具商店、装修公司或能源供应商等。通过共同推广、捆绑销售和交叉营销，拓展产品的市场渗透率，并提供更全面的解决方案。

7. 用户反馈和改进：
建立用户反馈渠道，收集用户的意见和建议，及时对产品进行改进和升级。通过用户案例和推荐，增加口碑宣传和社交证明，进一步提升产品的市场认可度。

8. 定期活动和促销：
组织定期的促销活动，如折扣销售、限时特价和赠品等，吸引消费者购买智能家居产品。同时，结合特定节日或事件，打造相关主题活动，增加品牌曝光度和用户参与度。

9. 数据分析和优化：
使用数据分析工具和用户行为分析，监测销售数据和用户反馈，评估营销效果，并根据结果进行优化和调整。持续改进营销策略，以提高销售额和用户满意度。

通过以上智能家居营销方案的实施，我们可以吸引目标受众，提高品牌认知度，增加销售量，并与合作伙伴建立稳固的关系。同时，通过用户教育和个性化体验，提升用户满意度和忠诚度。定期的活动和促销将吸引更多潜在客户，并通过数据分析不断优化和改进策略，实现持续增长和市场领先地位。

图 3-42

图 3-43

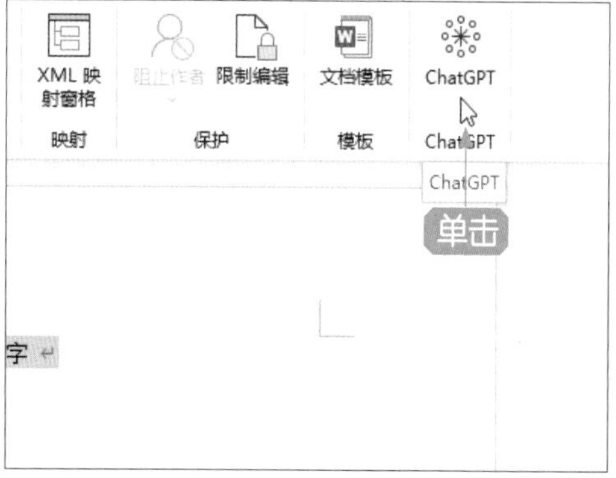

图 3-44

步骤 03 稍等片刻，ChatGPT 即可在 Word 文档中生成一份与旅行相关的文本，如图 3-45 所示。

根据提示词“旅行”生成相关文本，字数要求在 100～500 字
旅行是一种令人兴奋和充实的体验，它让我们有机会探索新的地方、体验不同的文化，并丰富我们的生活。无论是探险旅行、文化之旅还是休闲度假，旅行都带给我们许多美好的回忆和宝贵的体验。

在旅行之前，我们可以通过规划和准备，确保旅程的顺利进行。这包括选择合适的目的地，根据个人兴趣和偏好，选择探索山脉、海滩、历史古迹或城市。同时，了解目的地的气候、文化习俗和必备的旅行文件也是非常重要的。

旅行中，我们可以亲身体验不同地方的独特之处。品尝当地美食，体验异国文化，参观著名景点，与当地人交流，都能带给我们难忘的经历。同时，旅行也是一个放松身心的机会，远离繁忙的工作和生活，享受大自然的美景，放松心灵。

旅行也是一个培养个人能力和增长见识的过程。通过与不同背景和文化的人交流，我们可以拓宽自己的视野，学习到新的知识和技能。旅行还能培养我们的适应能力和解决问题的能力，在面对未知的挑战时更加机智和灵活。

最重要的是，旅行可以让我们重新连接内心，找到内在的平衡和幸福感。当我们置身于壮丽的自然景色中，感受到文化的深厚底蕴时，我们会更加珍惜生活中的美好瞬间，激发我们对生活的热情和动力。

综上所述，旅行是一次充满乐趣和意义的体验。它不仅带给我们欢乐和冒险，还能培养我们的个人素质和人生观。让我们放下工作的压力，踏上旅程，去发现世界的美好和无限可能。无论是短途旅行还是长途跋涉，旅行都将成为我们宝贵的记忆和成长的契机。

图 3-45

046 让 ChatGPT 智能优化文本用词

借助 ChatGPT 的广泛训练和语言模型，可以为用户提供替代词、调整语气和风格，以及提供更准确、更具表达力的词汇选择。通过与 ChatGPT 的互动，用户可以进一步改善文本的流畅度和清晰度，使其更具有吸引力和有效性。下面一起来看 ChatGPT 如何智能优化文本用词。

步骤 01 新建一个 Word 空白文档，在首行输入指令并选择指令，如图 3-46 所示。

步骤 02 在“开发工具”功能区中，单击 ChatGPT 运行按钮，如图 3-47 所示。

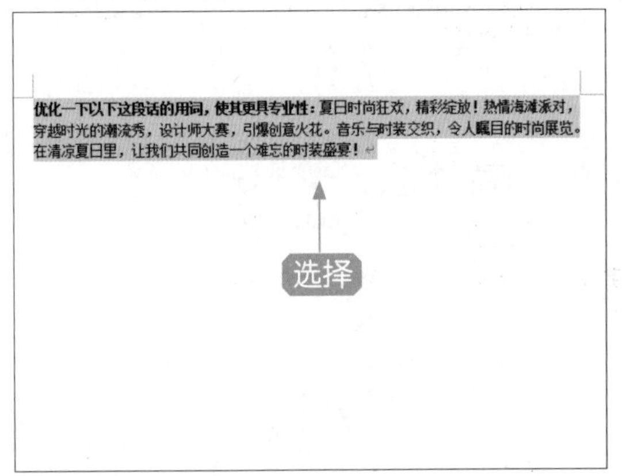

图 3-46

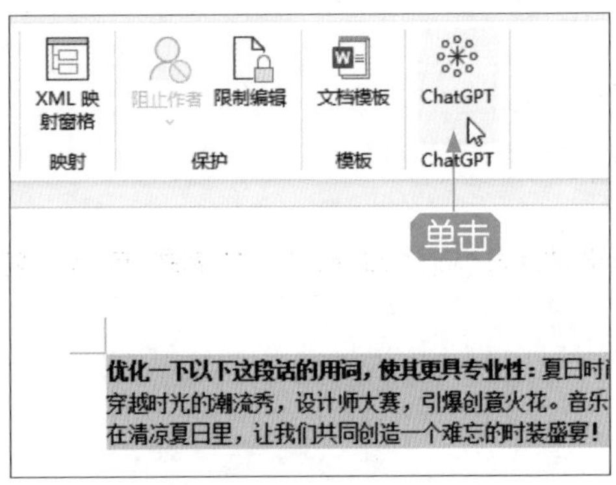

图 3-47

步骤 03 稍等片刻，ChatGPT 即可在 Word 文档中优化文本用词，并重新生成一份文本内容，如图 3-48 所示。

优化一下以下这段话的用词，使其更具专业性：夏日时尚狂欢，精彩绽放！热情海滩派对，穿越时光的潮流秀，设计师大赛，引爆创意火花。音乐与时装交织，令人瞩目的时尚展览。在清凉夏日里，让我们共同创造一个难忘的时装盛宴！

夏日时尚盛典，华丽呈现！炙热海滩派对，穿越潮流历程的时尚秀，设计师大赛，激发创意火花。音乐与时尚交融，引人注目的时装展览。在清凉夏日中，让我们共同打造一场难忘的时装盛宴！

图 3-48

047 让 ChatGPT 智能改写文章风格

ChatGPT 可以为用户提供不同的写作风格，如正式的、轻松的、学术的以及幽默的等，从而使文本更具个性和吸引力。下面一起探索 ChatGPT 如何智能改写文章的风格。

步骤 01 新建一个 Word 空白文档，在首行输入指令并选择指令，如图 3-49 所示。

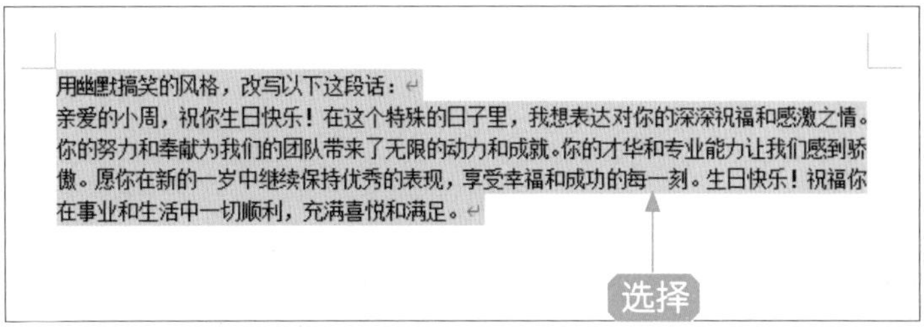

用幽默搞笑的风格，改写以下这段话：
亲爱的小周，祝你生日快乐！在这个特殊的日子里，我想表达对你的深深祝福和感激之情。你的努力和奉献为我们的团队带来了无限的动力和成就。你的才华和专业能力让我们感到骄傲。愿你在新的一岁中继续保持优秀的表现，享受幸福和成功的每一刻。生日快乐！祝福你在事业和生活中一切顺利，充满喜悦和满足。
选择

图 3-49

步骤 02 在“开发工具”功能区中，单击 ChatGPT 运行按钮，稍等片刻，ChatGPT 即可在 Word 文档中用幽默搞笑的风格智能改写文本内容，如图 3-50 所示。

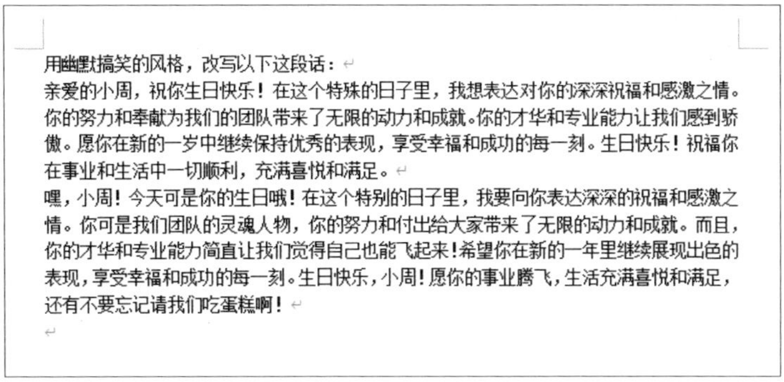

用幽默搞笑的风格，改写以下这段话：
亲爱的小周，祝你生日快乐！在这个特殊的日子里，我想表达对你的深深祝福和感激之情。你的努力和奉献为我们的团队带来了无限的动力和成就。你的才华和专业能力让我们感到骄傲。愿你在新的一岁中继续保持优秀的表现，享受幸福和成功的每一刻。生日快乐！祝福你在事业和生活中一切顺利，充满喜悦和满足。
嘿，小周！今天可是你的生日哦！在这个特别的日子里，我要向你表达深深的祝福和感激之情。你可是我们团队的灵魂人物，你的努力和付出给大家带来了无限的动力和成就。而且，你的才华和专业能力简直让我们觉得自己也能飞起来！希望你在新的一年里继续展现出色的表现，享受幸福和成功的每一刻。生日快乐，小周！愿你的事业腾飞，生活充满喜悦和满足，还有不要忘记请我们吃蛋糕啊！

图 3-50

048 让 ChatGPT 自动编写论文大纲

扫码观看教学视频

通过与 ChatGPT 的互动，我们可以输入相关主题和关键点，然后让 ChatGPT 根据提供的信息自动生成一个初步的论文大纲，这样的自动化过程可以帮助我们节省时间和精力，快速获得一个框架，以便进一步完善和发展。下面一起探索 ChatGPT 如何自动编写论文大纲。

步骤 01 新建一个 Word 空白文档，在首行输入指令并选择指令，如图 3-51 所示。

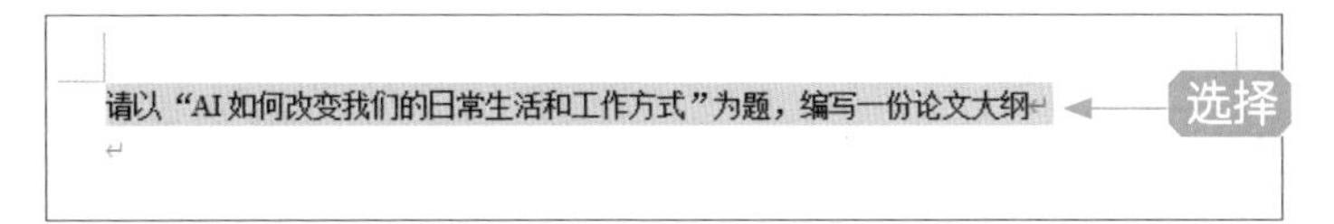

图 3-51

步骤 02 在“开发工具”功能区中，单击 ChatGPT 运行按钮，稍等片刻，ChatGPT 即可在 Word 文档中自动编写论文大纲，如图 3-52 所示。

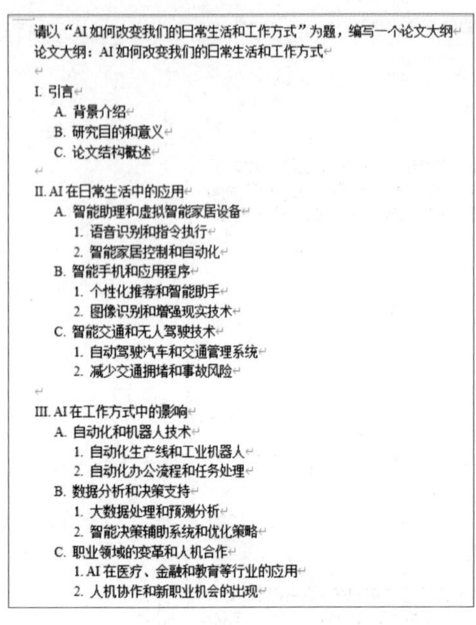

请以“AI 如何改变我们的日常生活和工作方式”为题，编写一个论文大纲
论文大纲：AI 如何改变我们的日常生活和工作方式

I. 引言
  A. 背景介绍
  B. 研究目的和意义
  C. 论文结构概述

II. AI 在日常生活中的应用
  A. 智能助理和虚拟智能家居设备
    1. 语音识别和指令执行
    2. 智能家居控制和自动化
  B. 智能手机和应用程序
    1. 个性化推荐和智能助手
    2. 图像识别和增强现实技术
  C. 智能交通和无人驾驶技术
    1. 自动驾驶汽车和交通管理系统
    2. 减少交通拥堵和事故风险

III. AI 在工作方式中的影响
  A. 自动化和机器人技术
    1. 自动化生产线和工业机器人
    2. 自动化办公流程和任务处理
  B. 数据分析和决策支持
    1. 大数据处理和预测分析
    2. 智能决策辅助系统和优化策略
  C. 职业领域的变革和人机合作
    1. AI 在医疗、金融和教育等行业的应用
    2. 人机协作和新职业机会的出现

IV. AI 发展中的挑战和考虑
  A. 隐私和数据安全问题
    1. 个人隐私保护和数据滥用风险
    2. 数据安全和网络攻击的威胁
  B. 伦理和社会影响
    1. AI 的道德问题和责任分配
    2. 就业和社会不平等问题的考虑
  C. 法律和监管框架
    1. AI 技术监管和法律规范
    2. AI 伦理准则和国际合作

V. 结论
  A. AI 对日常生活和工作方式的综合影响
  B. 未来发展趋势和展望

以上论文大纲提供了关于"AI 如何改变我们的日常生活和工作方式"这一主题的框架。通过讨论 AI 在日常生活和工作中的应用，分析其影响和变革，并提出了发展中的挑战和考虑。该论文大纲为进一步的研究和论证提供了一个清晰的结构，并可以作为展开讨论的指导。

图 3-52

3.3 本章小结

本章主要介绍了如何在 Word 中接入 ChatGPT 的操作方法，以及接入 ChatGPT 后如何让它智能生成各类文本、优化用词、改写文章风格等。大家学完本章后，可以利用 ChatGPT 智能办公，提高办公效率。

3.4 课后习题

鉴于本章知识的重要性，为了帮助读者更好地掌握所学知识，本节将通过课后习题，帮助读者进行简单的知识回顾和补充。

1．打开 VBA 编辑器的快捷键是什么？

2．运行宏有几种方法？请简述。

（扫描封底的“文泉云盘”二维码获取答案）

第 4 章 ChatGPT + PPT：智能生成演示文稿

学习提示

PowerPoint 简称为 PPT，是 Office 办公软件系列中的一款幻灯片演示软件，使用它可以创建精美的演示文稿。将 ChatGPT 与 PowerPoint 结合使用，可以智能生成演示文稿中的内容，简化烦琐的编写过程。

本章重点导航

- PowerPoint 的基本操作
- 在 ChatGPT 中逐步生成 PPT
- 用 ChatGPT 生成 PPT 完整文稿

4.1 PowerPoint 的基本操作

PowerPoint 主要用于创建演示文稿、展示观点和传达信息，无论是在教育、商务还是其他领域，PowerPoint 都被广泛使用，因为它具备易用性和可视化呈现的优势。通过掌握 PowerPoint 的基本操作，用户可以创建引人注目且专业的演示文稿。

049 自动保存演示文稿

设置自动保存可以每隔一段时间自动将演示文稿保存一次，即使出现断电或死机的情况，当再次启动时，保存过的文件内容也依然存在，而且避免了手动保存的麻烦。下面介绍自动保存的设置操作。

步骤 01 启动 PowerPoint 应用程序，在导航菜单栏中，执行“选项”命令，如图 4-1 所示。

步骤 02 打开“PowerPoint 选项”对话框，在“保存”选项卡的“保存演示文稿”选项区中，设置“保存自动恢复信息时间间隔”为 1 分钟，如图 4-2 所示。单击“确定”按钮，即可完成自动保存演示文稿的设置。

图 4-1

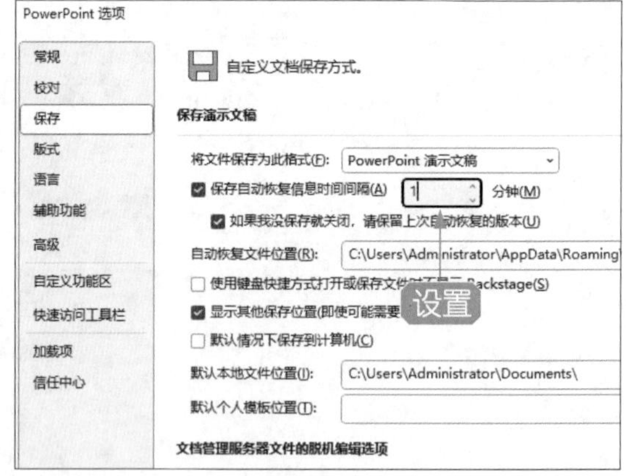

图 4-2

050 加密保存演示文稿

加密保存演示文稿可以防止其他用户随意打开或修改演示文稿。用户可以在保存演示文稿的时候设置权限密码。当用户要打开加密保存过的演示文稿时，PowerPoint 将打开“密码”对话框，只有输入正确的密码才能打开该演示文稿，下面介绍具体的操作方法。

步骤 01 打开一个演示文稿，执行“文件”|“另存为”命令，单击“浏览”按钮，在打开的“另存为”对话框中，单击“工具”下拉按钮，如图 4-3 所示。

步骤 02 在工具下拉列表中选择“常规选项”选项，如图 4-4 所示。

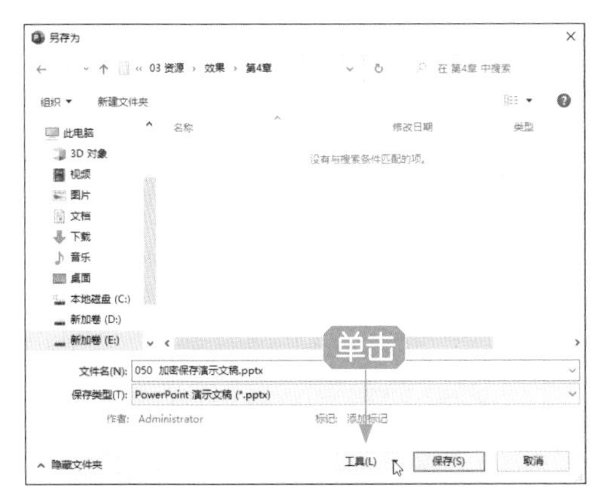

另存为
单击
文件名(N): 050 加密保存演示文稿.pptx
保存类型(T): PowerPoint 演示文稿 (*.pptx)
工具(L)
保存(S)
取消
隐藏文件夹

图 4-3

另存为
选择
映射网络驱动器(N)...
保存选项(S)...
常规选项(G)...
压缩图片(C)...
工具(L)
隐藏文件夹

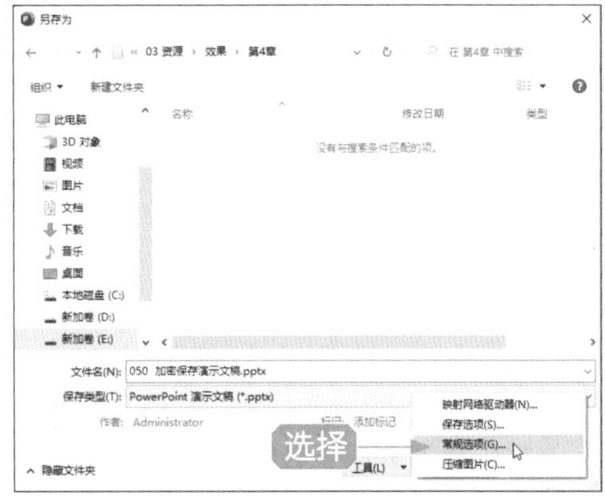

图 4-4

步骤 03 打开“常规选项”对话框，在“打开权限密码”文本框和“修改权限密码”文本框中输入密码“12345”，如图 4-5 所示。

步骤 04 单击“确定”按钮，弹出“确认密码”对话框，❶ 在“重新输入打开权限密码”文本框中输入密码“12345”；❷ 单击“确定”按钮，如图 4-6 所示。

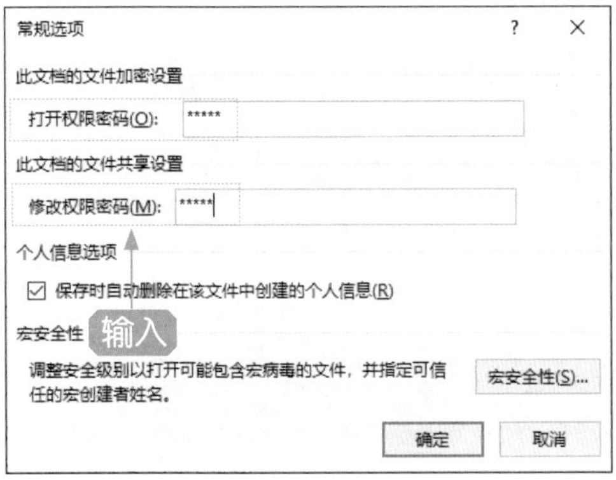

常规选项
此文档的文件加密设置
打开权限密码(O):
此文档的文件共享设置
修改权限密码(M):
个人信息选项
保存时自动删除在该文件中创建的个人信息(R)
宏安全性
输入
调整安全级别以打开可能包含宏病毒的文件，并指定可信任的宏创建者姓名。
宏安全性(S)...
确定
取消

图 4-5

确认密码
重新输入打开权限密码(P):
②单击
①输入
确定
取消

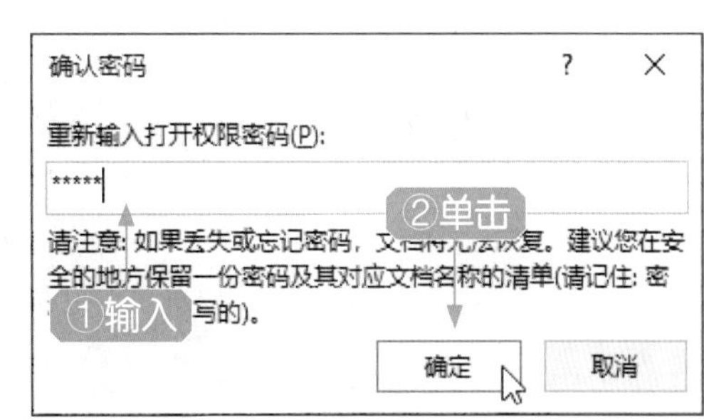

图 4-6

步骤 05 执行操作后，再次打开“确认密码”对话框，❶ 在“重新输入修改权限密码”文本框中输入密码“12345”；❷ 单击“确定”按钮，如图 4-7 所示。

步骤 06 返回“另存为”对话框，❶ 设置文档保存位置；❷ 单击“保存”按钮，如图 4-8 所示，即可加密保存课件。

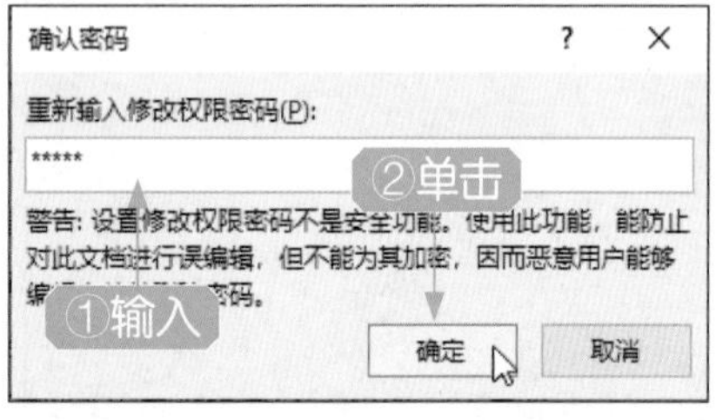

图 4-7

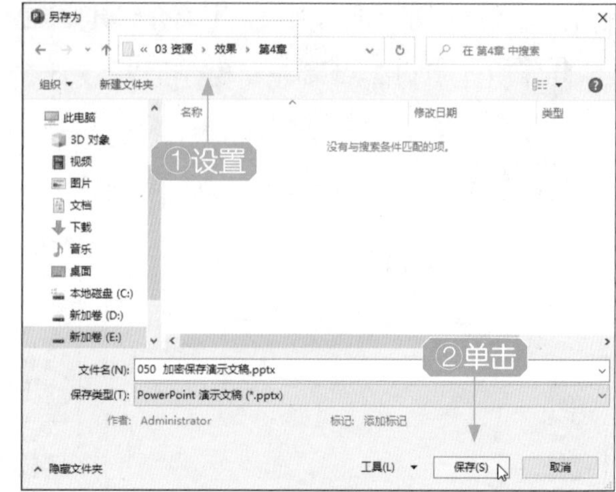

图 4-8

051 设置演示文稿主题

PowerPoint 提供了很多种主题样式，在制作演示文稿时，用户如果需要设置演示文稿的主题，可以直接使用 PowerPoint 中自带的主题样式，下面介绍具体的操作方法。

步骤 01 打开一个演示文稿，如图 4-9 所示。

图 4-9

步骤 02 在“设计”功能区的“主题”面板中，单击“主题”下拉按钮，如图 4-10 所示。

步骤 03 打开列表框，在 Office 选项区中选择“剪切”样式，如图 4-11 所示。

步骤 04 执行操作后，即可应用主题，效果如图 4-12 所示。

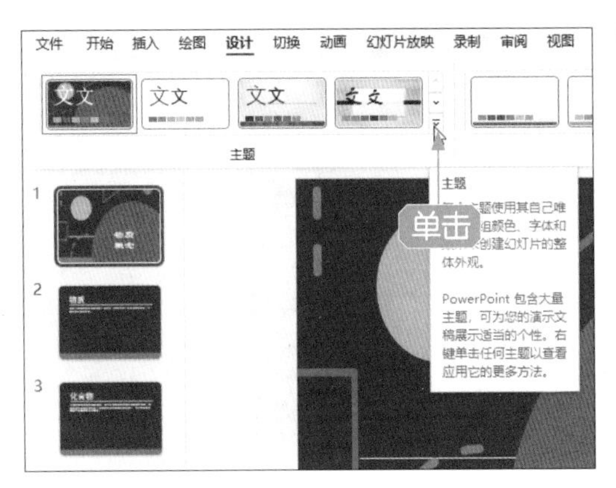

图 4-10

图 4-11

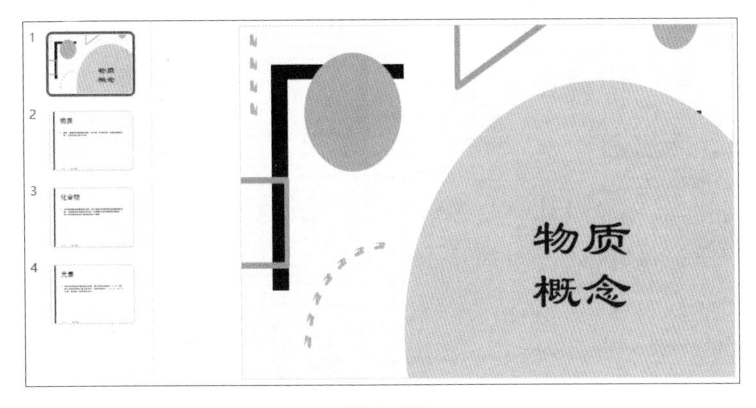

图 4-12

052 设置文本框的格式

PPT 中的文字越多，越需要进行设计，让内容以优雅的方式呈现。用户可以在 PPT 中设置文本框的格式，例如，文本框的字体、字号和相关效果等，将制作的文本框设置为默认文本框，可以让插入的其他文本框应用同样的设置，这样做可以减少大量的重复操作，有助于提高工作效率，下面介绍设置文本框的格式操作。

步骤 01 打开一个演示文稿，如图 4-13 所示。

步骤 02 在“插入”功能区的“文本”面板中，❶ 单击“文本框”下拉按钮；❷ 在下拉列表中选择“绘制横排文本框”选项，如图 4-14 所示。

步骤 03 将光标移至编辑区内，在空白处按住鼠标左键并拖曳至合适位置后释放鼠标，绘制一个横排文本框，如图 4-15 所示。

图 4-13

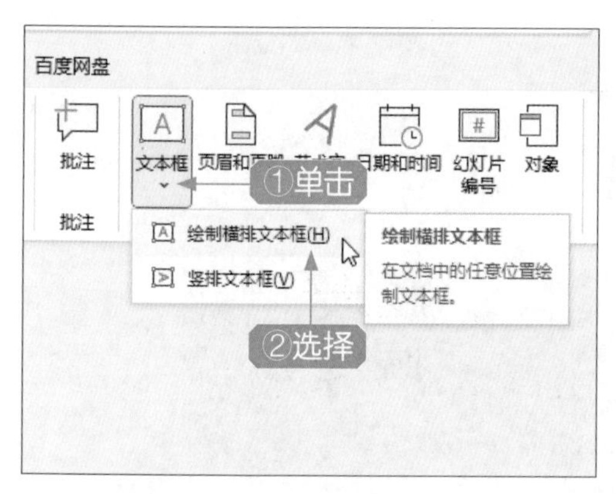

图 4-14

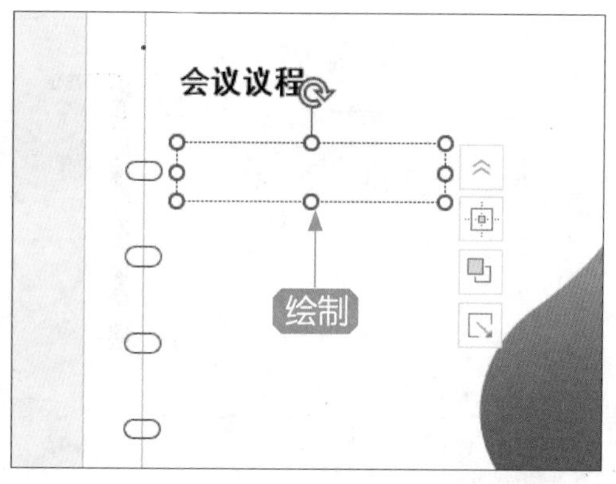

图 4-15

步骤 04 在文本框中输入相应的文本，并对文本框的位置进行适当调整，如图 4-16 所示。

步骤 05 在“开始”功能区的“字体”面板中，❶ 设置“字体”为“黑体”；❷ 设置“字号”为 24，如图 4-17 所示。

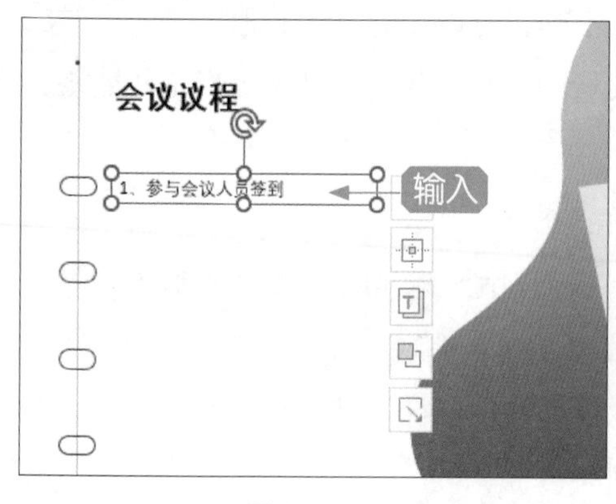

图 4-16

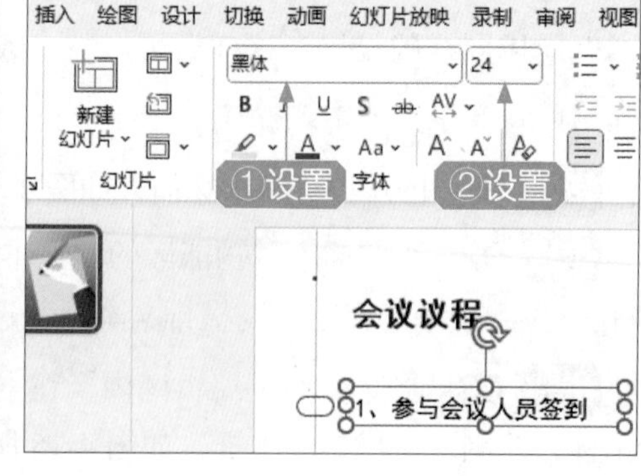

图 4-17

步骤 06 在“开始”功能区的“字体”面板中，❶ 单击“字体颜色”右侧的下拉按钮；在下拉列表中，❷选择“标准色”选项区中的“浅蓝”色块，如图 4-18 所示。

步骤 07 执行操作后，即可设置文本的颜色，效果如图 4-19 所示。

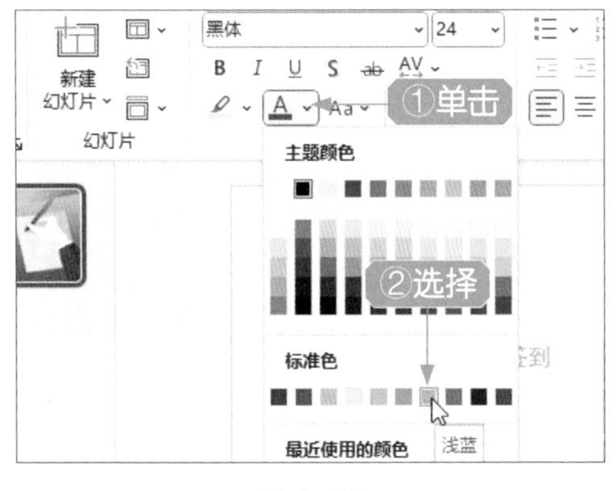

图 4-18

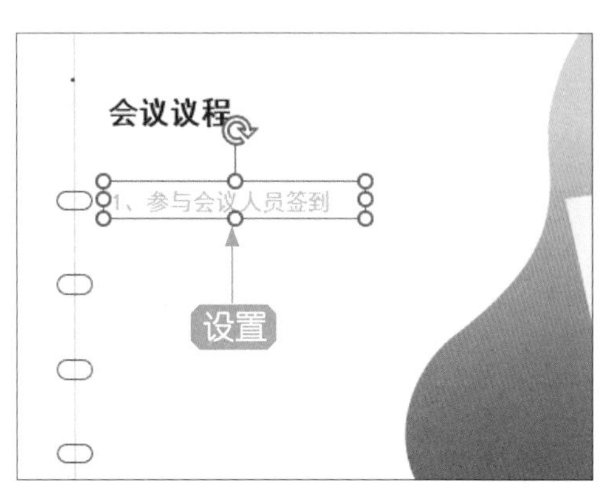

图 4-19

步骤 08 在文本框上单击鼠标右键，在打开的快捷菜单中选择“设置为默认文本框”选项，如图 4-20 所示。

步骤 09 在文本框下方插入第 2 个文本框，如图 4-21 所示。

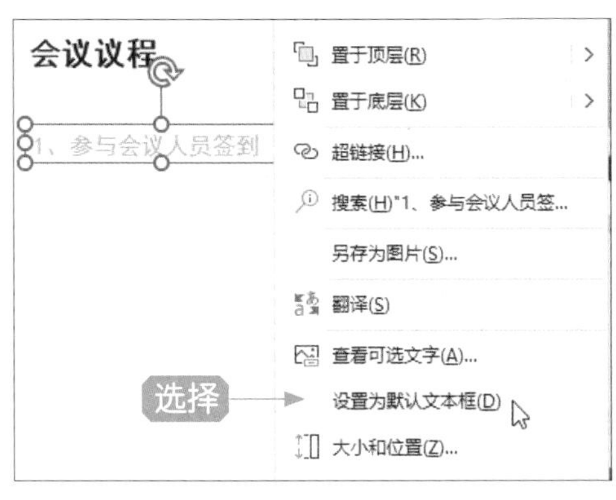

图 4-20

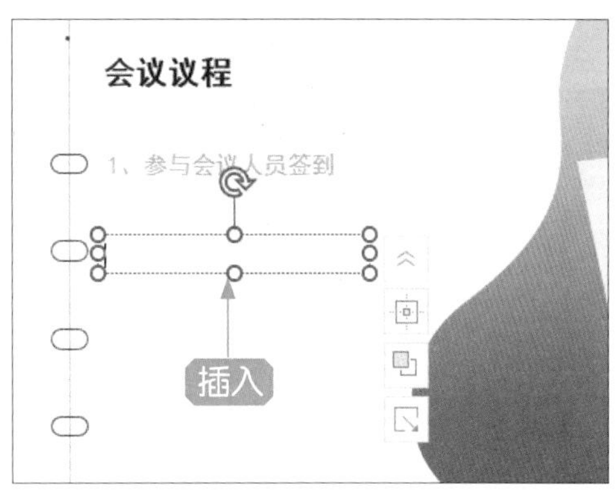

图 4-21

步骤 10 执行操作后，在文本框中输入相应文字，如图 4-22 所示，文本框会自动套用默认文本框的格式。

步骤 11 继续添加其他文本框和相应文字，效果如图 4-23 所示。

053 导入外部文档内容

在 PowerPoint 中，除了使用文本框等输入幻灯片内容，还可以从 Word、记事本和写字板等文字编辑软件中直接复制文字到 PowerPoint 中。另外，用户还可以通过插入对象的方式直接将文本内容从外部导入幻灯片中。

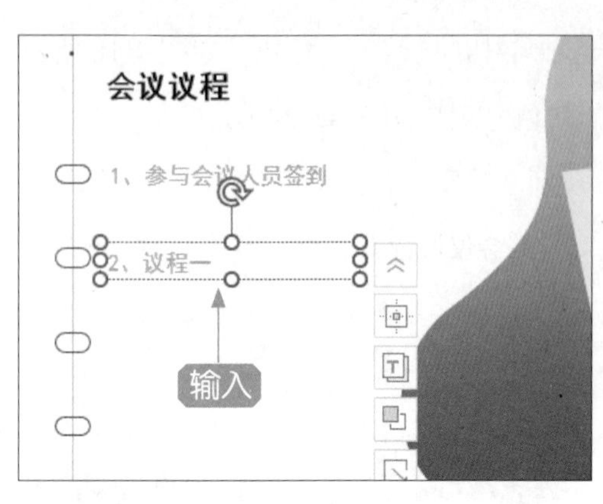

图 4-22

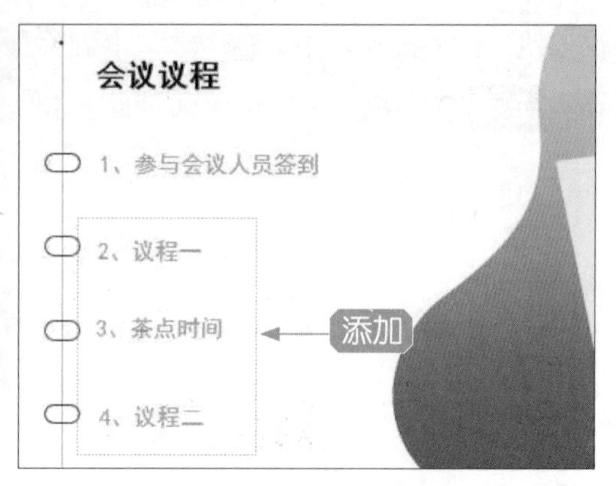

图 4-23

步骤 01 打开一个演示文稿，如图 4-24 所示。

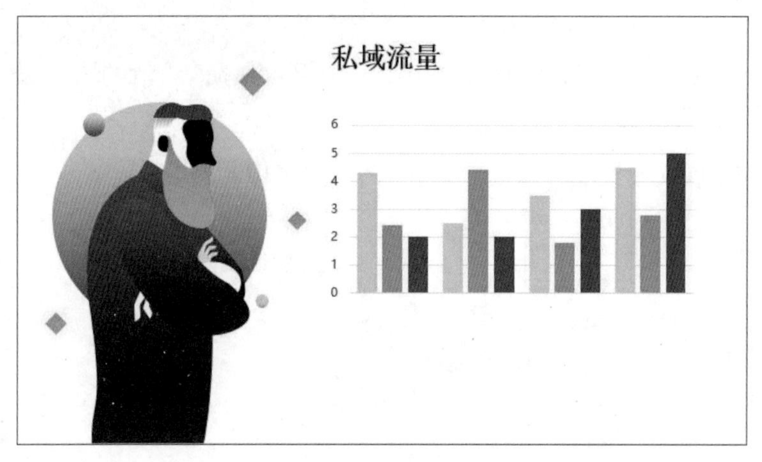

图 4-24

步骤 02 在“插入”功能区的“文本”面板中，单击“对象”按钮，如图 4-25 所示。

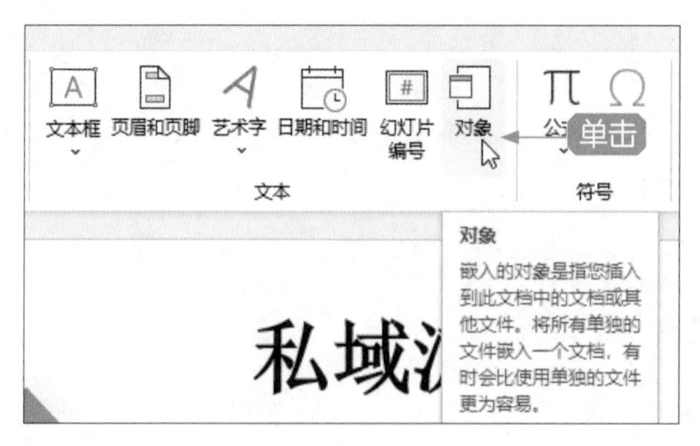

图 4-25

步骤 03 执行操作后，打开“插入对象”对话框，选中“由文件创建”单选按钮，如图 4-26 所示。

图 4-26

步骤 04 在文本框下方单击“浏览”按钮，如图 4-27 所示。

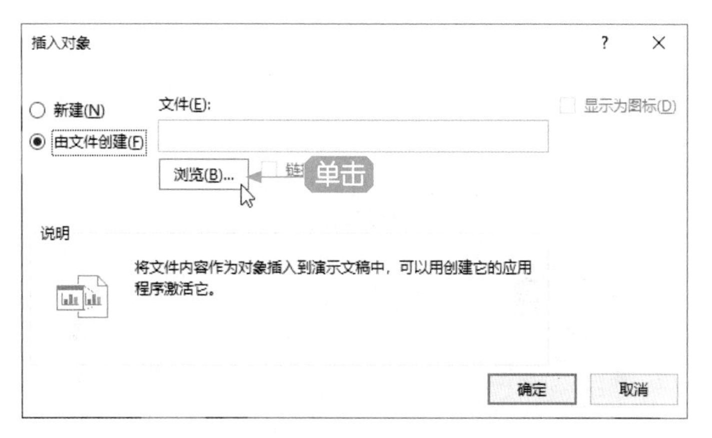

图 4-27

步骤 05 打开“浏览”对话框，在相应文件夹中选择需要的文档，如图 4-28 所示。

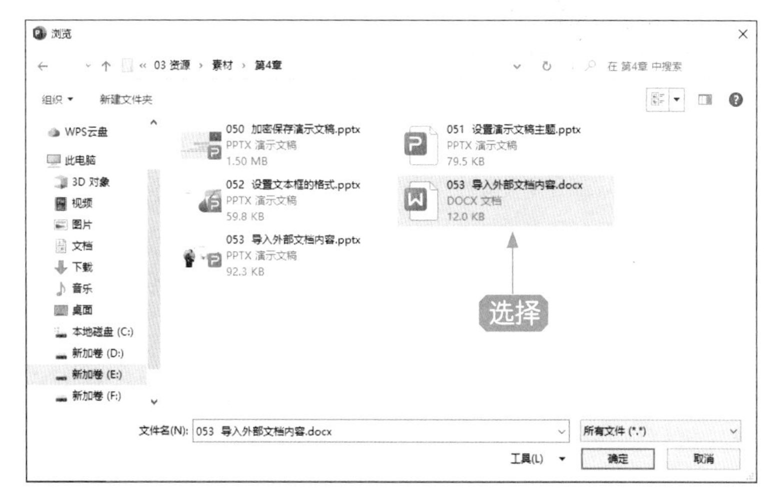

图 4-28

步骤 06 单击“确定”按钮，返回上一个对话框，单击“确定”按钮，如图 4-29 所示。

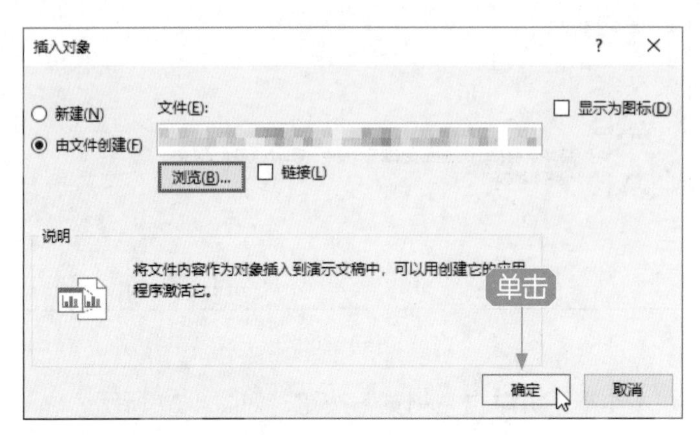

图 4-29

步骤 07 执行操作后，即可在幻灯片中导入文本内容，适当调整文本框的大小和位置，效果如图 4-30 所示。

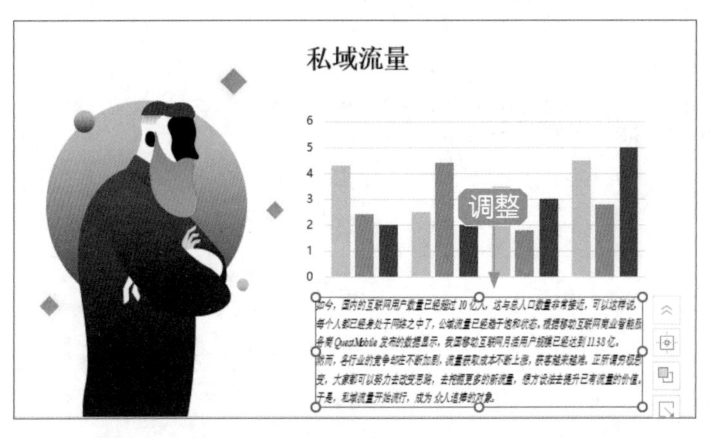

图 4-30

054 替换 PPT 中的字体

设置演示文稿文本的字体是最基本的操作，不同的字体可以展现不同的文本效果，下面介绍一次性替换 PPT 中的字体的操作方法。

步骤 01 打开一个演示文稿，如图 4-31 所示。

步骤 02 在“开始”功能区的“编辑”面板中，❶单击“替换”下拉按钮；❷在下拉列表中选择“替换字体”选项，如图 4-32 所示。

步骤 03 执行操作后，打开“替换字体”对话框，在“替换”列表框中选择替换前的字体，并在“替换为”列表框中选择替换后的字体，如图 4-33 所示。

图 4-31

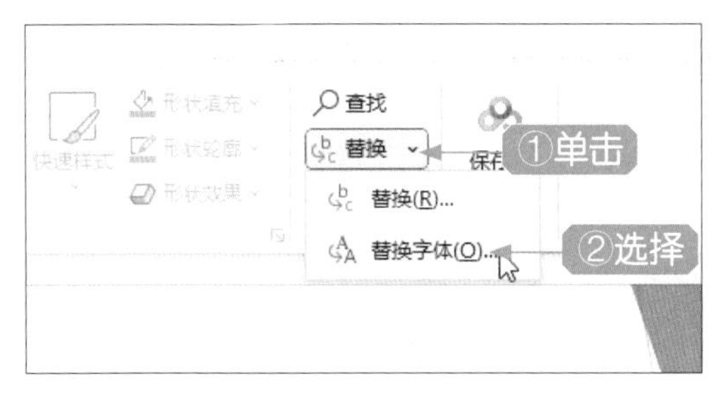

图 4-32

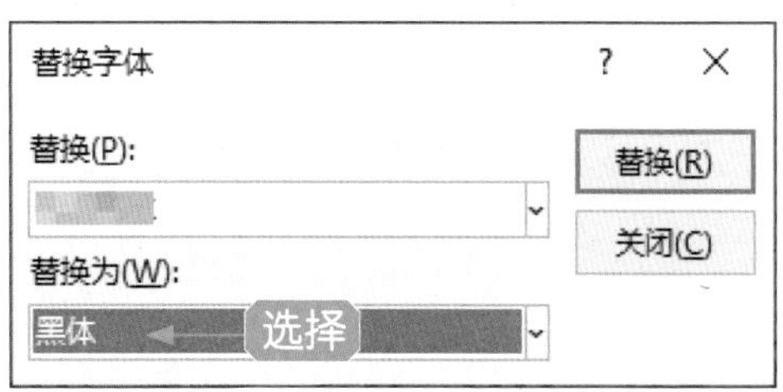

图 4-33

步骤 04 单击“替换”按钮，即可一次性替换 PPT 中的相关字体，效果如图 4-34 所示。

图 4-34

4.2 在 ChatGPT 中逐步生成 PPT

ChatGPT 具备强大的功能和创造力，用户可以通过 ChatGPT 生成 PPT 主题、封面页、大标题和副标题、目录大纲以及指定的内容页数等，逐步生成 PPT 演示文稿中的内容。

055 让 ChatGPT 根据关键词生成主题

在创建 PPT 演示文稿之前，确定一个适合的主题非常重要，确定好主题可以增强演示文稿的一致性和专业性。用户可以向 ChatGPT 提供 PPT 的主讲内容关键词，让 ChatGPT 根据关键词生成一个或多个 PPT 主题，然后从生成的主题中进行挑选即可，下面介绍让 ChatGPT 根据关键词生成主题的操作方法。

步骤 01 打开 ChatGPT 的聊天窗口，在输入框中输入生成主题的要求内容“根据提供的关键词：夏日、时装、活动、方案，生成 5 个 PPT 主题”，如图 4-35 所示。

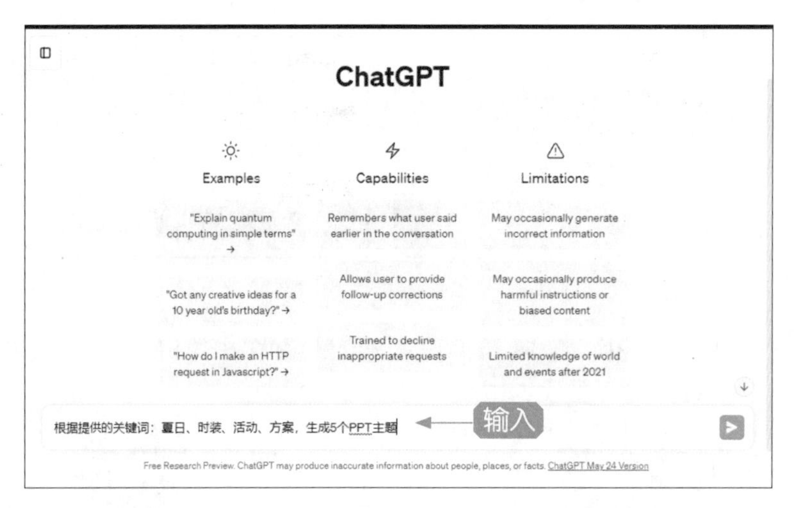

图 4-35

步骤 02 ChatGPT 即可根据发送的内容进行回复，生成 5 个 PPT 主题，如图 4-36 所示，用户只需要在其中进行挑选即可，如果对生成的主题不满意，可以单击 Regenerate response 按钮重新生成，或者参考 ChatGPT 生成的主题自己编撰一个。

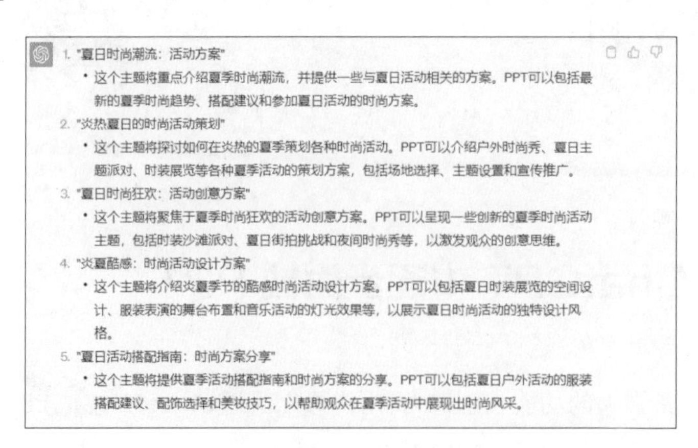

图 4-36

056 让 ChatGPT 给出封面页制作建议

封面页是演示文稿的第一页，通常包括演示标题、主讲者姓名、日期等信息，它是演示的引导页，应该具有吸引力和清晰的设计，以吸引观众的注意力并提供基本信息。当用户缺乏制作封面页的灵感时，可以让 ChatGPT 根据 PPT 的主题给出封面页的制作建议，然后参考 ChatGPT 给出的建议制作 PPT 封面页，下面介绍具体的操作方法。

步骤 01 打开 ChatGPT 的聊天窗口，向 ChatGPT 提出关于制作封面页的建议："我需要制作主题为'迎接夏日：创意时装活动方案'的 PPT 封面页，你有什么好的建议？"ChatGPT 即可根据提问给出封面页的制作建议，如图 4-37 所示。

我需要制作主题为"迎接夏日：创意时装活动方案"的PPT封面页，你有什么好的建议？

当设计"迎接夏日：创意时装活动方案"的PPT封面页时，以下是几个建议：

1. 使用明亮的夏日色彩：选择鲜艳明快的色彩，如橙色、黄色、绿色或蓝色等，以突出夏季的活力和欢快感。这些色彩可以作为背景色、文字颜色或图形元素来增加视觉吸引力。
2. 引用夏日元素：在封面上加入一些与夏季有关的元素，如太阳、海滩、夏日水果、冰淇淋、花朵等。这些元素可以作为插图、图标或背景图案，带来清新、轻松的夏日氛围。
3. 使用时尚图像：选择与时尚和时装相关的图像，如时装模特、时尚秀场或潮流服饰等。这些图像可以突出你的主题，并吸引观众的注意力。
4. 清晰简洁的标题：在封面上使用一个简洁明了的标题，突出夏日活动方案的主题。使用大字体，并考虑使用一种时尚、吸引人的字体风格，以增加视觉效果。
5. 创意布局和排版：尝试使用创意的布局和排版方式，使封面看起来与众不同。可以尝试不对齐的元素、重叠的图层或对比鲜明的图形效果，以营造独特的视觉效果。
6. 添加品牌标识：如果你代表一个品牌或组织，确保在封面上添加品牌标识，以提高品牌的知名度和专业形象。

最重要的是，确保封面页整体设计与主题相符，吸引观众的眼球，并激发他们对夏日创意时装活动方案的兴趣。

图 4-37

步骤 02 参考 ChatGPT 给出的建议准备一张封面图，如图 4-38 所示。

图 4-38

步骤 03 接下来启动 PowerPoint 应用程序软件，新建一个演示文稿，在“插入”功能区的“图像”面板中，❶单击“图片”下拉按钮；❷在下拉列表中选择“此设备”选项，如图 4-39 所示。

步骤 04 打开“插入图片”对话框，选择准备好的封面图，如图 4-40 所示。

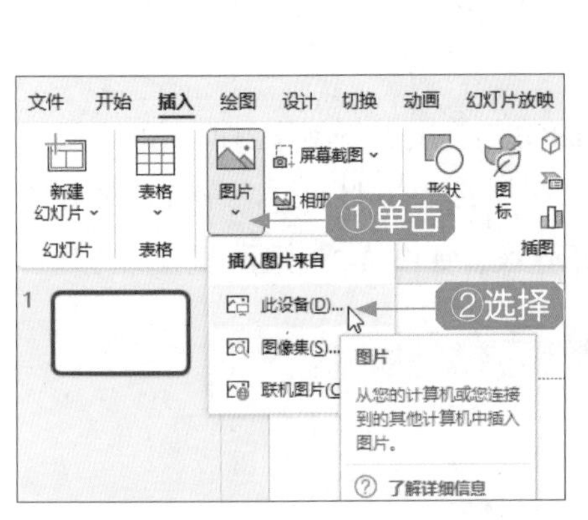

图 4-39

图 4-40

步骤 05 单击“插入”按钮，即可将封面图插入幻灯片中，效果如图 4-41 所示。

图 4-41

步骤 06 此时会自动打开“图片格式”选项卡，在功能区的“排列”面板中，❶单击“下移一层”下拉按钮；❷在下拉列表中选择“置于底层”选项，如图 4-42 所示。

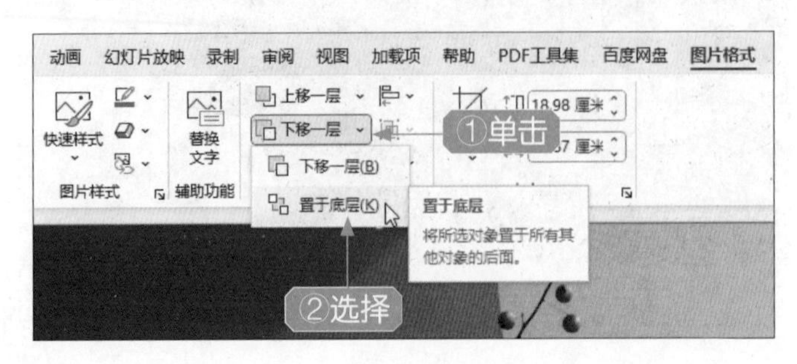

图 4-42

步骤 07 执行操作后，即可将封面图作为背景置于幻灯片的最底层，效果如图 4-43 所示。至此，即可初步完成封面页的制作。

图 4-43

057 用 ChatGPT 生成大标题和副标题

在上例中，为 PPT 初步制作好了封面背景，接下来需要在封面页中制作标题文本，包括大标题和副标题，一个明确的大标题和副标题可以帮助观众快速了解该幻灯片的主要内容。用户可以用 ChatGPT 生成大标题和副标题，下面介绍具体的操作方法。

步骤 01 打开 ChatGPT 的聊天窗口，向 ChatGPT 发送要求内容“提供 PPT 主题为‘迎接夏日：创意时装活动方案’的封面大标题和副标题”，ChatGPT 即可根据发送的要求生成大标题和副标题，如图 4-44 所示。

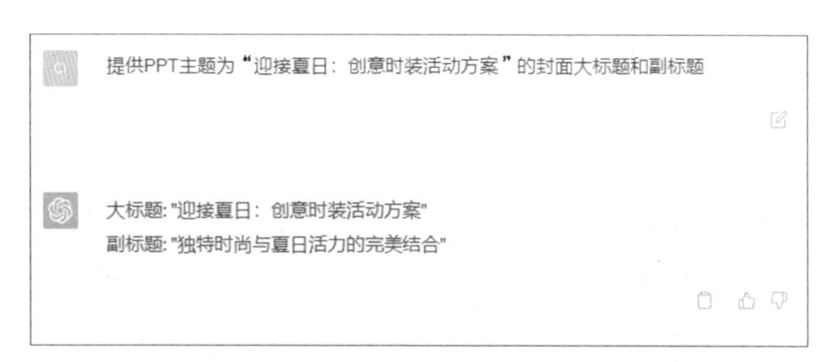

图 4-44

步骤 02 复制 ChatGPT 生成的大标题，切换至 PowerPoint 中，在“单击此处添加标题”文本框中粘贴大标题，如图 4-45 所示。

步骤 03 用上述同样的方法，复制 ChatGPT 生成的副标题，切换至 PowerPoint 中，在“单击此处添加副标题”文本框中粘贴副标题，如图 4-46 所示。

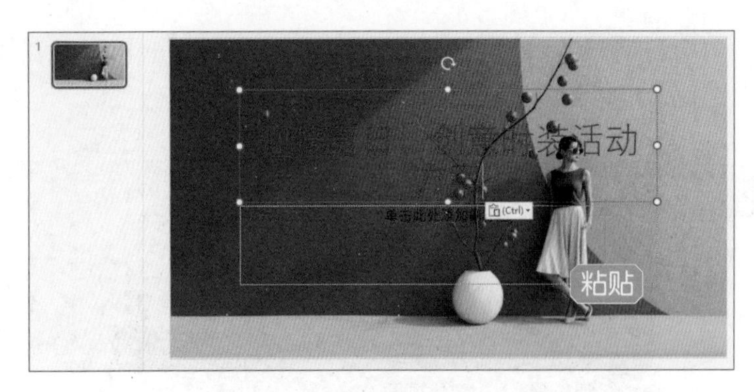

图 4-45

图 4-46

步骤 04 执行操作后，❶选择两个标题文本框；❷在“开始”功能区的“字体”面板中设置“字体颜色”为“白色，背景 1”，如图 4-47 所示。

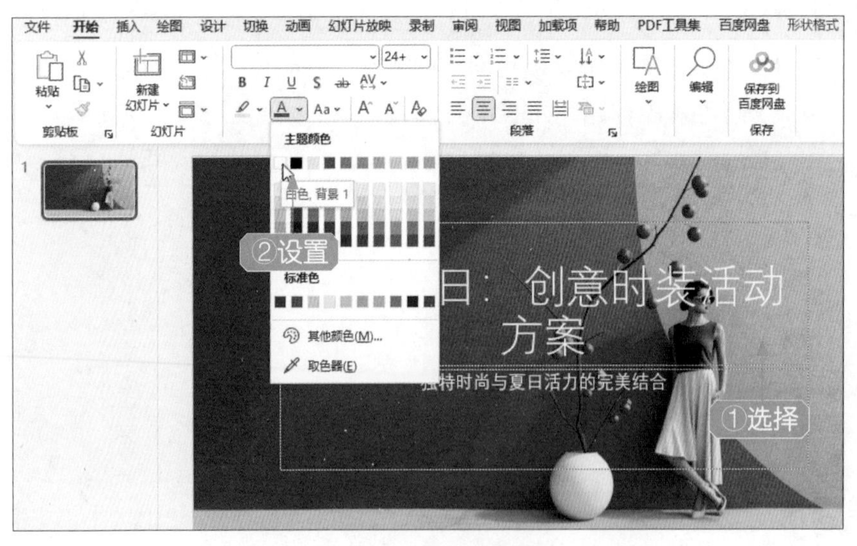

图 4-47

步骤 05 调整大标题“字号”为 36、副标题“字号”为 24，并调整文本框的大小和位置，效果如图 4-48 所示。

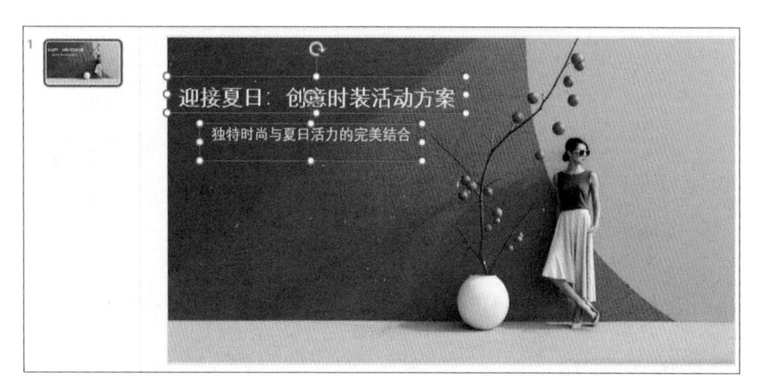

图 4-48

步骤 06 复制副标题文本框，粘贴在副标题下方，调整文本框的大小，删除副标题内容并输入主讲人和日期等信息，如图 4-49 所示。

图 4-49

步骤 07 用上述同样的方法，在封面右侧的空白位置，❶ 添加“时尚”“创意”“狂欢”3 个文本框；❷ 在“字体”面板中设置“字号”和“字体”，如图 4-50 所示。至此，即可完成 PPT 第 1 张幻灯片的制作。

图 4-50

058 用 ChatGPT 生成 PPT 目录大纲

目录大纲页可以帮助观众快速了解 PPT 的结构和内容，能够让观众更方便地导航和查找感兴趣的内容。用户可以用 ChatGPT 生成 PPT 的目录大纲，还可以指定章节数量，下面介绍具体的操作方法。

步骤 01 打开 ChatGPT 的聊天窗口，向 ChatGPT 发送要求，“提供 PPT 主题为‘迎接夏日：创意时装活动方案’的目录大纲，5 节左右即可”，ChatGPT 即可根据发送的要求生成目录大纲，如图 4-51 所示。

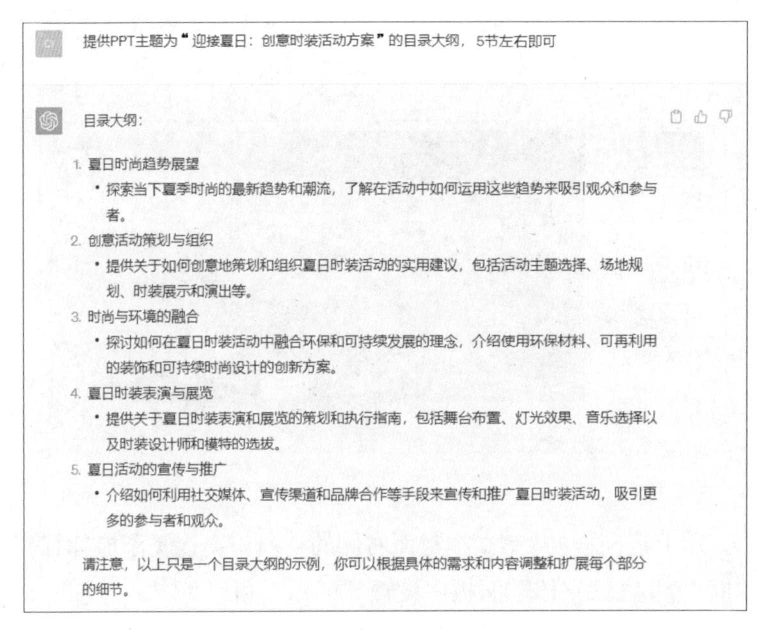

图 4-51

步骤 02 打开上例中制作的 PPT 演示文稿，新建一张幻灯片，插入一张与封面同类型的图片作为背景，创建目录大纲页幻灯片，效果如图 4-52 所示。

图 4-52

步骤 03 在“插入”功能区的“插图”面板中，❶ 单击“形状”下拉按钮；❷ 在下拉列表中选择“文本框”形状，如图 4-53 所示。

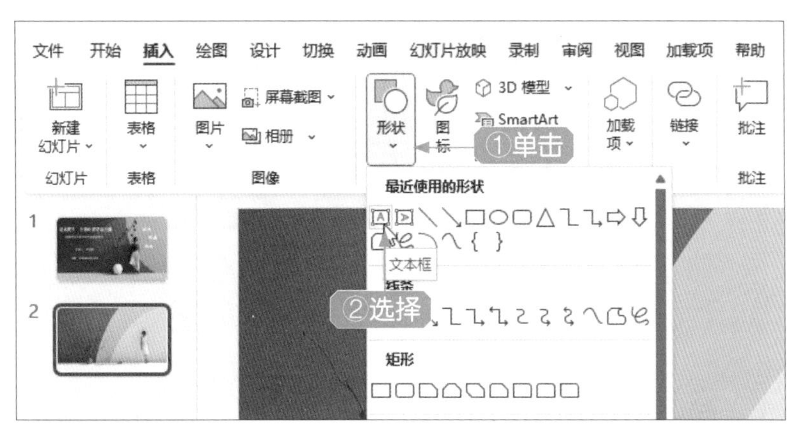

图 4-53

步骤 04 在幻灯片中绘制两个文本框，在第 1 个文本框中输入“目录大纲”，并设置“字号”为 48、“字体颜色”为白色；在第 2 个文本框中输入 ChatGPT 生成的目录大纲标题，并设置“字体”为“楷体”、“字号”为 24、“字体颜色”为白色，效果如图 4-54 所示。

图 4-54

步骤 05 选择第 2 个文本框，❶ 在“段落”面板中单击“行距”下拉按钮；❷ 在下拉列表中选择“2.0”选项，如图 4-55 所示。

步骤 06 执行操作后，即可调整行距，效果如图 4-56 所示。至此，已完成 PPT 目录大纲页的制作。

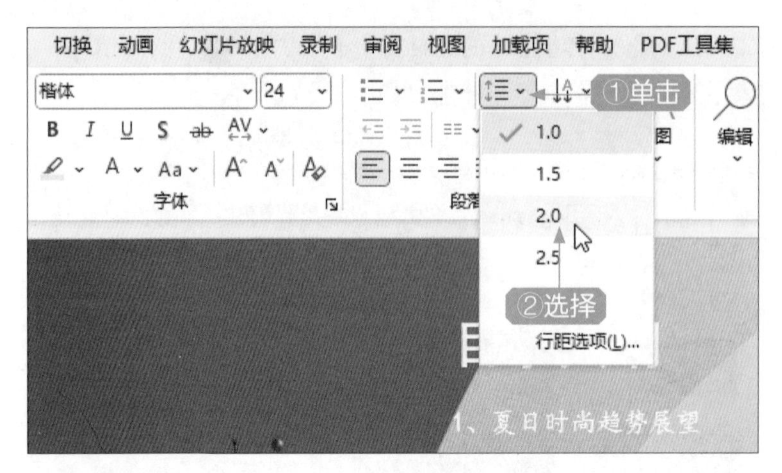

图 4-55

图 4-56

059 让 ChatGPT 生成指定的内容页数

待生成目录大纲页后，即可开始制作 PPT 中的内容页。用户可以用 ChatGPT 根据 PPT 的目录大纲，生成指定的内容页数，下面介绍具体的操作方法。

步骤 01 打开 ChatGPT 的聊天窗口，向 ChatGPT 发送要求“根据提供的 PPT 目录大纲，生成 5 页内容：1. 夏日时尚趋势展望；2. 创意活动策划与组织；3. 时尚与环境的融合；4. 夏日时装表演与展览；5. 夏日活动的宣传与推广”，ChatGPT 即可根据发送的要求生成内容，如图 4-57 所示。

步骤 02 打开上例中制作的 PPT 演示文稿，新建一张幻灯片，插入一张图片作为内容背景，创建内容页幻灯片，效果如图 4-58 所示。

根据提供的PPT目录大纲，生成5页内容：1. 夏日时尚趋势展望；2. 创意活动策划与组织；3. 时尚与环境的融合；4. 夏日时装表演与展览；5. 夏日活动的宣传与推广

以下是根据提供的PPT目录大纲生成的5页内容示例：

页 1: 夏日时尚趋势展望

- 引言：介绍夏季时尚的重要性和不断变化的趋势。
- 夏日色彩：探索当下夏季最热门的色彩趋势，如明快的橙色、活力四溢的黄绿色等。
- 轻盈面料：展示适合夏季的轻盈面料，如棉麻、丝绸和薄纱，以及它们在时尚设计中的应用。
- 设计元素：介绍夏季时尚设计中常见的元素，如花朵、水果、动物图案等，以及它们所传达的夏日氛围。
- 搭配建议：提供夏季时尚搭配的实用建议，包括服装、鞋履、配饰和化妆等方面。

页 2: 创意活动策划与组织

- 活动主题选择：探讨夏日时装活动的不同主题，如沙滩派对、海洋冒险、夏日音乐节等，以及如何选择与目标受众契合的主题。
- 场地规划：介绍合适的场地选择和布置，考虑户外和室内的场地特点，并提供一些建议来创造令人难忘的活动环境。
- 时装展示与演出：讨论时装展示和演出的策划要点，包括舞台设计、模特选拔、音乐和灯光效果等，以展示时装活动的创意和魅力。
- 参与者互动：探讨如何增加参与者的互动性，例如时尚游戏、抽奖活动和社交媒体互动，以提升活动的趣味性和参与度。
- 财务和资源管理：介绍活动策划中的财务管理和资源分配，包括预算编制、赞助合作和资源整合等。

页 3: 时尚与环境的融合

- 环保时尚：讨论夏日时装活动中环保和可持续发展的重要性，介绍使用环保材料、可再利用的装饰和可持续时尚设计的创新方案。
- 时尚与自然：探索如何将自然元素融入夏日时装活动中，例如户外场地的选择、自然主题的服装设计和环保意识的宣传等。
- 环保倡导：介绍倡导环保的时尚活动，如可回收时装展览、环保慈善晚会和可持续时尚讲座等，以推动时尚行业的可持续发展。
- 时尚与社会责任：讨论时尚行业在社会责任方面的作用，如支持社会公益项目、关注劳工权益和推动多元文化包容等，以打造更有意义的夏日时装活动。

页 4: 夏日时装表演与展览

- 舞台布置：介绍夏季时装表演舞台布置的设计原则，如使用明亮色彩、夏日元素的装饰和创意舞台背景的搭建。
- 时尚秀场灯光：探讨如何利用灯光效果来增强夏季时装秀的视觉效果，包括色彩灯光、投影效果和灯光节奏控制等。
- 时装设计师与模特：介绍时装设计师与模特的选拔和配合，以确保时装表演的专业性和时尚感。
- 展览布局：讨论夏季时装展览的布局和展示方法，如衣架陈列、主题分区和观展流线设计等，以最大程度地展示时装设计的艺术性和创意性。
- 观众体验：探讨如何为观众提供独特而难忘的夏季时装表演和展览体验，例如交互式展示、VIP体验区和后台参观等。

页 5: 夏日活动的宣传与推广

- 社交媒体宣传：介绍利用社交媒体平台进行夏季时装活动宣传的方法和技巧，如创意内容制作、社交媒体广告和达人合作等。
- 品牌合作推广：探讨与相关品牌合作推广夏季时装活动的利益，如联名合作、赞助商曝光和品牌推广活动等。
- 媒体关系管理：介绍与媒体的合作和关系管理，包括新闻稿发布、媒体邀请和媒体合作的利用，以增加活动的曝光度和影响力。
- 口碑营销：讨论如何通过用户口碑和参与者分享来推动夏季时装活动的口碑营销，例如社交分享活动、用户生成内容和品牌大使的参与等。
- 后续营销策略：提供夏季时装活动后续营销的建议，如回顾活动的精彩瞬间、优惠促销和品牌延伸等，以保持活动的长期影响力。

请注意，以上内容仅为示例，你可以根据具体的需求和信息进行进一步的编写和设计。

图 4-57

图 4-58

步骤 03 插入一个标题文本框，❶ 输入第 1 张内容页标题；❷ 设置字体为“加粗”；❸ 设置“字号”为 40，效果如图 4-59 所示。

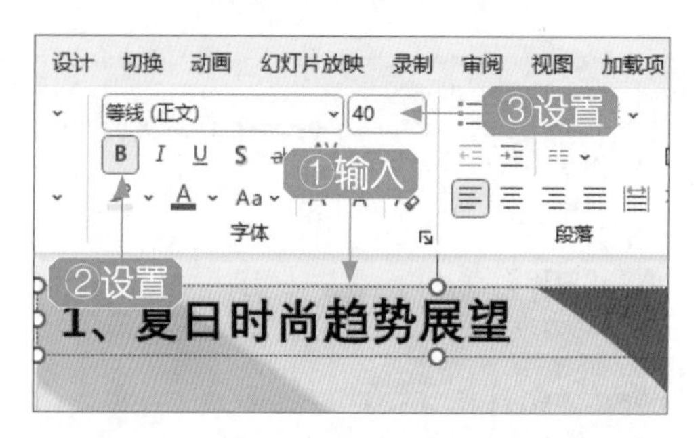

图 4-59

步骤 04 插入一个内容文本框，在 ChatGPT 中复制第 1 张内容页中的内容，❶ 粘贴在 PPT 幻灯片的内容文本框中；❷ 设置字体为“加粗”；❸ 设置“字号”为 24，效果如图 4-60 所示。

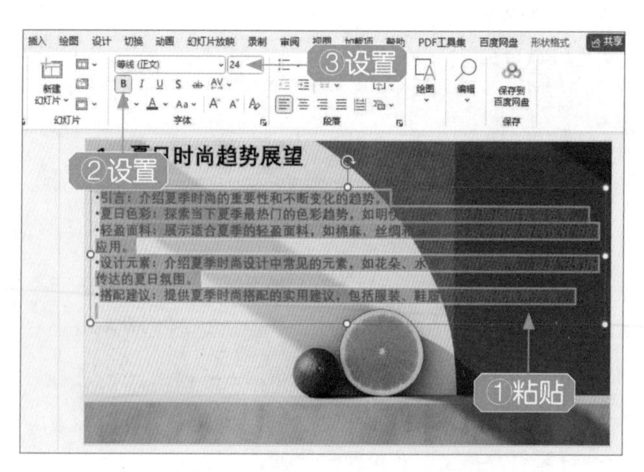

图 4-60

步骤 05 在“段落”面板中，❶ 单击“行距”下拉按钮；❷ 在下拉列表中选择“1.5”选项，如图 4-61 所示。

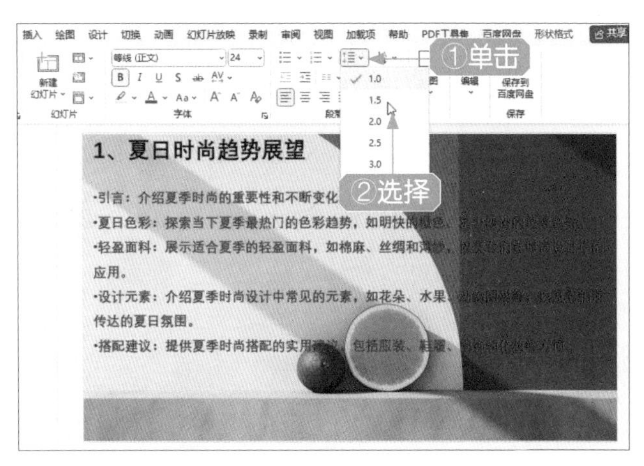

图 4-61

步骤 06 执行操作后，即可设置行距，效果如图 4-62 所示。

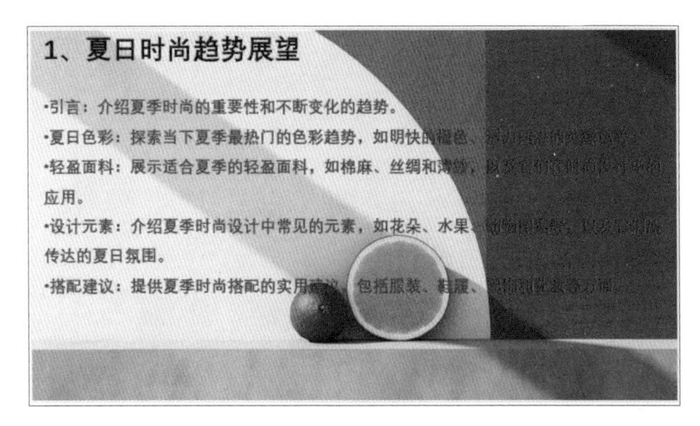

图 4-62

步骤 07 复制 4 张制作好的内容页幻灯片，将标题和内容替换成 ChatGPT 生成的第 2 页～第 5 页内容（当文本内容过多时，用户可以将“字号”调小一些），效果如图 4-63 所示。至此，已完成 PPT 的制作。

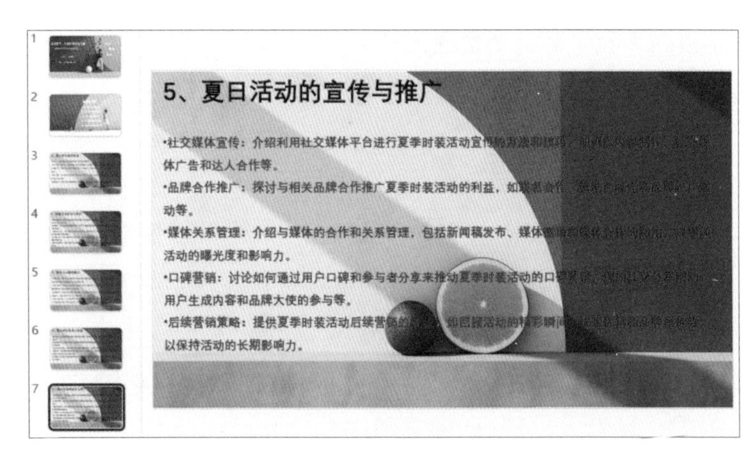

图 4-63

4.3 用 ChatGPT 生成 PPT 完整文稿

本节将向大家介绍如何利用ChatGPT的强大功能直接生成PPT具有结构化内容的、完整的演示文稿，帮助用户节省时间和精力。

060 准确输入关键词或语法指令

要在 ChatGPT 中准确输入生成 PPT 的关键词或语法指令，需要考虑以下 4 点。

1. 明确主题和目标

用户在开始输入之前，须明确想要在 PPT 中涵盖的主题和所需的信息，明确主题有助于更准确地输入相关的关键词和指令。

2. 使用明确的指令

ChatGPT 对于特定指令和问题的回答能力很强，因此尽量使用明确的指令引导 ChatGPT 生成 PPT 的内容。如使用以下指令。

"生成一个关于主题为'××××'的 PPT 标题和简介"

"为我提供关于主题为'××××'的 3 个主要观点"

"我需要一个包含主题为'××××'相关统计数据的 PPT 幻灯片"

3. 限定生成长度

ChatGPT 生成的文本长度可能会很长，为了避免生成过多的内容，可以使用限定长度的指令，如使用以下指令。

"在 500 字以内为我生成一个主题为'××××'的 PPT 文稿"

"每个段落的长度限制在 100 字以内"

4. 迭代和编辑

ChatGPT 生成的内容可能需要进一步地迭代和编辑。根据 ChatGPT 生成的结果，用户可以选择提出进一步的指令，以获取更准确或更具体的内容；可以反复与 ChatGPT 进行交互，逐步完善文稿的内容和结构。

综上所述，如果想用 ChatGPT 生成一个完整的 PPT，可以编辑一段完整的指令，将需求编写完整、明确，如可以使用以下指令。

“帮我制作一套关于主题为‘××××’的 PPT 内容，要包括封面页的大标题和副标题、目录页、内容页、小标题和详细内容。要求内容页有 × 页，有具体案例展示；要求每页字数不超过 × 字，注意内容页的内容结构不要雷同”

061 用 ChatGPT 生成完整的内容

用 ChatGPT 生成 PPT 演示文稿中完整的内容，用户可以先确定一个 PPT 主题，然后套用上一个案例中总结的完整指令模板，下面介绍具体的操作方法。

步骤 01 打开 ChatGPT 的聊天窗口，在输入框中输入生成 PPT 的指令“帮我制作一套关于主题为‘打造办公室的艺术之美’的 PPT 内容，要包括封面页的大标题和副标题、目录页、内容页、小标题和详细内容。要求内容页有 6 页，有具体案例展示；要求每页字数不超过 120 个字，注意内容页的内容结构不要雷同”，如图 4-64 所示。

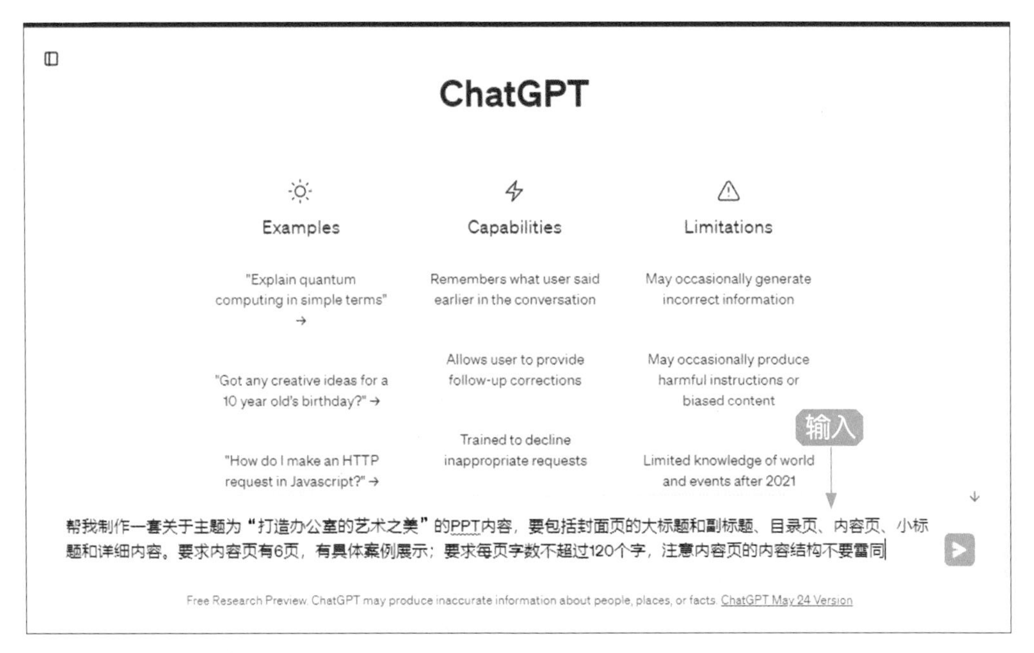

图 4-64

步骤 02 ChatGPT 即可根据发送的内容进行回复，生成 PPT 封面页、目录页和内容页等完整的内容，效果如图 4-65 所示。

当然，我可以为您制作关于主题为“打造办公室的艺术之美”的PPT内容。下面是一个简要的PPT结构和内容示例：

封面页：

- 大标题：打造办公室的艺术之美
- 副标题：创意与舒适并存的办公空间

目录页：

1. 介绍
2. 融合自然元素
3. 色彩与灯光的协调
4. 艺术装饰品的运用
5. 办公家具与布局
6. 成功案例展示

内容页1 - 介绍：
在现代工作生活中，办公室已经不再只是一个单调的工作场所，它可以是一个融合了艺术元素的创意空间，既能提升员工的工作效率，又能为他们带来舒适感受。

内容页2 - 融合自然元素：
通过引入自然元素，如植物、绿色墙壁和自然采光，打造一个自然舒适的工作环境。自然元素不仅可以净化空气，还可以增加办公室的生气和活力。

内容页3 - 色彩与灯光的协调：
巧妙地运用色彩和灯光可以创造出不同的氛围和情感。明亮而温暖的色彩可以提高员工的情绪，适宜的灯光设置可以改善工作效率。
内容页4 - 艺术装饰品的运用：
在办公室中加入艺术装饰品，如画作、雕塑或艺术品，不仅可以提升空间档次，还可以激发员工的创造力和灵感。

内容页5 - 办公家具与布局：
合理的办公家具选择和布局对于提升办公室的美感和舒适度非常重要。灵活的家具布局能够为员工提供更多的自由和便利。

内容页6 - 成功案例展示：
最后，我们将展示一些成功的办公室设计案例，这些案例不仅在美感上突出，同时也为员工创造了更好的工作环境，提升了工作效率。

以上是PPT内容的基本结构和示例，您可以根据需要添加更多具体内容和详细案例，确保每页字数不超过120个字，并保证内容页的内容结构不雷同。希望这对您有所帮助！

图 4-65

062 在 PowerPoint 中制成 PPT

接下来，用户可以在 PowerPoint 中，将 ChatGPT 生成的 PPT 内容制作成演示文稿，还可以事先准备好与主题相关的图片，以作为背景或插图使用，下面介绍具体的操作方法。

步骤 01 启动 PowerPoint 应用程序，在“新建”界面下方的模板中，单击“樱花花瓣演示文稿”模板缩略图，如图 4-66 所示。

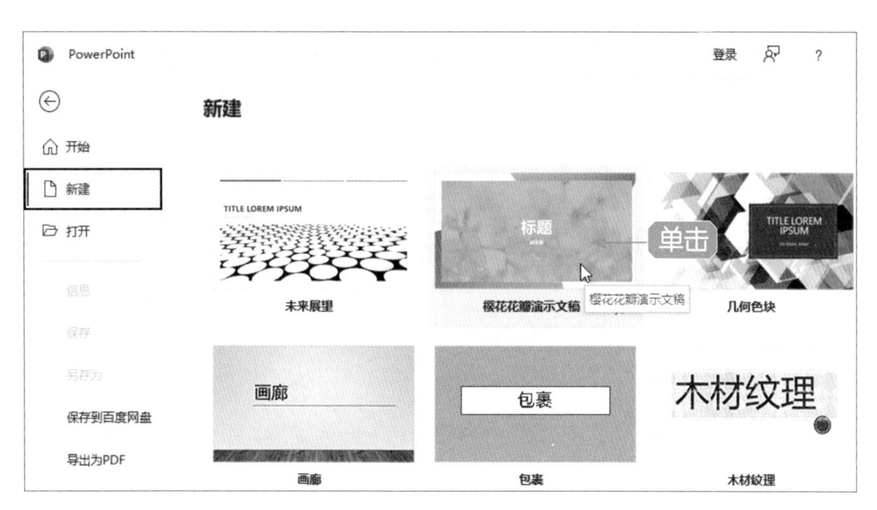

图 4-66

步骤 02 执行操作后，即可弹出“樱花花瓣演示文稿”对话框，单击“创建”按钮，如图 4-67 所示。

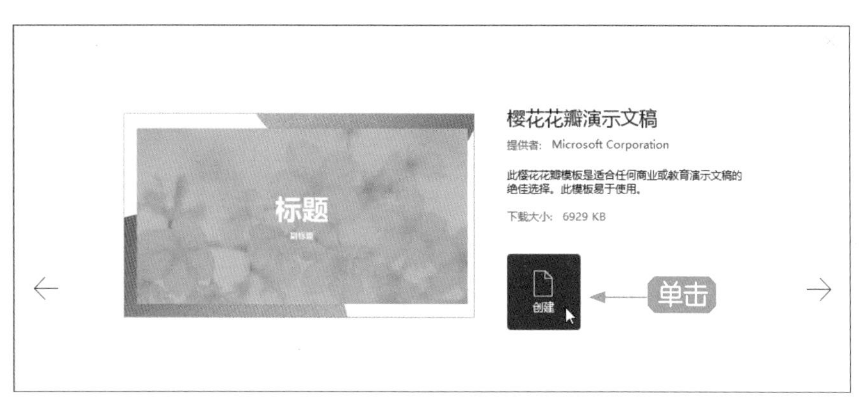

图 4-67

步骤 03 执行操作后，即可下载模板并打开演示文稿，效果如图 4-68 所示。

图 4-68

步骤 04 在 ChatGPT 中复制大标题，在第 1 张幻灯片中，❶选中“标题”文本框中的文本；单击鼠标右键，弹出快捷菜单，❷在“粘贴选项：”下方单击“只保留文本”按钮，如图 4-69 所示。

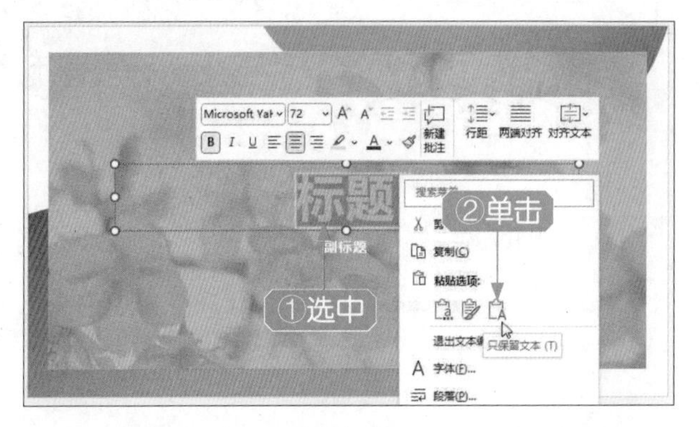

图 4-69

步骤 05 执行操作后，即可替换大标题，如图 4-70 所示。

图 4-70

步骤 06 用上述同样的方法，替换副标题，如图 4-71 所示。

图 4-71

步骤 07 在剩下的几张幻灯片模板中，选择一张适合做目录页的幻灯片，选择第 3 张幻灯片，将其拖动至第 1 张幻灯片的下方，如图 4-72 所示。

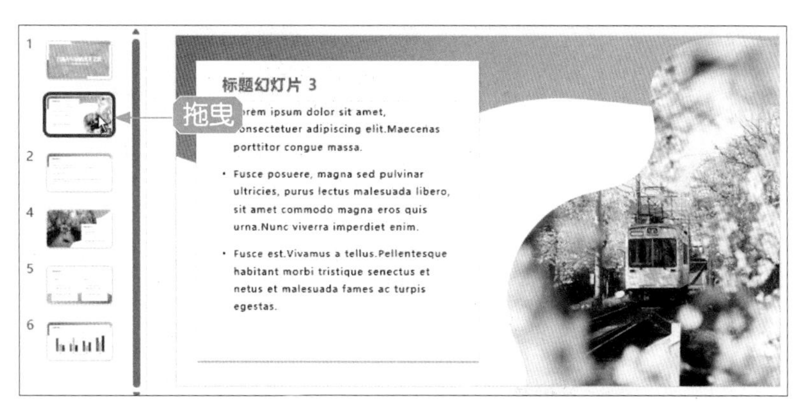

图 4-72

步骤 08 ❶将标题内容改为“目录：”，并调整“字号”为 40；❷将内容改为 ChatGPT 生成的目录内容，并将“字号”调整为 24，制作目录页，效果如图 4-73 所示。

图 4-73

步骤 09 用上述方法，拖曳第 4 张幻灯片至目录页下方，将幻灯片模板中的照片删除，然后单击幻灯片中的“图片”按钮，如图 4-74 所示。

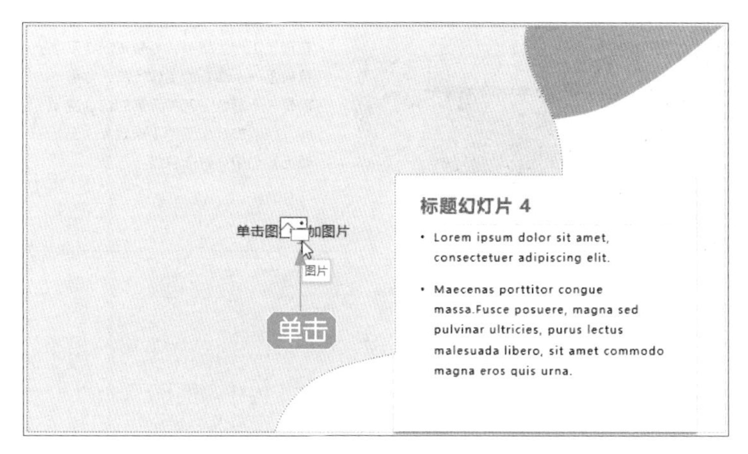

图 4-74

步骤 10 执行操作后，即可添加事先准备好的照片，如图 4-75 所示。

图 4-75

专家指点

注意准备的照片内容尽量符合主题，照片色彩也尽量与 PPT 模板中的色彩相搭。

步骤 11 参考前面的操作方法，将文本框中的内容进行替换，并适当调整文本“字号”大小，制作第 1 张内容页，效果如图 4-76 所示。

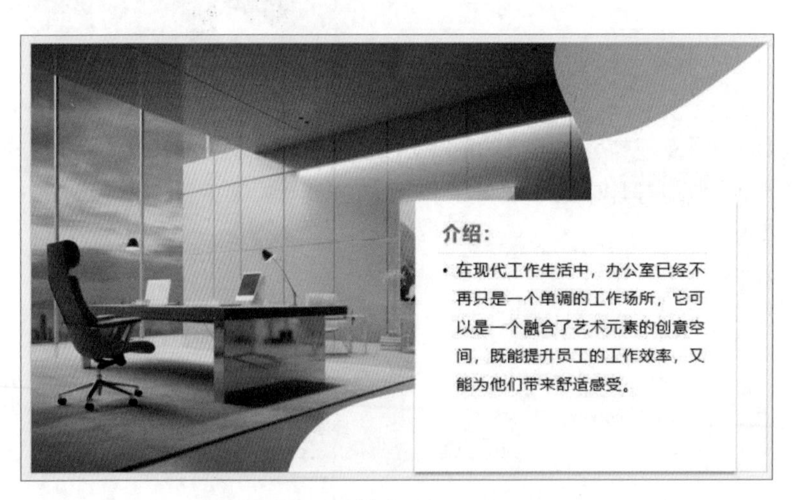

图 4-76

步骤 12 用上述同样的方法，制作第 2 张～第 6 张内容页，并将多余的幻灯片删除，效果如图 4-77 所示。至此，即可制作完整的 PPT 演示文稿。

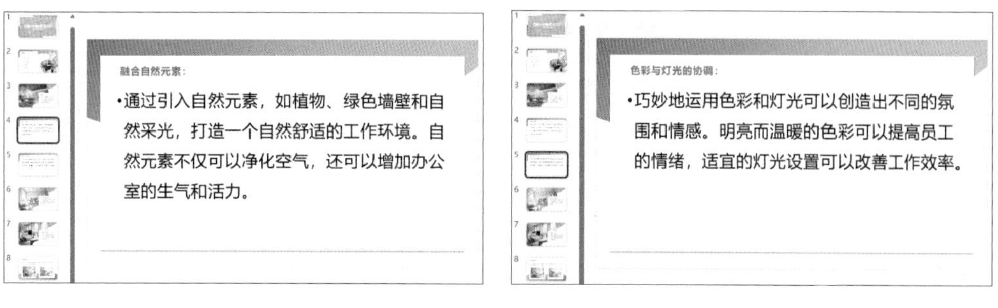

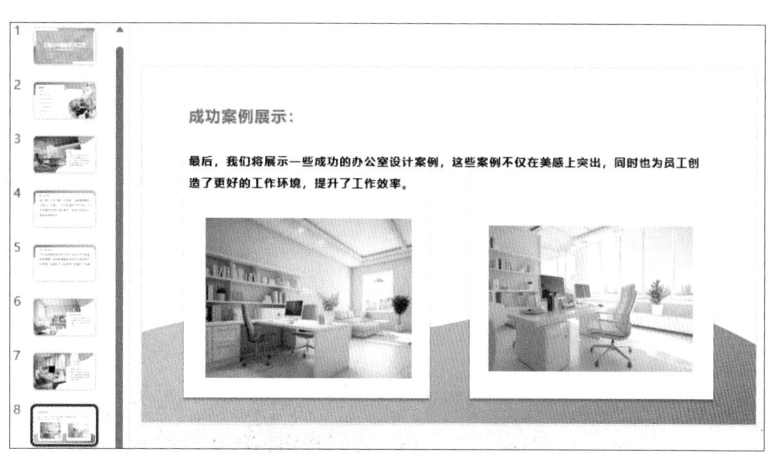

图 4-77

4.4 本章小结

本章首先介绍了 PowerPoint 的基本操作，包括创建空白演示文稿、新建幻灯片、复制幻灯片、移动幻灯片以及删除幻灯片等操作；然后介绍了在 ChatGPT 中逐步生成 PPT 的操作方法，包括让 ChatGPT 根据关键词生成主题，给出封面页制作建议，生成大标题和副标题，生成 PPT 目录大纲以及生成指定的内容页数等；最后介绍了用 ChatGPT 生成 PPT 完整文稿的操作方法，包括准确输入关键词或语法指令，用

ChatGPT 生成完整的内容以及在 PowerPoint 中制成 PPT 等内容。

学完本章，大家能够快速上手 PowerPoint 的基础操作，同时掌握利用 ChatGPT 智能生成演示文稿的操作方法。

4.5 课后习题

鉴于本章知识的重要性，为了帮助读者更好地掌握所学知识，本节将通过课后习题，帮助读者进行简单的知识回顾和补充。

1. 使用 ChatGPT 生成主题为“团队合作与协作的关键要素”的 PPT 文稿内容，指令如图 4-78 所示。

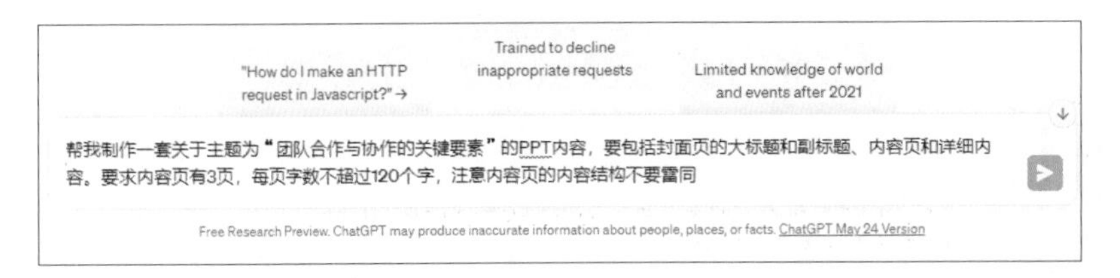

图 4-78

2. 使用 PowerPoint，根据 ChatGPT 生成的内容，制作主题为“团队合作与协作的关键要素”的演示文稿，如图 4-79 所示。

图 4-79

第5章 ChatGPT + AI 工具：快速生成 PPT

学习提示

除了用 ChatGPT 这款智能助手生成 PPT，市面上还有很多智能 AI 工具，如 Mindshow、闪击 PPT 以及 MotionGO，将 ChatGPT 和这些 AI 工具结合使用可以帮助用户快速制作出精美的 PPT 演示文稿。

本章重点导航

- ChatGPT + Mindshow 生成 PPT
- ChatGPT + 闪击 PPT 生成 PPT
- 在 PowerPoint 中接入 MotionGO
- ChatGPT + ChatPPT 生成 PPT

5.1 ChatGPT + Mindshow 生成 PPT

Mindshow 是一种用于自动生成 PPT 的 AI 工具，它可以根据用户输入的大纲文字，通过强大的人工智能系统自动生成精美的 PPT 页面。用户可以先用 ChatGPT 生成文稿，再用 Mindshow 生成精美的 PPT，可以节省制作 PPT 时花费在设计和排版上的时间和精力。

063 掌握 Mindshow 的使用方法

Mindshow 可以在线制作 PPT，也可以将软件下载安装到电脑上，不论是线上还是下载的软件，其界面和功能基本是一致的。

步骤 01 进入 Mindshow 官网首页，效果如图 5-1 所示。

图 5-1

步骤 02 如果用户想要在线制作 PPT，可以单击右上角的头像，注册一个账号并登录，默认进入“快速创建”页面，效果如图 5-2 所示。

图 5-2

步骤 03 “快速创建”页面中显示了“推荐”“工作总结”“商业计划书”“培训课件”“毕业答辩”“节日庆典”“竞聘述职”“发布会”等类别，类别下方是对应的 PPT 文稿模板，用户可以在此处选择一个模板，进入编辑界面，编辑演示文稿内容，生成 PPT。

步骤 04 除了通过“快速创建”页面生成 PPT，用户还可以在左侧选择“导入”选项，如图 5-3 所示，进入“导入”页面。用户可以在其中选择“Markdown”“Word（.docx）”“logseq”“幕布（.mm）”等格式，在下方的文本框中输入或粘贴需要导入的内容，单击“导入创建”按钮，即可快速生成 PPT。

图 5-3

专家指点

“导入”页面中的格式说明如下。

- Markdown：它使用简单的文本格式标记和格式化文档，支持 #、##、###、####、#####、- 等符号对文字进行段落划分，支持直接导入网络地址图片。不可导入本地图片，需要到编辑页手动上传。
- Word（.docx）：.docx 是微软 Word 的文档格式。在 Word 中需要用户给文档设置“标题 1”、“标题 2”、“正文”、项目符号、编号等标记才可以正常转换。
- logseq：它是一款大纲笔记软件，用户可以选择 text 格式复制到剪贴板，粘贴到“导入”页面左侧的文本框中。
- 幕布（.mm）：幕布也是一款大纲笔记软件，用户可以选择“思维导图”视图，导出 Freemind 格式文件，之后在“导入”页面左侧的文本框中单击“点击导入”按钮，即可自动生成 PPT。

步骤 05 用户还可以在官网首页单击“通过内容创建”下拉按钮，如图 5-4 所示，在弹出的列表框中，通过模板或通过导入 Markdown、Word 以及幕布创建 PPT。

步骤 06 如果用户想下载到计算机上进行使用，可以在官网首页单击“PC 版”下拉按钮，如图 5-5 所示，在弹出的列表框中显示了“windows 64 位版本”和“Mac 版本”两个选项，如果用户的电脑是苹果版的，可以选择“Mac 版本”选项，如果不是，则选择“windows 64 位版本”选项。

图 5-4

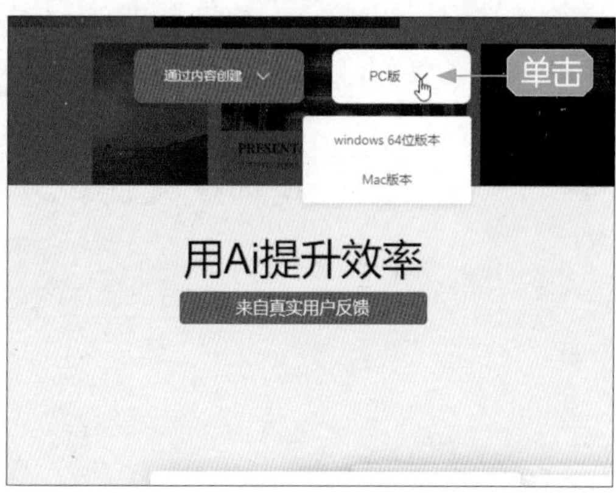

图 5-5

步骤 07 这里选择“windows 64 位版本”选项，即可跳转至软件下载网页，如图 5-6 所示。

windows:
免安装：MindShow-win32-x64.zip
安装包：MindShow-Setup-win32-x64.exe

mac:
M系列芯片：MindShow1.0_mac_arm64.zip
非M系列芯片：MindShow1.0_mac_x64.zip

PPT中使用的字体，请下载font.zip

▾ Assets 7

fonts.zip	84.8 MB	Apr 6
MindShow-Setup-win32-x64.exe	66.7 MB	Apr 19
MindShow-win32-x64.zip	96.4 MB	Apr 4
MindShow1.0_mac_arm64.zip	85.1 MB	May 25
MindShow1.0_mac_x64.zip	86.9 MB	May 25
Source code (zip)		Apr 4
Source code (tar.gz)		Apr 4

图 5-6

步骤 08 用户可以在 Assets 选项区中根据需要单击相应的下载链接，如单击 MindShow-win32-x64.zip 下载链接，即可下载 windows 免安装的压缩文件，下载完成后将其解压，在文件夹中双击 MindShow.exe 应用程序，如图 5-7 所示，即可启动 MindShow。

此电脑 › 新加卷 (E:) › 软件 › MindShow-win32-x64

名称	修改日期	类型	大小
locales	2023/7/4 11:05	文件夹	
resources	2023/7/4 11:05	文件夹	
chrome_100_percent.pak	2023/3/28 8:11	PAK 文件	127 KB
chrome_200_percent.pak	2023/3/28 8:11	PAK 文件	176 KB
d3dcompiler_47.dll	2023/3/28 8:11	应用程序扩展	4,777 KB
ffmpeg.dll	2023/3/28 8:11	应用程序扩展	2,703 KB
icudtl.dat	2023/3/28 8:11	DAT 文件	10,218 KB
libEGL.dll	2023/3/28 8:11	应用程序扩展	473 KB
libGLESv2.dll	2023/3/28 8:11	应用程序扩展	7,359 KB
LICENSE	2023/3/28 8:11	文件	2 KB
LICENSES.chromium.html	2023/3/28 8:11	360 se HTML Do...	6,653 KB
MindShow.exe	2023/3/28 8:11	应用程序	154,315 KB
resources.pak	2023/3/28 8:11	PAK 文件	5,250 KB
snapshot_blob.bin	2023/3/28 8:11	BIN 文件	169 KB
Squirrel.exe	2023/3/28 8:11	应用程序	2,208 KB
v8_context_snapshot.bin	2023/3/28 8:11	BIN 文件	472 KB
version	2023/3/28 8:11	文件	1 KB
vk_swiftshader.dll	2023/3/28 8:11	应用程序扩展	5,014 KB
vk_swiftshader_icd.json	2023/3/28 8:11	JSON 文件	1 KB
vulkan-1.dll	2023/3/28 8:11	应用程序扩展	894 KB

双击

图 5-7

064 在 ChatGPT 中生成 PPT 大纲

使用 Mindshow 生成 PPT 之前，用户可以先用 ChatGPT 生成 PPT 的内容大纲，下面介绍具体的操作方法。

步骤 01 打开 ChatGPT 的聊天窗口，在输入框中输入生成 PPT 的指令“帮我制作一套关于主题为‘品牌塑造与品牌价值传递’的 PPT 内容，要包括封面页的大标题和副标题、目录大纲以及内容页等，注意内容页的内容结构不要雷同”，如图 5-8 所示。

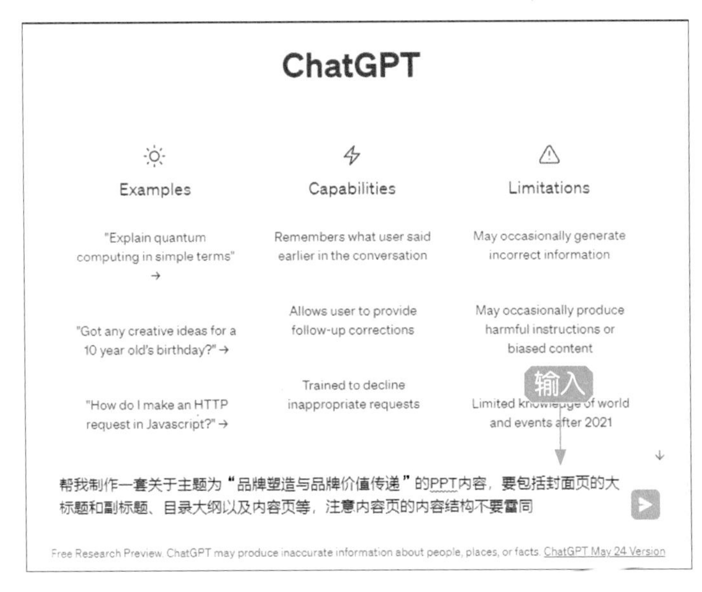

图 5-8

步骤 02 ChatGPT 即可根据发送的内容进行回复，生成 PPT 封面页、目录大纲和内容页等完整内容，如图 5-9 所示。

当然，我可以帮您制作关于“品牌塑造与品牌价值传递”主题的PPT内容。以下是一个简单的示例，包括封面页、目录大纲和内容页的设计。请注意，您可以根据需要进行修改和扩展。

封面页：

- 大标题：品牌塑造与品牌价值传递
- 副标题：打造独特而有影响力的品牌形象

目录大纲：

1. 引言
   - 品牌的重要性
   - 品牌塑造的目的
2. 品牌塑造的关键要素
   - 品牌定位
   - 品牌标识
   - 品牌声誉
3. 品牌塑造的策略与方法
   - 目标受众分析
   - 品牌故事讲述
   - 品牌体验设计
   - 品牌传播渠道选择
4. 品牌价值传递的重要性
   - 品牌价值的定义
   - 品牌价值对消费者的影响
   - 品牌价值与企业业绩的关联
5. 品牌价值传递的方式
   - 品牌口碑传播
   - 品牌使命与社会责任
   - 品牌与消费者情感连接
6. 案例分析
   - 成功的品牌塑造案例
   - 品牌价值传递的最佳实践
7. 结论
   - 品牌塑造与品牌价值传递的重要性总结
   - 未来品牌建设的趋势展望

内容页：

- 引言：
  - 解释品牌在现代商业中的重要性，如品牌能够帮助企业建立信任、塑造形象以及赢得竞争优势等。
  - 强调品牌塑造的目的，即打造独特而有影响力的品牌形象，从而吸引和保持目标受众的忠诚度。
- 品牌塑造的关键要素：
  - 品牌定位：定义品牌在目标市场中的独特定位，明确品牌的核心价值和竞争优势。
  - 品牌标识：设计具有识别性和差异化的品牌标识，如标志、字体、颜色等。
  - 品牌声誉：建立积极的品牌声誉，通过高品质产品、优质服务和社会责任等方面的表现。
- 品牌塑造的策略与方法：
  - 目标受众分析：了解目标受众的需求、偏好和价值观，以便有效地传递品牌信息。
  - 品牌故事讲述：通过故事化的方式传达品牌的核心价值和独特性，与受众建立情感连接。
  - 品牌体验设计：打造独特的品牌体验，包括产品设计、用户界面、售后服务等方面。
  - 品牌传播渠道选择：选择适合目标受众的传播渠道，如社交媒体、广告、公关活动等。
- 品牌价值传递的重要性：
  - 定义品牌价值，即品牌为目标受众提供的益处和意义。
  - 介绍品牌价值对消费者的影响，如塑造消费者的身份认同和情感连接。
  - 强调品牌价值与企业业绩之间的关联，如品牌忠诚度、市场份额和盈利能力等。
- 品牌价值传递的方式：
  - 品牌口碑传播：通过积极的口碑和用户分享，传递品牌的价值和优势。
  - 品牌使命与社会责任：关注社会问题，通过品牌的使命和社会责任传递价值观。
  - 品牌与消费者情感连接：通过情感化的营销手段，如广告、活动等，建立与消费者的情感联系。
- 案例分析：
  - 提供成功的品牌塑造案例，如苹果、可口可乐等知名品牌的成功经验。
  - 分享品牌价值传递的最佳实践，如耐克的社会责任倡导、谷歌的创新形象塑造等。
- 结论：
  - 总结品牌塑造与品牌价值传递的重要性，强调其对企业长期发展的影响。
  - 展望未来品牌建设的趋势，如数字化营销、可持续发展等对品牌塑造的影响。

请根据您的需求，对上述内容进行修改和扩展，以确保其与您的演讲或讲解内容相匹配。

图 5-9

065 转换格式为 Markdown 代码形式

如果是在 Mindshow 中直接使用 ChatGPT 生成的 PPT 内容大纲，Mindshow 可能会无法生成 PPT，因为 Mindshow 生成 PPT 的条件是应用 Markdown、Word（.docx）、logseq 以及幕布（.mm）中的格式，因此用户还需要将 ChatGPT 生成 PPT 的内容大纲转换成 Markdown 格式才能使用，下面介绍具体的操作方法。

步骤 01 以上例中 ChatGPT 生成的 PPT 内容大纲为例，打开 ChatGPT 的聊天窗口，在输入框中输入转换 Markdown 格式的指令“基于以上生成的内容，重新生成一个 markdown 标记语言形式的代码，便于我复制使用”，如图 5-10 所示。

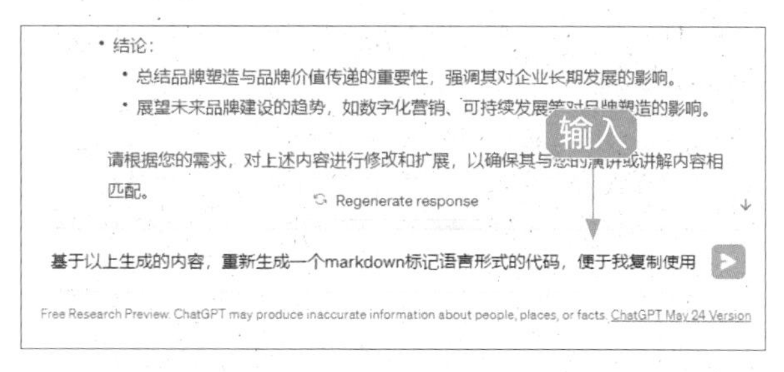

图 5-10

步骤 02 ChatGPT 即可根据发送的内容进行回复，将生成的 PPT 内容转换成 Markdown 格式，如图 5-11 所示。

图 5-11

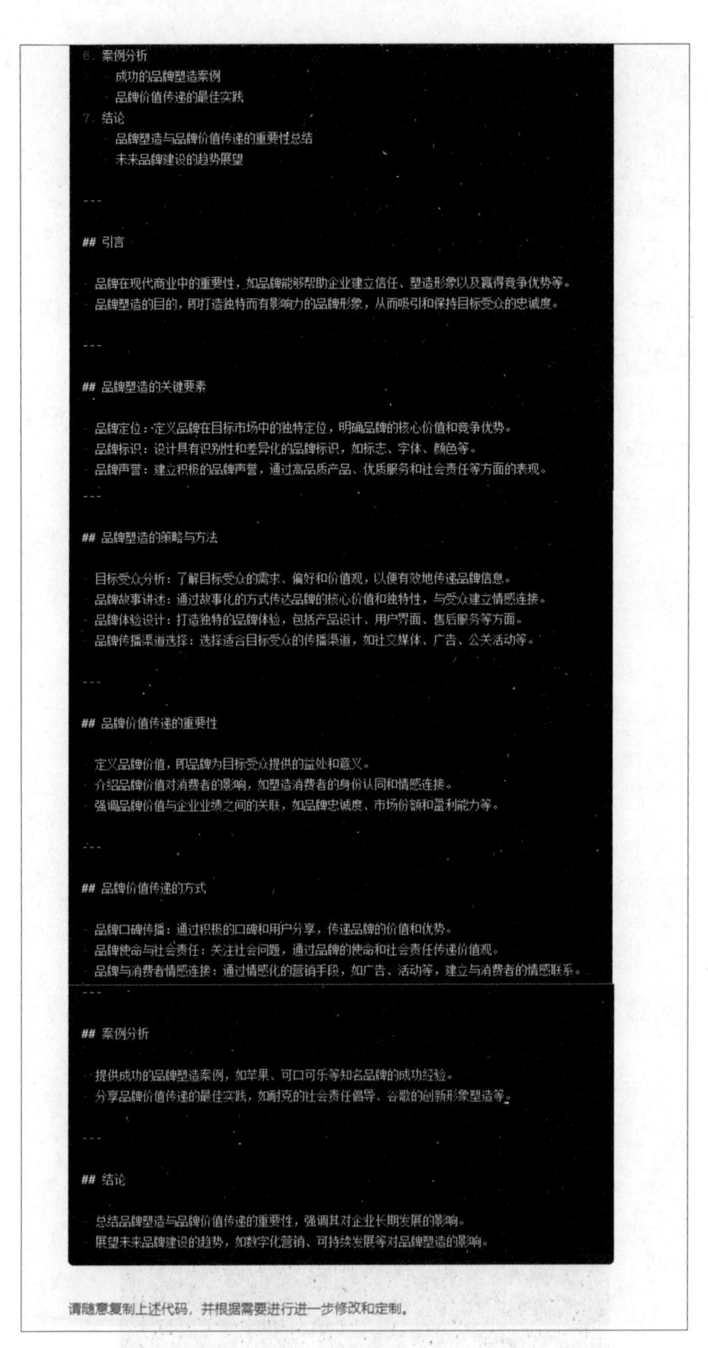

图 5-11（续）

066 复制 Markdown 代码至 Mindshow

将 ChatGPT 生成 PPT 的内容大纲转换成 Markdown 代码格式后，即可将其复制到 Mindshow 中，复制方法非常简单，下面介绍具体的操作方法。

步骤 01 继续上例的操作，在 ChatGPT 聊天窗口中，单击“markdown”代码框右上角的“Copy code”按钮，如图 5-12 所示。

图 5-12

步骤 02 执行操作后，即可复制 ChatGPT 生成的 Markdown 代码，启动 Mindshow 程序软件，选择“导入”选项，如图 5-13 所示。

图 5-13

步骤 03 执行操作后，即可进入“导入”页面，默认选择 Markdown 格式，按 Ctrl + V 组合键，在文本框中粘贴 ChatGPT 生成的 PPT 文稿代码，如图 5-14 所示。

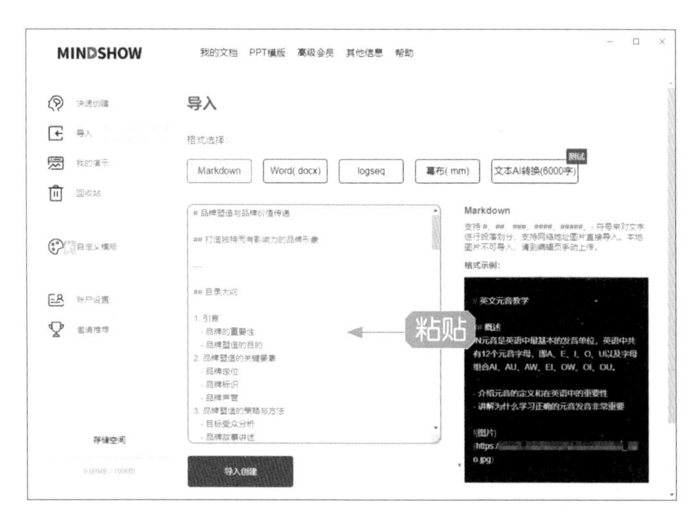

图 5-14

067 在 Mindshow 中生成 PPT

接下来只需要在 Mindshow 中将复制的内容生成 PPT 即可，下面介绍具体的操作方法。

步骤 01 继续上例的操作，在 Mindshow 的“导入”页面中，拖动文本框滑块，可以查看文本框中的内容，在文本框下方单击“导入创建”按钮，如图 5-15 所示。

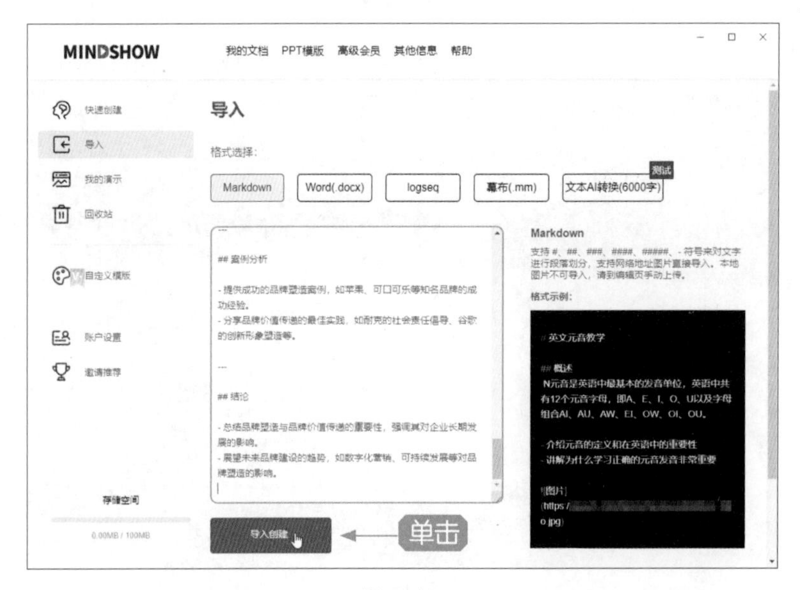

图 5-15

步骤 02 稍等片刻，即可进入编辑页面，生成 PPT 演示文稿，效果如图 5-16 所示。

图 5-16

步骤 03 在编辑页面中，可以根据需要对文稿内容进行修改，例如，❶ 将副标题内容改为前面 ChatGPT 生成的副标题内容；❷ 还可以修改演讲者和演讲时间，如图 5-17 所示。

图 5-17

步骤 04 由于 Mindshow 会根据级别自动生成目录页，因此此处可以将正文中的目录内容删除，❶ 在正文“目录大纲”左侧的级别节点上单击鼠标右键，❷ 在弹出的快捷菜单中选择“删除节点”命令，如图 5-18 所示。

步骤 05 执行操作后，即可删除目录内容，并用同样的方法将正文中的副标题节点删除，然后在编辑页面右侧单击“显示右侧栏”按钮，如图 5-19 所示。

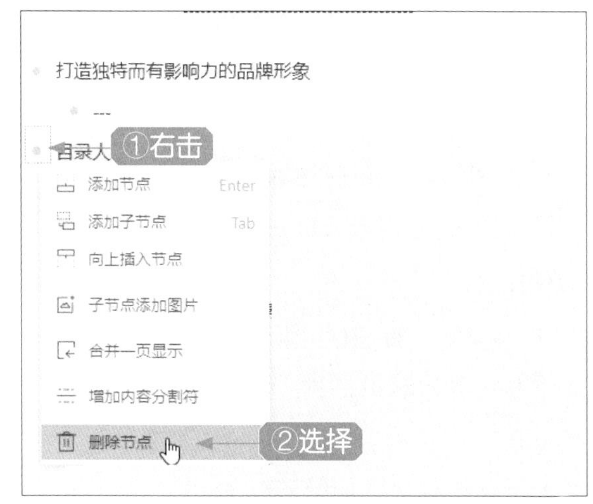

图 5-18

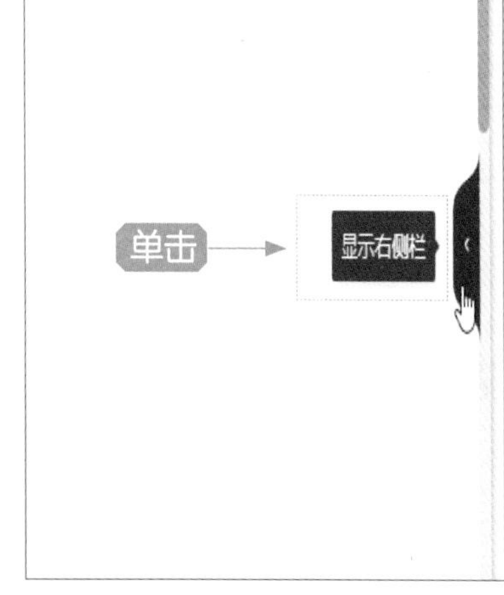

图 5-19

专家指点

步骤 4 中的删除节点操作可以将整个节点中的内容删除。在节点上右击，在弹出的快捷菜单中，用户可以通过“添加节点”选项添加一个节点，然后在添加的节点处输入补充的内容。此外，用户还可以执行“添加子节点”“向上插入节点”“子节点添加图片”“合并一页显示”“增加内容分隔符”“删除节点”等操作。

步骤 06 执行操作后，即可展开右侧的“演示预览”页面，如图 5-20 所示。其中显示了生成的 PPT，用户可以单击（向左）按钮和（向右）按钮，预览生成的幻灯片。

图 5-20

068 选择 PPT 模板和布局样式

Mindshow 为用户提供了多款 PPT 模板和幻灯片布局样式，当默认生成的 PPT 模板和布局样式不符合用户心意时，用户可以重新选择 PPT 模板和布局样式，下面介绍具体的操作方法。

步骤 01 继续上例的操作，在“演示预览”页面的“模板”选项卡中，拖动滑块或滑动鼠标滚轮，选择一个满意的 PPT 模板，这里选择“蓝色白色彩色三角抽象 PPT 模板”缩略图，如图 5-21 所示。

步骤 02 执行操作后，即可替换 PPT 模板样式，如图 5-22 所示。

图 5-21

图 5-22

步骤 03 单击（向右）按钮，翻至第 8 页，如图 5-23 所示。

步骤 04 执行操作后，在“布局”选项卡中，选择“4 文字全屏列表层次结构”缩略图，如图 5-24 所示。

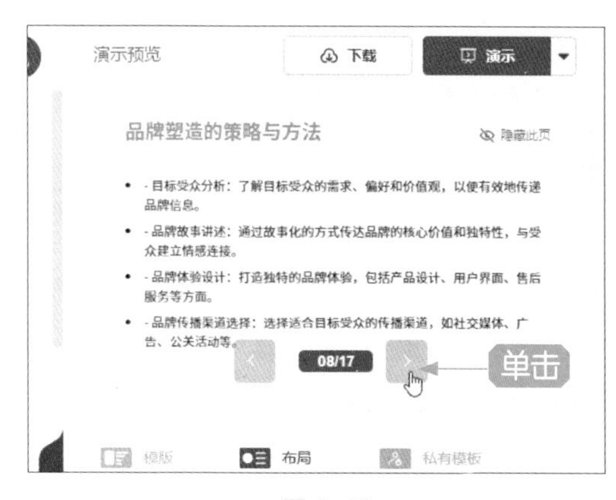

图 5-23

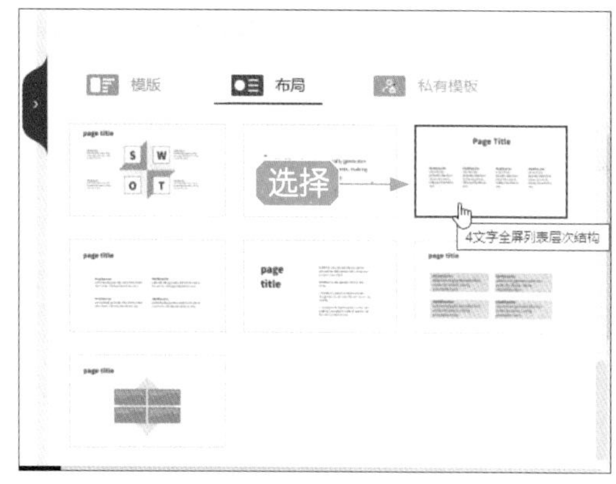

图 5-24

步骤 05 执行操作后，即可更改 PPT 第 8 页幻灯片的布局，如图 5-25 所示。

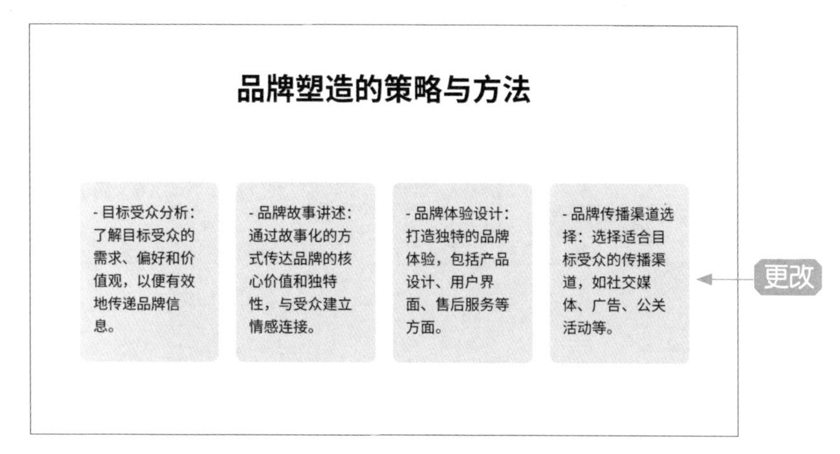

图 5-25

069 在 Mindshow 中下载 PPT

在 Mindshow 中生成 PPT 后，可以将其下载保存下来，下面介绍具体的操作方法。

步骤 01 继续上例的操作，在“演示预览”页面中，单击页面上方的“下载”按钮，如图 5-26 所示。

步骤 02 执行操作后，弹出列表框，选择“PPTX 格式”选项，如图 5-27 所示。

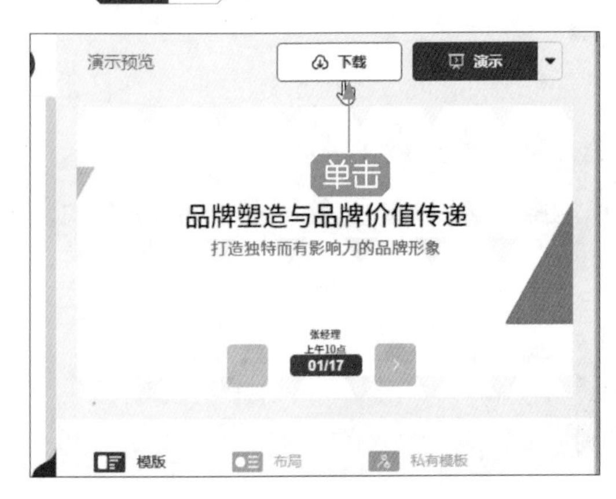

图 5-26

图 5-27

步骤 03 弹出“提醒”对话框，单击“继续生成 PPTX”按钮，如图 5-28 所示。

步骤 04 执行操作后，弹出相应对话框，设置保存位置和文件名称，如图 5-29 所示，单击“保存”按钮，即可下载、保存 Mindshow 生成的 PPT。

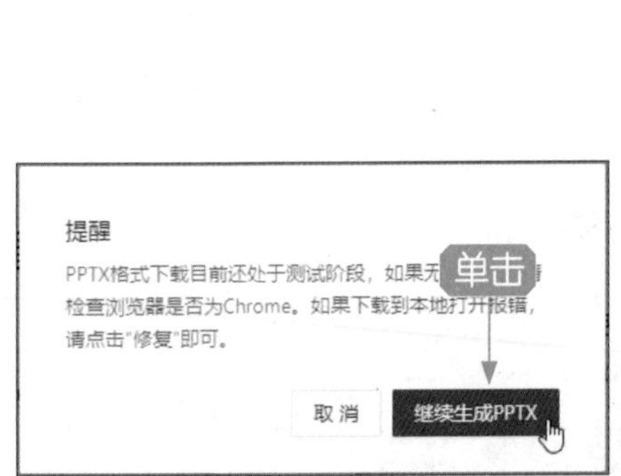

图 5-28

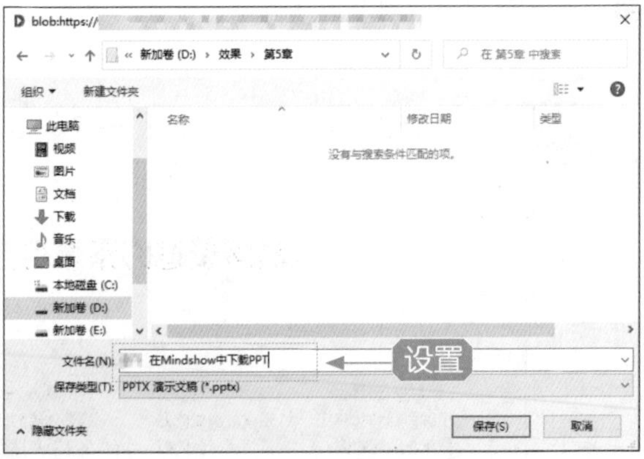

图 5-29

5.2 ChatGPT + 闪击 PPT 生成 PPT

闪击 PPT 是一款功能强大、易于使用的 PPT 幻灯片制作工具，具备 AI 智能处理系统，适用于学术报告、企业演示、培训课程等各种场景。它能够帮助用户打造精美、专业的演示文稿，提升演示效果，吸引观众的注意力。用户通过 ChatGPT 生成文稿，然后将文稿复制到闪击 PPT 中生成美观、大气的 PPT。

070 在闪击 PPT 中建立一个空白 PPT

打开闪击 PPT 网页，注册或登录账号，即可进入“我的工作台”页面，建立空白 PPT 文档，下面介绍具体的操作方法。

步骤 01 在“我的工作台”页面的“新建 PPT”选项区，单击“空白 PPT”按钮，如图 5-30 所示。

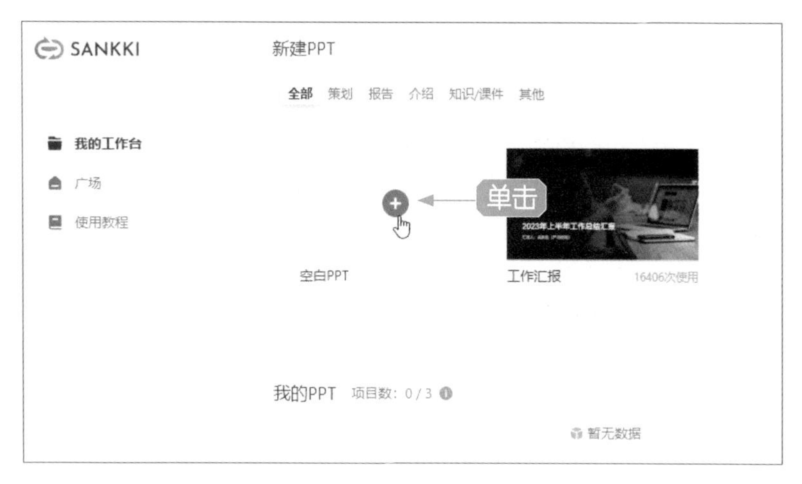

图 5-30

步骤 02 执行操作后，即可新建一个空白 PPT 文档，进入编辑页面中，如图 5-31 所示。

编辑页面分为以下 3 个组成部分。

1. 文稿编辑区

文稿编辑区包括“草稿”和“演讲备注”两个选项卡。

在“草稿”选项卡中，用户可以书写 PPT 的大纲，闪击 PPT 支持将文本内容直接转化为 PPT，但是需要用户遵循一定的语法。如果不知道该如何编写 PPT 的语法，用户可以单击“使用教程”按钮，跳转到知乎文章网页页面，网页中对闪击 PPT 将文稿转化为 PPT 的功能和语法都做了详细的介绍，其语法格式大致如图 5-32 所示。

图 5-31

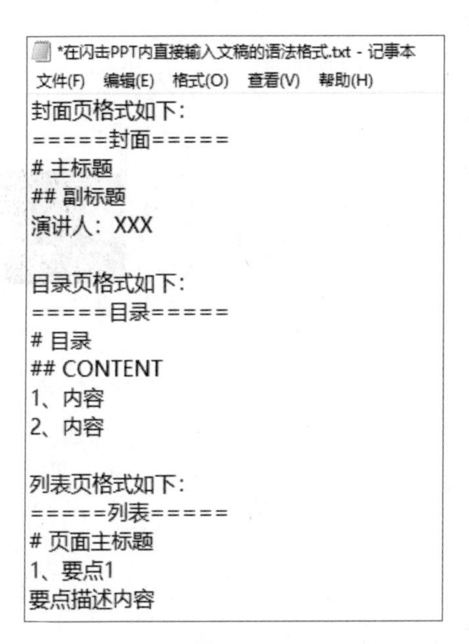

*在闪击PPT内直接输入文稿的语法格式.txt - 记事本

文件(F) 编辑(E) 格式(O) 查看(V) 帮助(H)

封面页格式如下：
=====封面=====
主标题
副标题
演讲人：XXX

目录页格式如下：
=====目录=====
目录
CONTENT
1、内容
2、内容

列表页格式如下：
=====列表=====
页面主标题
1、要点1
要点描述内容

图 5-32

其中，“=”符号表示区分页面；一个“#”符号表示页面页标题；两个“#”符号表示页面副标题；1、2、3、……序号表示列举要点。

当用户用以上语法编写完 PPT 的文稿大纲后，即可单击“文本转 PPT”按钮，将文稿大纲直接转化成 PPT，展示在“预览”区中。

在“演讲备注”选项卡中，用户可以编写演讲稿，也可以记录一些演讲过程中的内容，把它当成备忘录用。

2. “内容卡片”区

“内容卡片”区的“添加页面”选项区提供了“封面”“目录”“过渡”“图文列表”“图文排版”“金句”等模板，用户可以选择相应的模板，在“添加页面”上方插入 PPT 幻灯片页面，并编辑页面内容。

例如，在“添加页面”选项区的下方，❶ 单击“封面”标签，即可展示多款封面模板；选择一款模板，❷ 单击模板上显示的“插入”按钮；❸ 即可在“添加页面”上方插入对应的 PPT 幻灯片页面，如图 5-33 所示。

图 5-33

在插入的幻灯片页面中，用户可以在对应的文本框中修改内容，如图 5-34 所示。如果不需要这张幻灯片，可以单击幻灯片页面右上角的“删除此页”按钮 ✖；如果需要增加一张幻灯片，可以单击“添加页面”按钮+，添加需要的幻灯片页面。

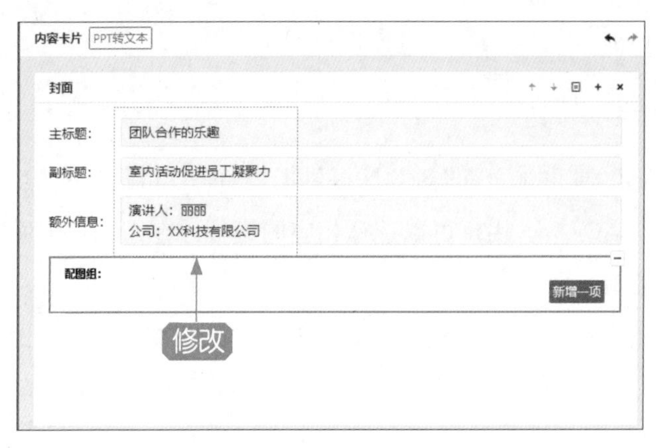

图 5-34

此外，在“配图组”文本框中，单击“新增一项”按钮，即可添加“图形”文本框，同时打开“更换图片”页面，如图 5-35 所示。单击“上传图片”按钮，即可插入图片到幻灯片页面中。

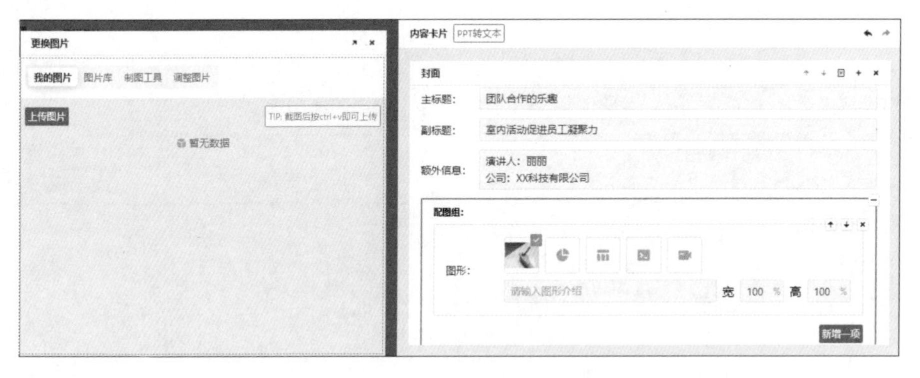

图 5-35

在“内容卡片”区的上方，单击“PPT 转文本”按钮，还可以将 PPT 中的内容转换成文本内容，并显示在“草稿”选项卡内，如图 5-36 所示。

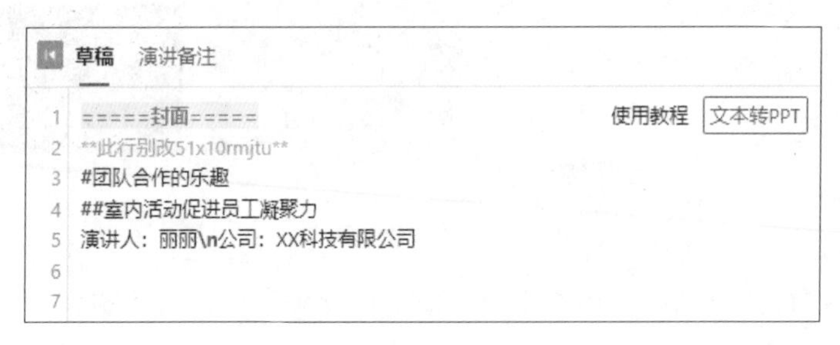

图 5-36

3. “预览”区

在用户通过将文本生成 PPT 或者插入幻灯片页面后，即可在“预览”区中预览、查看生成的 PPT 和幻灯片，如图 5-37 所示。

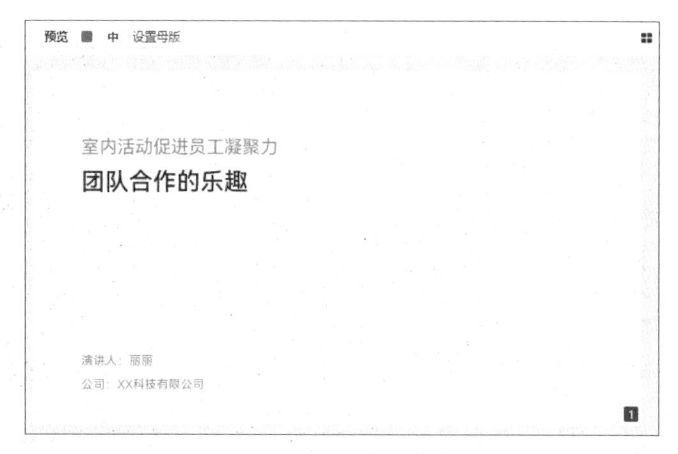

图 5-37

071 用 ChatGPT 生成 PPT 大纲代码

在闪击 PPT 中文本转 PPT 需要用户遵循一定的语法格式，因此当用户使用 ChatGPT 生成 PPT 大纲时，也要遵循语法格式来编写指令，下面介绍具体的操作方法。

步骤 01 打开一个记事本，在记事本中根据闪击 PPT 的语法要求先编写好指令，如图 5-38 所示。

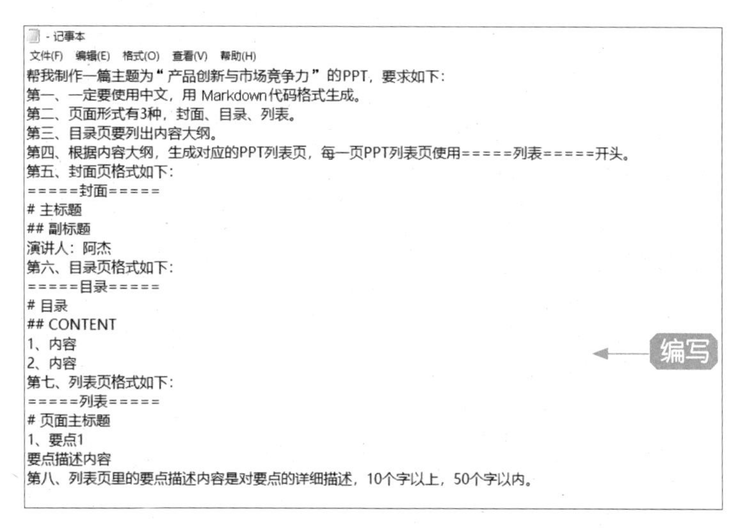
- 记事本
文件(F) 编辑(E) 格式(O) 查看(V) 帮助(H)
帮我制作一篇主题为“产品创新与市场竞争力”的PPT，要求如下：
第一、一定要使用中文，用 Markdown代码格式生成。
第二、页面形式有3种，封面、目录、列表。
第三、目录页要列出内容大纲。
第四、根据内容大纲，生成对应的PPT列表页，每一页PPT列表页使用=====列表=====开头。
第五、封面页格式如下：
=====封面=====
主标题
副标题
演讲人：阿杰
第六、目录页格式如下：
=====目录=====
目录
CONTENT
1、内容
2、内容
第七、列表页格式如下：
=====列表=====
页面主标题
1、要点1
要点描述内容
第八、列表页里的要点描述内容是对要点的详细描述，10个字以上，50个字以内。

图 5-38

步骤 02 全选并复制编写好的指令，打开 ChatGPT 聊天窗口，在输入框中粘贴指令并发送，ChatGPT 即可根据发送的指令，以 Markdown 代码格式生成 PPT 大纲，如图 5-39 所示。

好的，以下是符合你要求的“产品创新与市场竞争力”PPT的内容：

markdown　　Copy code

```markdown
=====封面=====
# 产品创新与市场竞争力
## 实现成功的关键

演讲人：阿杰

=====目录=====
# 目录
## CONTENT
1、引言
2、市场竞争力的重要性
3、产品创新的定义与意义
4、产品创新的关键要素
5、创新在市场竞争中的应用
6、成功案例分析
7、结论

=====列表=====
# 引言
1、市场竞争激烈，企业需寻求突破
市场竞争激烈，传统经营模式已无法满足消费者需求，产品创新成为企业实现竞争优势的关键。

# 市场竞争力的重要性
1、市场竞争力对企业发展至关重要
市场竞争力是企业在市场中获得优势并保持持续竞争能力的重要指标，直接影响企业的市场地位和盈利
# 产品创新的定义与意义
1、产品创新的定义
产品创新是指通过研发、设计和改进，开发出具有新特点和差异化优势的产品，以满足市场需求并创造

2、产品创新的意义
产品创新能够提高产品的竞争力、吸引消费者、扩大市场份额，同时也是企业持续发展和成长的动力源

# 产品创新的关键要素
1、市场洞察与需求分析
深入了解目标市场和消费者需求，准确把握市场趋势，是产品创新的基础。

2、技术研发和创新能力
拥有强大的技术研发和创新能力，能够不断推陈出新，为产品注入新的技术和功能。

3、设计与用户体验
注重产品的设计与用户体验，以提高产品的易用性、美观性和品牌价值。

4、市场营销与推广策略
制定有效的市场营销和推广策略，将创新产品推向市场，提升产品知名度和销售额。

# 创新在市场竞争中的应用
1、创新是市场竞争的核心竞争力
创新能够为企业带来差异化竞争优势，使企业在市场中脱颖而出，成为行业的领导者。

2、创新推动市场变革和转型
通过产品创新，企业可以引领市场的变革，满足消费者新需求，推动行业的发展和转型升级。

3、创新带来增长和盈利能力提升
成功的产品创新可以带来销售增长和盈利能力提升，为企业创造可持续发展的利润和回报。
```

图 5-39

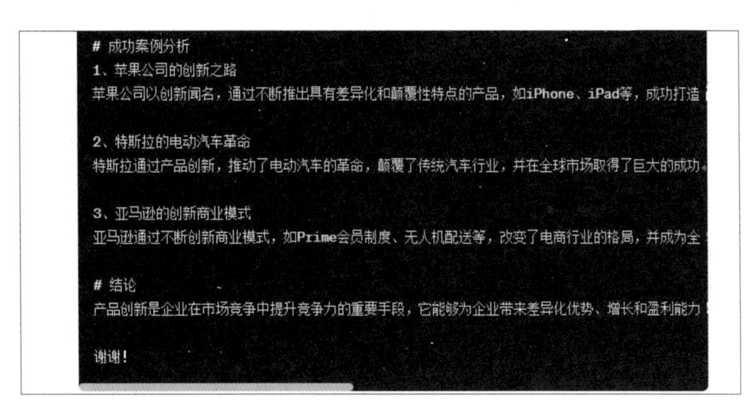

图 5-39（续）

072 复制 Markdown 代码至闪击 PPT

接下来可以将 ChatGPT 生成的 Markdown 代码格式的 PPT 大纲复制到闪击 PPT 的空白草稿中，复制的方法非常简单，下面介绍具体的操作方法。

步骤 01 继续上例的操作，在 ChatGPT 聊天窗口中，单击 markdown 代码框右上角的 Copy code 按钮，如图 5-40 所示。

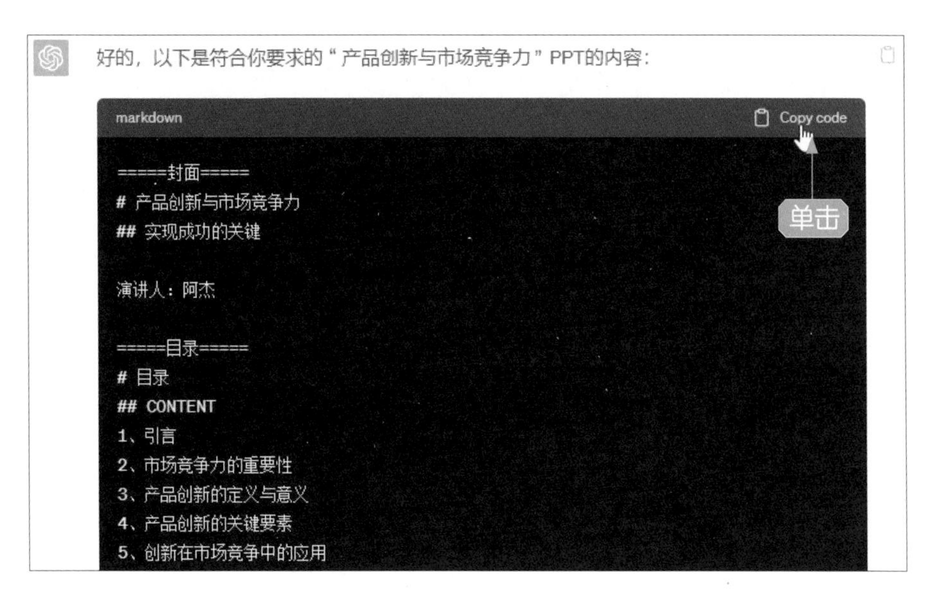

图 5-40

步骤 02 执行上述操作后，即可复制 ChatGPT 生成的 Markdown 代码，在闪击 PPT 新建的空白 PPT 草稿文档中，按 Ctrl + V 组合键，粘贴 ChatGPT 生成的 PPT 文稿代码，如图 5-41 所示。

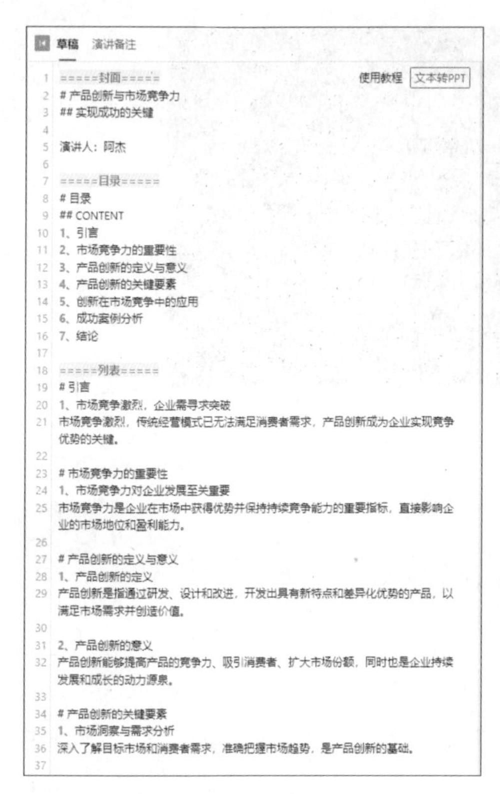

草稿 演讲备注
使用教程 文本转PPT
2、技术研发和创新能力
拥有强大的技术研发和创新能力，能够不断推陈出新，为产品注入新的技术和功能。
3、设计与用户体验
注重产品的设计与用户体验，以提高产品的易用性、美观性和品牌价值。
4、市场营销与推广策略
制定有效的市场营销和推广策略，将创新产品推向市场，提升产品知名度和销售额。
创新在市场竞争中的应用
1、创新是市场竞争的核心竞争力
创新能够为企业带来差异化竞争优势，使企业在市场中脱颖而出，成为行业的领导者。
2、创新推动市场变革和转型
通过产品创新，企业可以引领市场的变革，满足消费者新需求，推动行业的发展和转型升级。
3、创新带来增长和盈利能力提升
成功的产品创新可以带来销售增长和盈利能力提升，为企业创造可持续发展的利润和回报。
成功案例分析
1、苹果公司的创新之路
苹果公司以创新闻名，通过不断推出具有差异化和颠覆性特点的产品，如iPhone、iPad等，成功打造了强大的品牌和市场地位。
2、特斯拉的电动汽车革命
特斯拉通过产品创新，推动了电动汽车的革命，颠覆了传统汽车行业，并在全球市场取得了巨大的成功。
3、亚马逊的创新商业模式
亚马逊通过不断创新商业模式，如Prime会员制度、无人机配送等，改变了电商行业的格局，并成为全球最大的电商平台之一。
结论
产品创新是企业在市场竞争中提升竞争力的重要手段，它能够为企业带来差异化优势、增长和盈利能力提升，推动行业的发展和转型。企业应注重市场洞察、技术研发、设计与用户体验以及市场营销等关键要素，不断推进创新，实现成功。
谢谢！

图 5-41

步骤 03 执行上述操作后，选择并复制列表页区分代码，粘贴在各个列表页标题上方，如图 5-42 所示。

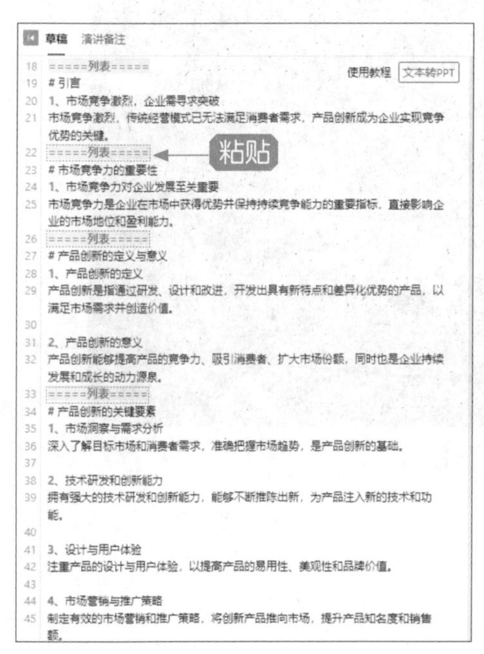

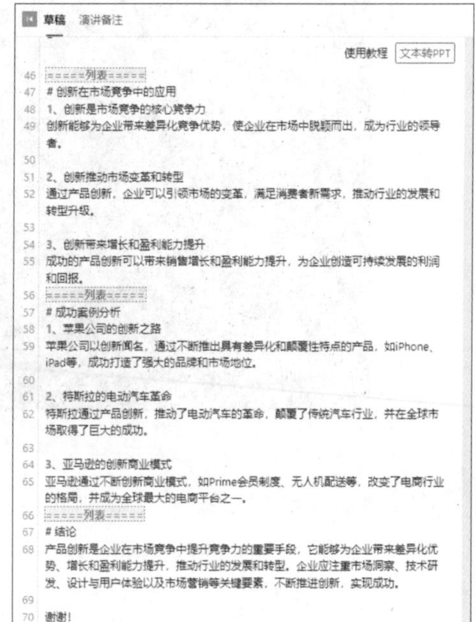

图 5-42

073 在闪击 PPT 中生成 PPT

接下来可以在闪击 PPT 中将复制的内容生成 PPT，下面介绍具体的操作方法。

步骤 01 继续上例的操作，在闪击 PPT“草稿”选项卡中，单击“文本转 PPT”按钮，如图 5-43 所示。

图 5-43

步骤 02 执行操作后，弹出“提示”对话框，提示用户转化后 PPT 内容将全部被替换，单击“确定”按钮，如图 5-44 所示。

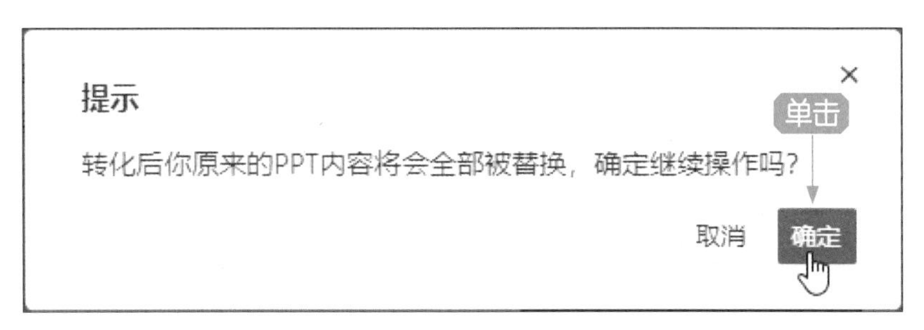

图 5-44

步骤 03 执行操作后，即可生成 PPT，效果如图 5-45 所示。

步骤 04 滑动页面查看 PPT 中的内容是否完整，如有内容未生成，需要将其补全，例如，在最后一页 PPT 中，只生成了页标题，内容却未生成，如图 5-46 所示。

步骤 05 接下来在“内容卡片”区中，单击“列表”文本框中的“新增一项”按钮，如图 5-47 所示。

图 5-45

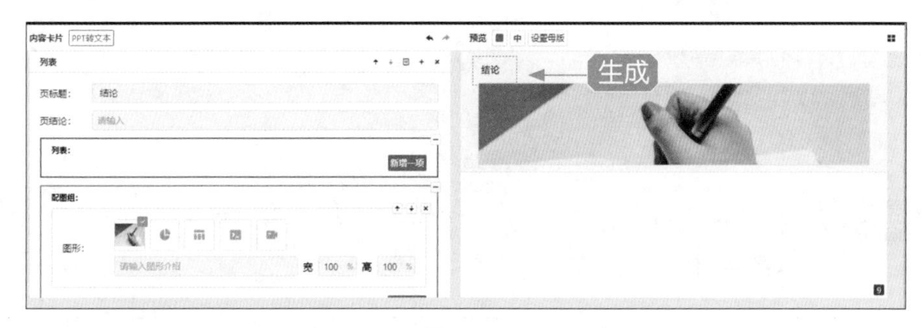

图 5-46

图 5-47

步骤 06 执行操作后，即可新增一项内容框，在“描述”文本框中，输入 ChatGPT 生成的结论内容，如图 5-48 所示。

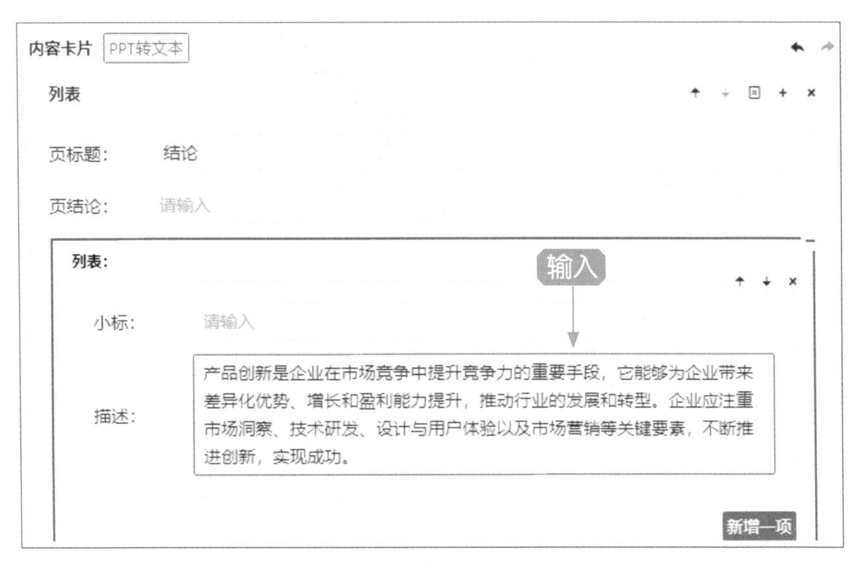

图 5-48

步骤 07 执行上述操作后，再次新增一项内容框，在“描述”文本框中输入结束语，如图 5-49 所示。

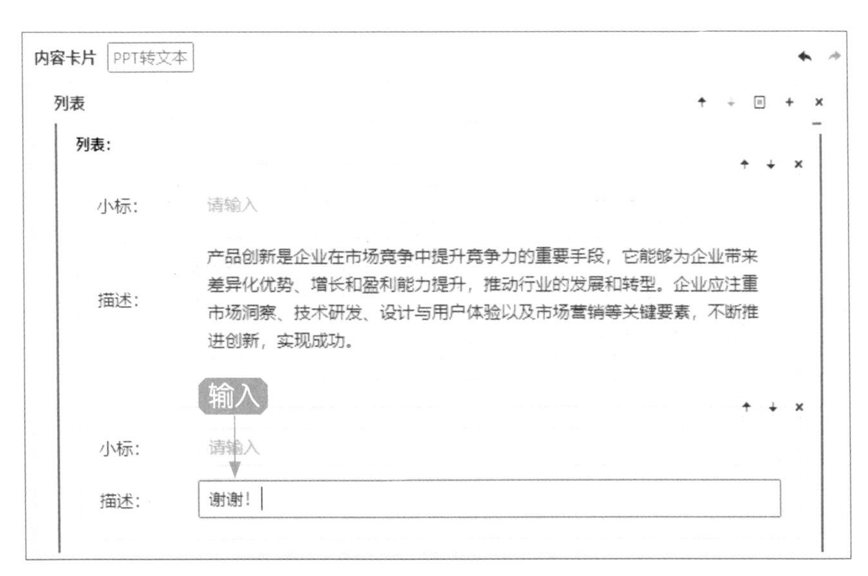

图 5-49

步骤 08 执行操作后，即可查看完善后的幻灯片，效果如图 5-50 所示。

图 5-50

074 选择 PPT 幻灯片风格

当闪击 PPT 默认生成的 PPT 幻灯片风格不好看或者不适用时，用户可以对风格进行更换，下面介绍具体的操作方法。

步骤 01 继续上例的操作，在闪击 PPT 生成的目录页幻灯片上，单击右上角的“切换风格”按钮，如图 5-51 所示。

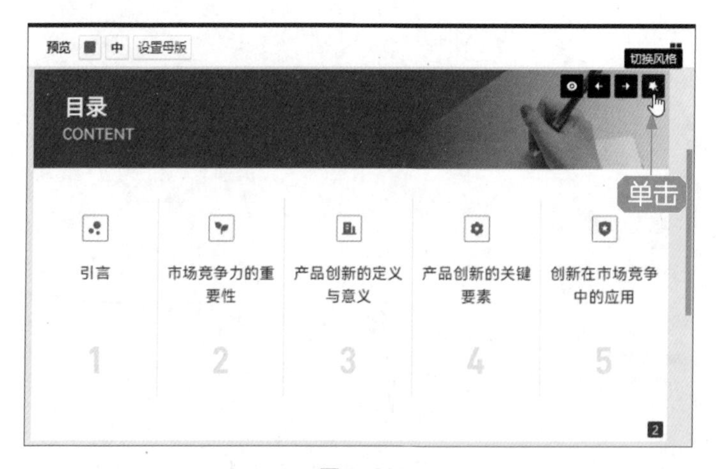

图 5-51

步骤 02 执行操作后，弹出“切换模板”面板，在其中选择一款喜欢的目录页模板，如图 5-52 所示。

图 5-52

步骤 03 执行操作后，即可更换目录页风格，效果如图 5-53 所示。

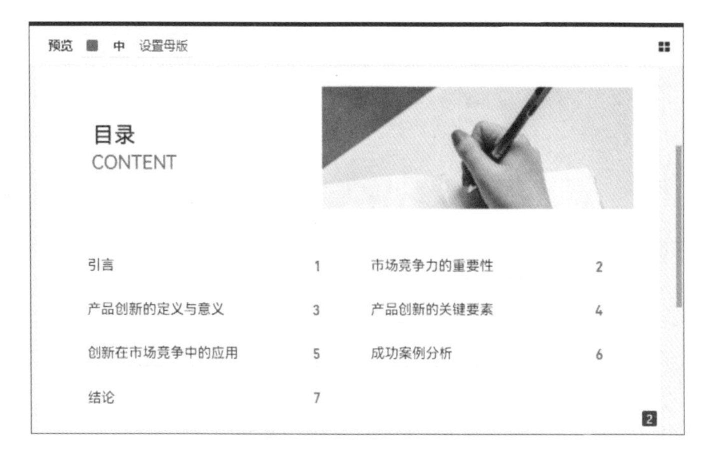

图 5-53

步骤 04 用上述同样的方法更改第 3 页幻灯片的风格，如图 5-54 所示。

图 5-54

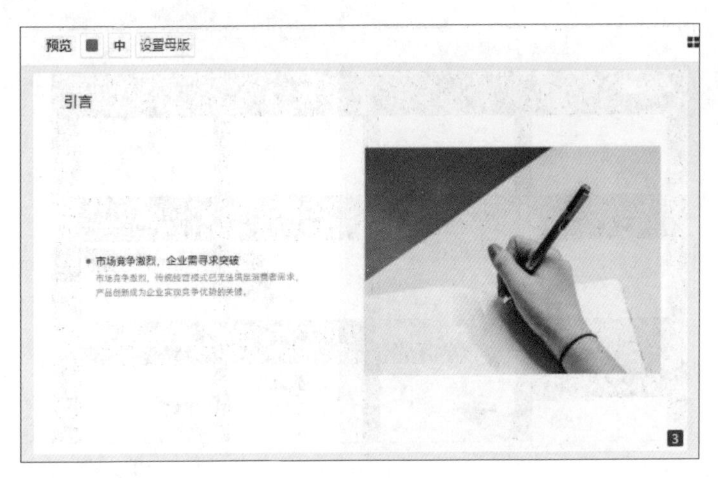

图 5-54（续）

步骤 05 ❶ 选择幻灯片中的小标题；弹出相应面板，❷ 选择“字号”为 16，如图 5-55 所示。

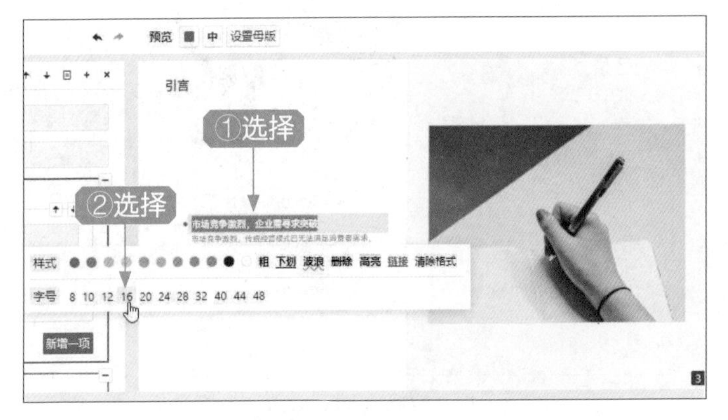

图 5-55

步骤 06 执行操作后，即可更改小标题的字号，如图 5-56 所示。

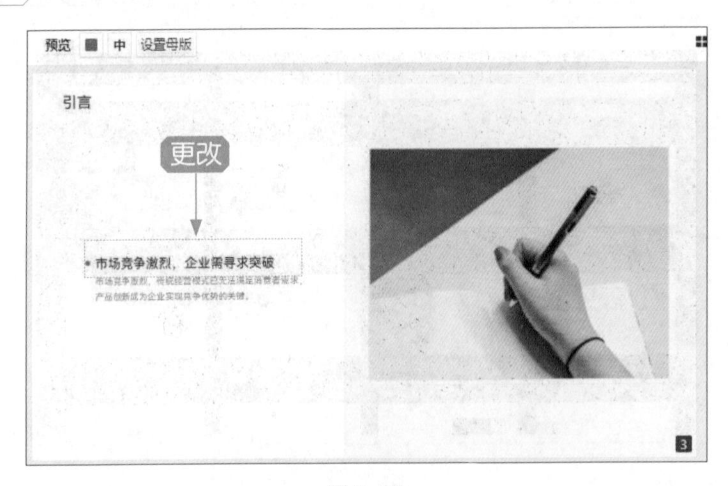

图 5-56

步骤 07 用上述同样的方法，更改下方文本内容的字号（此处设置“字号”为 20），如图 5-57 所示。执行操作后，用户可以用上述同样的方法设置其他幻灯片的风格和文本字号，如果需要撤销设置的字体格式，可以在弹出的面板中单击“清除格式”按钮。

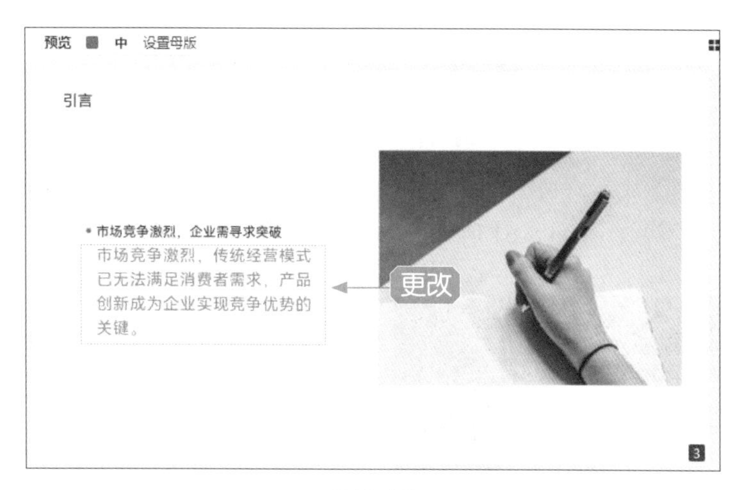

图 5-57

075 将生成的 PPT 导出

在设置好 PPT 幻灯片的风格后，可以将生成的 PPT 导出保存，下面介绍具体的操作方法。

步骤 01 继续上例的操作，在闪击 PPT 中，单击“预览”区右上方的“导出”按钮，如图 5-58 所示。

步骤 02 执行操作后，弹出“导出文件”面板，单击“PPT（不可编辑）”右侧的“导出”按钮，如图 5-59 所示。

图 5-58

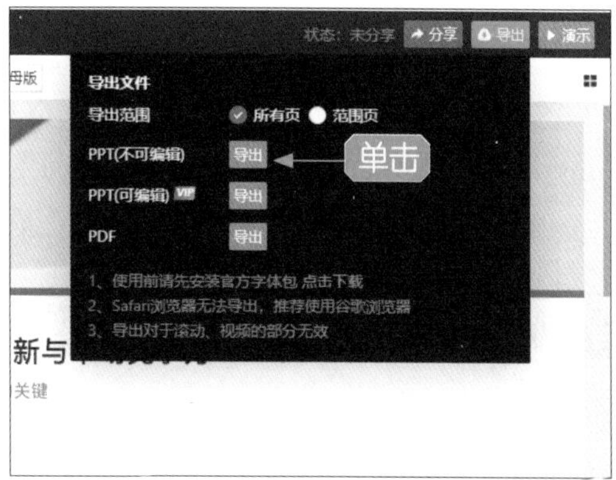

图 5-59

专家指点

注意，如果用户是会员账号，可以单击“PPT（可编辑）”右侧的“导出”按钮将 PPT 导出，还可以将 PPT 导出为 PDF 文件。用户还可以单击“点击下载”链接，下载安装官方字体包，字体包中的字体都是可以免费商用的，安装后再打开导出的 PPT，即可使用字体。

步骤 03 执行操作后，即可显示导出进度，如图 5-60 所示。

步骤 04 稍等片刻，弹出“新建下载任务”对话框，❶设置文件名称和保存位置；❷单击“下载”按钮，如图 5-61 所示，即可将 PPT 下载并保存到指定的文件夹中。

图 5-60

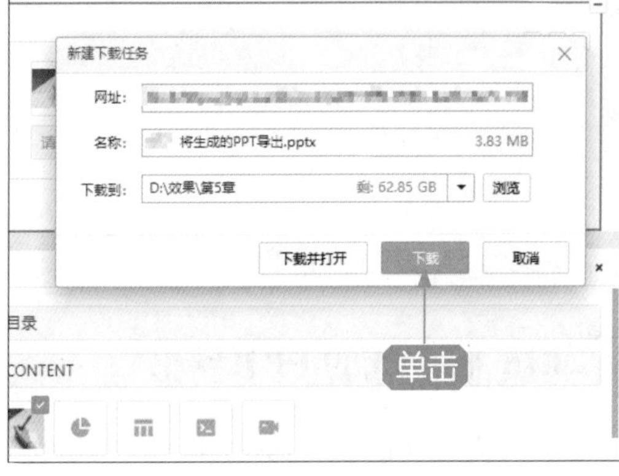

图 5-61

5.3 在 PowerPoint 中接入 MotionGO

MotionGO 是必优科技（原口袋动画团队）全新升级的一款 PPT 动画插件，兼容 Office 和 WPS 软件。在 PowerPoint 中接入 MotionGO，可以使用 ChatPPT 生成演示文稿，MotionGO 中的 ChatPPT 是一款 AI 自动生成 PPT 的工具，它可以通过命令式智能对话一键生成 PPT，它的制作过程智能化、自动化，可以使 PPT 内容的表达更加快速、有条理。

076 申请在线体验 ChatPPT

在接入 MotionGO-ChatPPT 之前，用户可以先注册一个账号并登录，然后申请在线体验 ChatPPT，熟悉一下 ChatPPT 的功能，下面介

绍具体的操作方法。

步骤 01 进入 MotionGO 官网，单击"在线体验 ChatPPT"按钮，如图 5-62 所示。

图 5-62

步骤 02 执行上述操作后，即可进入 ChatPPT 网页页面，单击"在线体验"按钮，如图 5-63 所示。

图 5-63

专家指点

单击页面右上角的"产品体验指南"按钮，可以前往学习 ChatPPT 的生成指令页面，主要包括一些基础指令和辅写指令。

步骤 03 执行操作后，即可跳转到 ChatPPT 在线体验文档，在输入框中输入指令“帮我生成一份主题为‘人才多元化与包容性管理’的 PPT”，如图 5-64 所示。

图 5-64

步骤 04 单击输入框左侧的第 1 个按钮，展开“内容风格”列表框，在其中可以选择一个 PPT 风格，这里选择“简洁”选项，如图 5-65 所示。

图 5-65

步骤 05 单击输入框左侧的第 2 个按钮，展开“色彩语言”列表框，在其中可以选择一个 PPT 主题色彩，这里选择“蓝天”选项，如图 5-66 所示。

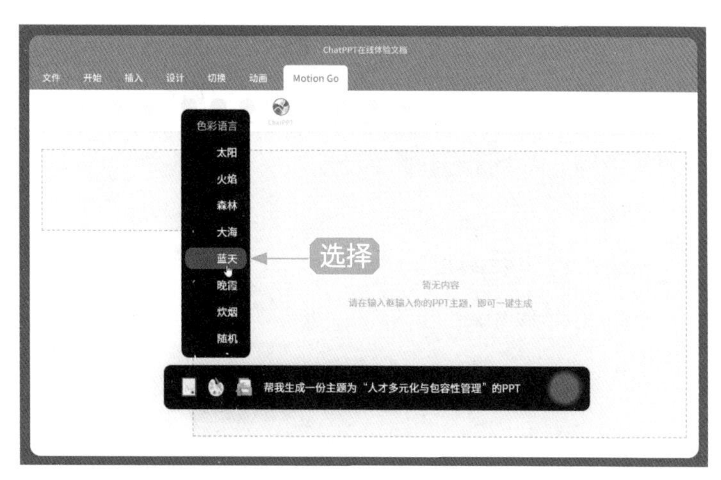

图 5-66

步骤 06 按 Enter 键发送指令，稍等片刻即可生成 PPT，如图 5-67 所示。注意，如果生成后的内容有误，用户可以下载后再进行修改。

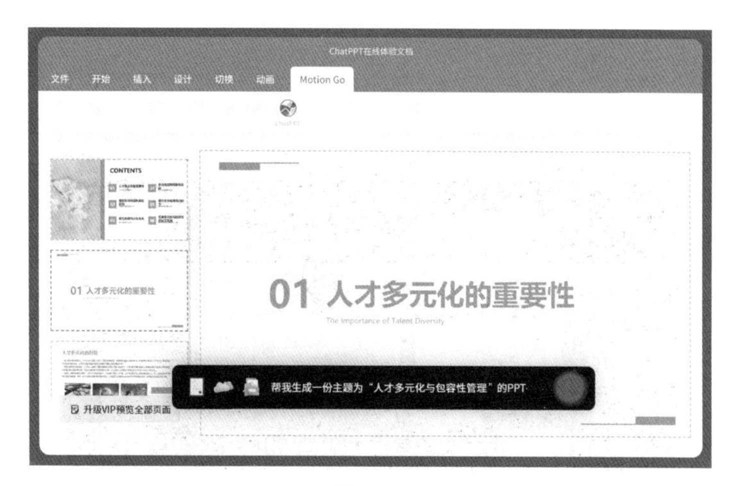

图 5-67

步骤 07 往下滑动页面，❶ 单击"下载 PPT 文档"下拉按钮；❷ 在弹出的列表框中选择 pptx 选项，表示下载保存为 PPT 格式文档，如图 5-68 所示。

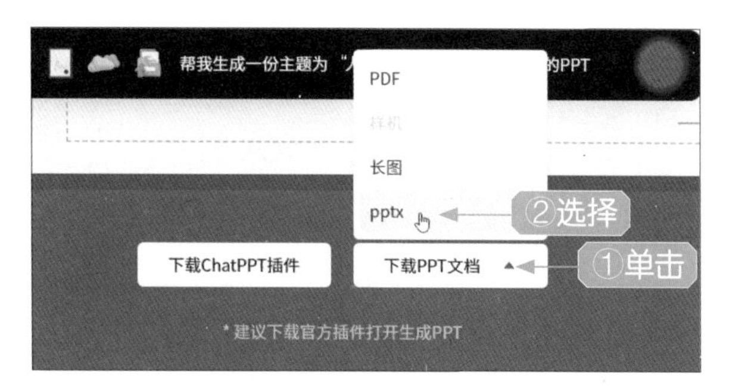

图 5-68

步骤 08 打开“新建下载任务”对话框，❶设置文件名称和保存位置；❷单击“下载”按钮，如图 5-69 所示，即可将生成的 PPT 下载保存到指定的文件夹中。

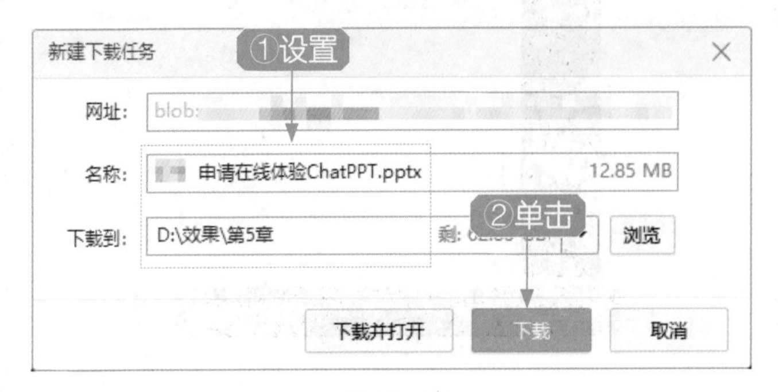

图 5-69

077 下载 MotionGO 安装包

MotionGO 安装包可以在 ChatGPT 网页页面下载，也可以在首页下载，下面介绍具体的操作方法。

步骤 01 进入 MotionGO 官网，单击“下载安装包”按钮，如图 5-70 所示。

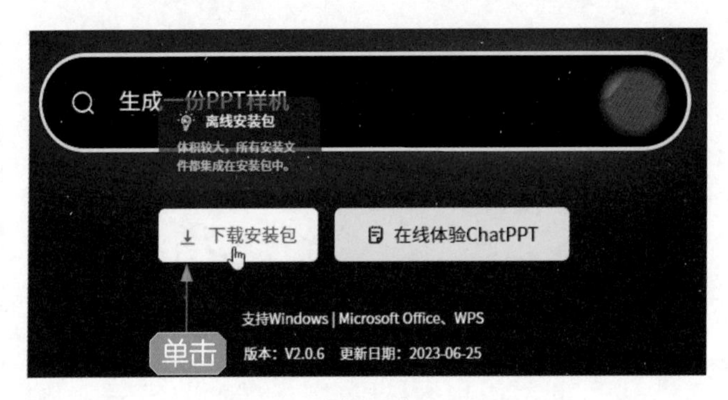

图 5-70

步骤 02 执行上述操作后，即可弹出“新建下载任务”对话框，❶设置保存路径；❷单击“下载”按钮，如图 5-71 所示，即可下载安装包。

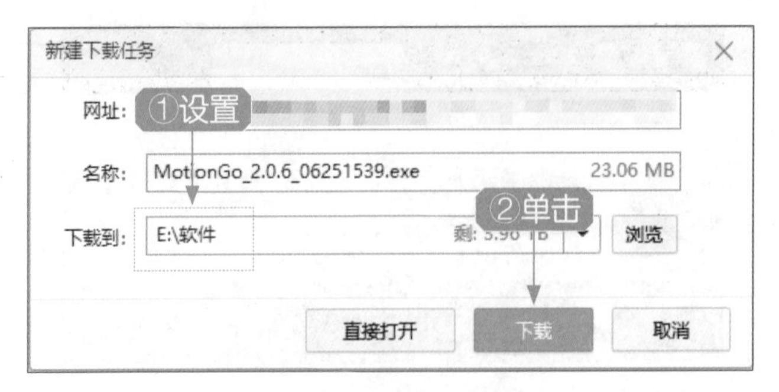

图 5-71

步骤 03 双击下载的安装包，即可弹出安装对话框，单击“立即安装”按钮，如图 5-72 所示，稍等片刻，即可安装完成。

图 5-72

078 启用 ChatPPT 生成 PPT

MotionGO 安装完成后，即可在 PowerPoint 中接入 MotionGO 和 ChatPPT，用户可以启用 ChatPPT 功能生成一份完整的 PPT 文稿，下面介绍具体的操作方法。

步骤 01 启动 PowerPoint 应用程序，新建一个空白演示文稿，可以看到在功能区的上方，已经自动接入了 ChatPPT 和 MotionGO 两个选项卡，如图 5-73 所示。

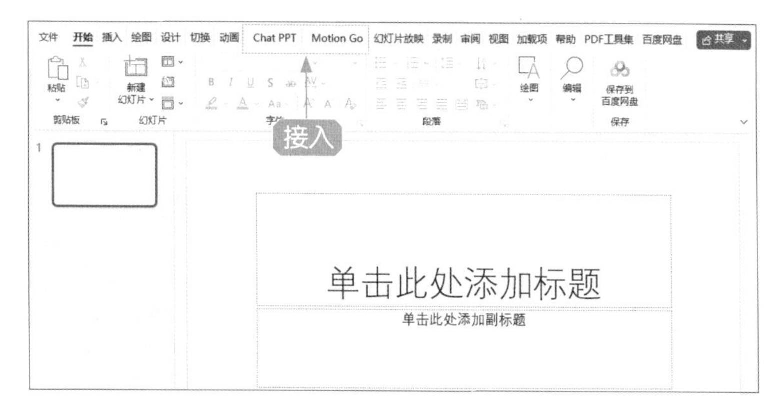

图 5-73

步骤 02 单击 ChatPPT 选项卡，在功能区的“账户”面板中，单击“登录”按钮，如图 5-74 所示。

步骤 03 通过微信扫码登录账号后，在功能区的“AI 工具”面板中，单击 ChatPPT 按钮，如图 5-75 所示。

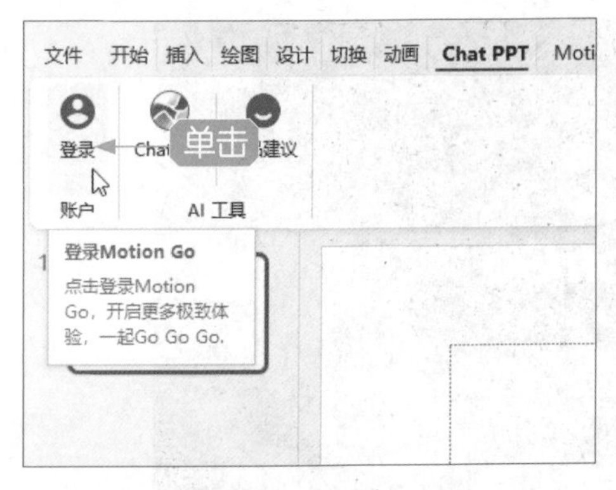

图 5-74

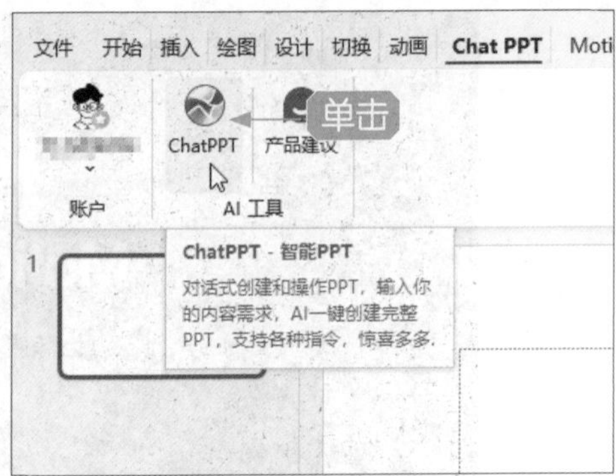

图 5-75

步骤 04 执行上述操作后，即可弹出 ChatPPT 的招呼框和输入框，单击招呼框中的☒按钮，如图 5-76 所示，将招呼框关闭。

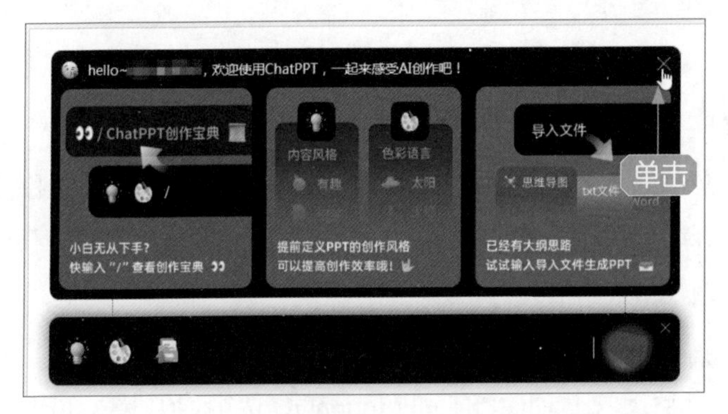

图 5-76

步骤 05 在输入框中输入指令“帮我生成一份关于员工关系与冲突解决的 PPT”，如图 5-77 所示。

图 5-77

步骤 06 ❶ 单击输入框左侧的第 1 个按钮；展开“内容风格”列表框，❷ 选择“专业”选项，如图 5-78 所示。

图 5-78

步骤 07 ❶ 单击输入框左侧的第 2 个按钮；展开“色彩语言”列表框，❷ 选择“晚霞”选项，如图 5-79 所示。

图 5-79

步骤 08 按 Enter 键发送指令，稍等片刻即可生成标题方案，如果生成的标题没有满意的，可以单击“重新生成”按钮，如图 5-80 所示。

图 5-80

步骤 09 执行操作后，即可重新生成标题方案，选择一个满意的标题，如图 5-81 所示。

图 5-81

步骤 10 稍等片刻，即可生成大纲方案，拖动鼠标至对应的大纲方案上，右侧会显示大纲标题，这里选择“大纲方案一”选项，如图 5-82 所示。

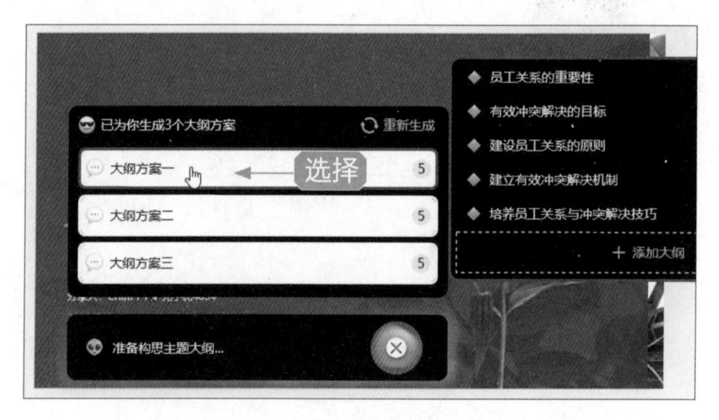

图 5-82

步骤 11 打开“请选择你的内容丰富程度”面板，选择“中度”选项，如图 5-83 所示。

图 5-83

步骤 12 执行操作后，即可智能生成 PPT 内容和插图等，效果如图 5-84 所示，可以在状态栏中看到一共生成了 17 张幻灯片。至此，完成使用 ChatPPT 生成 PPT 的操作。

图 5-84

5.4 ChatGPT + ChatPPT 生成 PPT

除了让 ChatPPT 直接生成 PPT 内容，ChatPPT 还可以导入 Word 文档、记事本以及 Markdown 代码等生成 PPT，用户可以利用 ChatGPT 先生成 PPT 文稿内容，再通过 ChatPPT 生成 PPT。

079 准备 PPT 的所需材料

ChatGPT 可以生成 PPT 内容，并且可以根据用户提供的文本内容进行编写和完善，以拓展生成一份比较完整的 PPT 文稿。

为了确保 ChatGPT 生成的内容符合用户的需求，用户可以事先准备好 PPT 所需要的材料，如主题大纲、要点、图表以及数据等。这些准备工作将为 ChatGPT 提供更明确的指导，使其生成的内容更加贴合用户的预期，从而提高 PPT 的质量和准确性。

通过充分利用 ChatGPT 的强大功能和用户的前期准备，可以有效地优化 PPT 的制作过程，节省时间和精力，并最终达到预期的展示效果。

080 用 ChatGPT 生成 PPT 文稿

使用 ChatGPT 可以根据提供的 PPT 主题要点生成 PPT 的整体框架和结构内容，大大提高制作效率和准确性，下面介绍具体的操作方法。

步骤 01 打开一个记事本，其中是事先准备的主题要点，如图 5-85 所示，全选并复制主题要点。

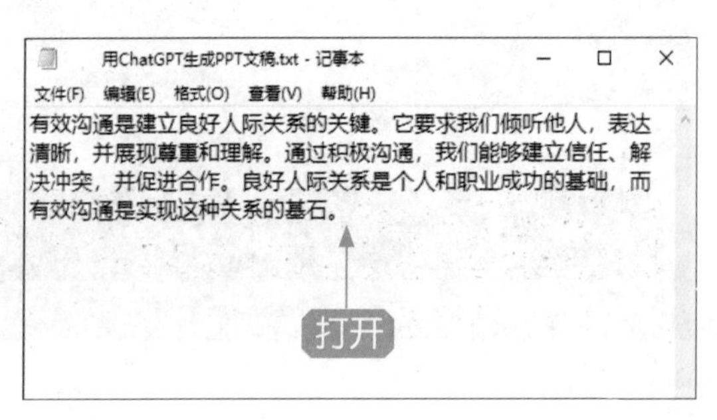

图 5-85

步骤 02 打开 ChatGPT 聊天窗口，❶ 在输入框中输入“请根据以下内容为我生成一篇 PPT 文稿，要求包含主标题、副标题、目录以及内容等：”；❷ 按 Shift + Enter 组合键换行，粘贴复制的主题要点，如图 5-86 所示。

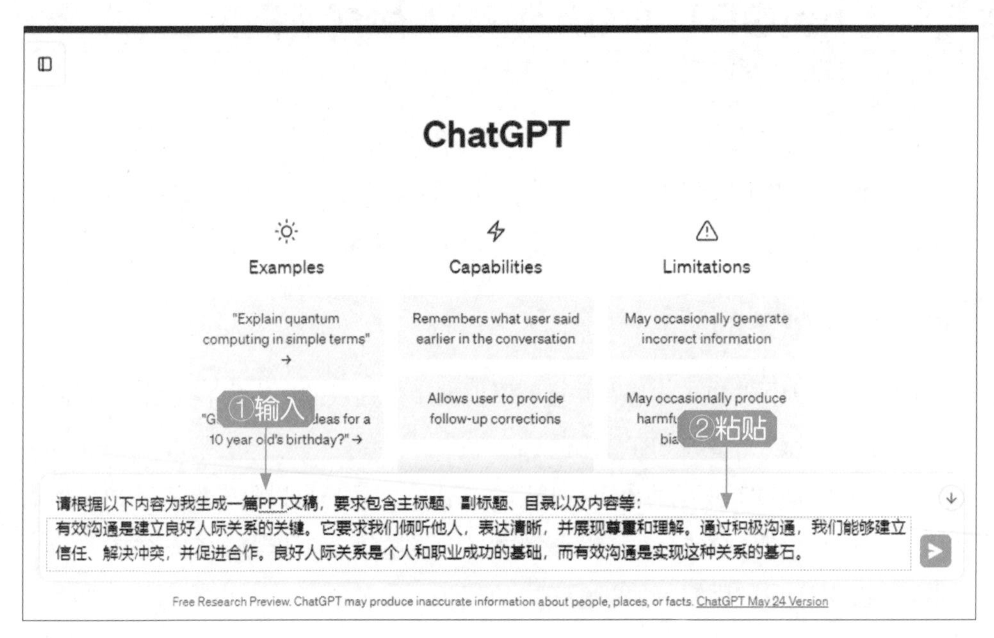

图 5-86

步骤 03 按 Enter 键发送，ChatGPT 可根据发送的内容生成 PPT 文稿内容，如图 5-87 所示。

主标题: 有效沟通：建立良好人际关系的关键

副标题: 掌握积极沟通的关键技巧

目录:

1. 介绍
2. 为什么有效沟通至关重要
3. 倾听他人：关键的沟通技巧
4. 清晰表达：确保信息传递的准确性
5. 展现尊重和理解：建立互信的基础
6. 解决冲突与促进合作
7. 结论

内容:

1. 介绍

- 沟通是我们与他人交流、分享信息和理解他人的过程。
- 有效沟通是建立良好人际关系的关键，它要求我们倾听他人，表达清晰，并展现尊重和理解。

1. 为什么有效沟通至关重要

- 有效沟通有助于建立信任和亲近感，促进个人和职业成功。
- 它帮助我们更好地理解他人的需求、观点和意见，从而促进合作和创造力的发展。
- 缺乏有效沟通可能导致误解、冲突和不良人际关系。

1. 倾听他人：关键的沟通技巧

- 倾听是有效沟通的基础，它要求我们专注地聆听他人，尊重他们的观点和感受。
- 倾听能够建立亲近感，增加对他人的理解，并为双方创造一个开放的交流环境。
- 通过倾听，我们能够表达出关心和关注，建立良好的人际关系。

1. 清晰表达：确保信息传递的准确性

- 清晰表达是确保信息准确传递的关键。
- 使用简明扼要的语言，避免含糊不清和歧义，确保对方能够准确理解我们的意思。
- 清晰表达有助于避免误解和沟通障碍，促进有效的交流。

1. 展现尊重和理解：建立互信的基础

- 尊重他人的观点和感受是建立互信的基础。
- 我们应该尊重他人的差异，理解他们的立场，并对他们的意见给予认真考虑。
- 通过展现尊重和理解，我们能够建立亲密关系，增强合作和团队精神。

1. 解决冲突与促进合作

- 有效沟通有助于解决冲突和促进合作。
- 我们应该学会积极表达自己的观点，同时倾听他人的意见，寻求共同的解决方案。
- 通过沟通，我们可以减少误解和不满，建立和谐的工作和社交环境。

1. 结论

- 良好人际关系是个人和职业成功的基础，而有效沟通是实现这种关系的基石。
- 倾听他人、清晰表达和展现尊重和理解是有效沟通的关键技巧。
- 通过积极沟通，我们能够建立信任、解决冲突，并促进合作。

请注意，以上内容为生成的草稿，你可以根据需要进行修改和调整，以便适应你的PPT文稿的具体要求。 Regenerate response

图 5-87

081 复制 PPT 文稿至记事本中

用 ChatGPT 生成 PPT 文稿后，可以将其复制到记事本中，下面介绍具体的操作方法。

步骤 01 继续上例的操作，单击按钮，如图 5-88 所示，复制 ChatGPT 生成的内容。

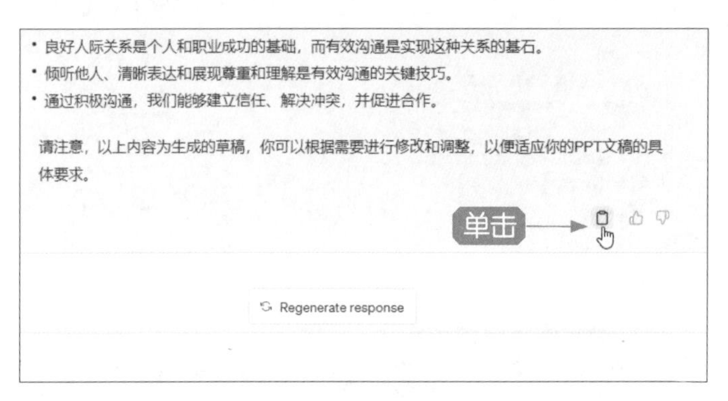

图 5-88

步骤 02 新建一个记事本，按 Ctrl + V 组合键粘贴复制的内容，如图 5-89 所示。

步骤 03 选择最后一句话，如图 5-90 所示，按 Delete 键删除。

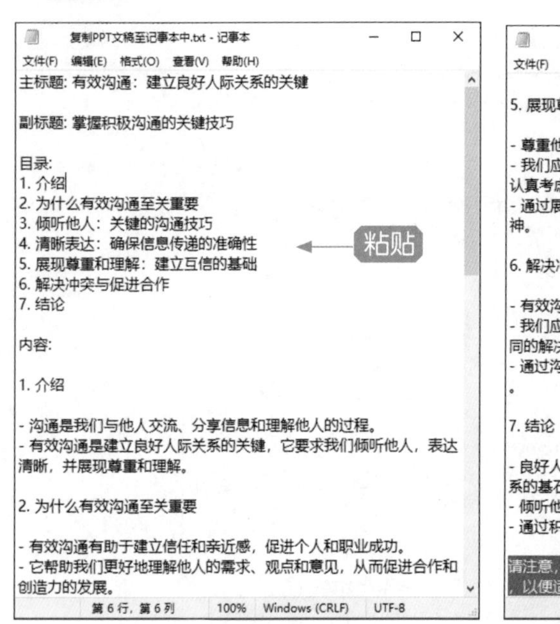

图 5-89

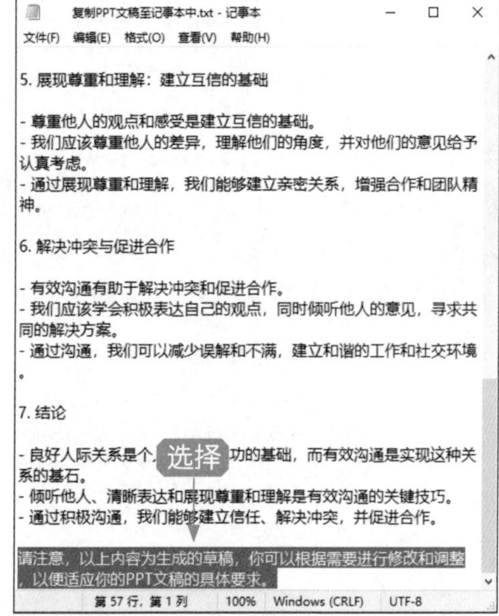

图 5-90

082 用 ChatPPT 打开记事本生成 PPT

接下来可以在 PowerPoint 中用 ChatGPT 打开记事本，解析记事本中的内容生成 PPT，下面介绍具体的操作方法。

步骤 01 启动 PowerPoint 应用程序，新建一个空白演示文稿，在 ChatPPT 功能区的“AI 工具”面板中，单击 ChatPPT 按钮，如图 5-91 所示。

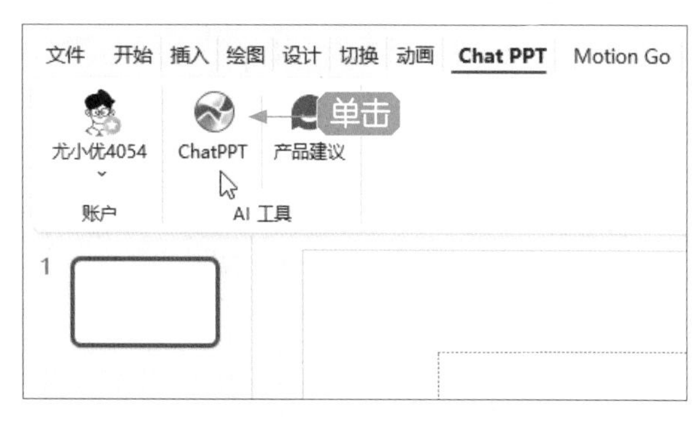

图 5-91

步骤 02 弹出 ChatPPT 输入框，❶ 单击输入框左侧的第 3 个按钮；展开“导入生成 PPT”列表框，❷ 选择“TXT 文件”选项，如图 5-92 所示。

图 5-92

步骤 03 打开“打开”对话框，选择上例中保存的记事本，如图 5-93 所示。

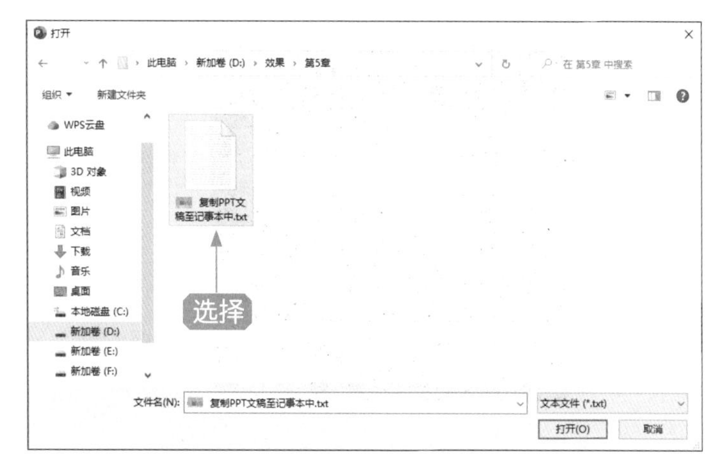

图 5-93

步骤 04 单击“打开”按钮，即可开始进行内容解析与读取，效果如图 5-94 所示。

图 5-94

步骤 05 稍等片刻，即可生成 PPT 主题，核实主题后，单击“确认”按钮，如图 5-95 所示。

图 5-95

步骤 06 稍等片刻，即可生成大纲，核实大纲内容是否完整、正确，单击第 3 条大纲内容右侧的（修改）按钮，如图 5-96 所示。

图 5-96

步骤 07 执行上述操作后，即可对第 3 条大纲内容进行修改，如图 5-97 所示。

图 5-97

步骤 08 用上述同样的方法，❶对第 4 条大纲内容进行修改；❷单击“添加大纲”按钮，如图 5-98 所示。

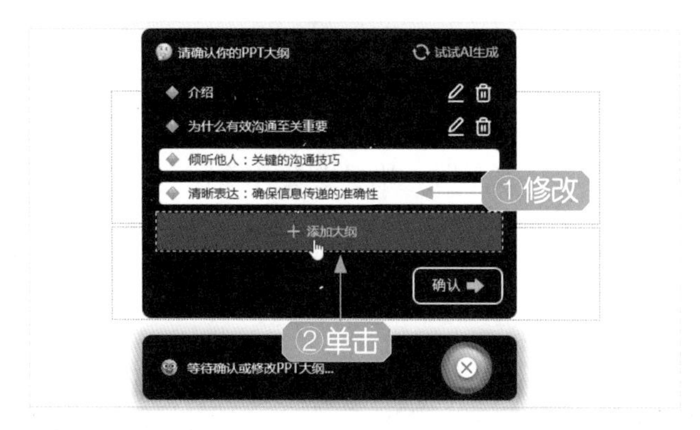

图 5-98

步骤 09 执行操作后，新增 3 条大纲内容，如图 5-99 所示。

图 5-99

步骤 10 单击“确认”按钮，即可智能生成 PPT，效果如图 5-100 所示。

图 5-100

083 更换 PPT 的主题风格

当生成的 PPT 主题风格不好看时，用户也可以向 ChatPPT 发送指令进行更换，下面介绍具体的操作方法。

步骤 01 继续上例的操作，在 PPT 封面页中，将 ChatPPT 生成的副标题改为 ChatGPT 生成的副标题，如图 5-101 所示。

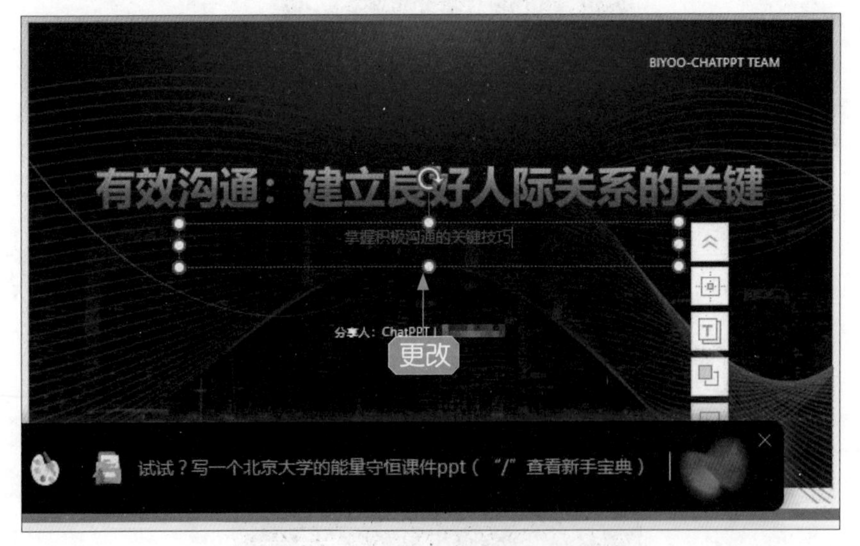

图 5-101

步骤 02 在 ChatPPT 的输入框中，输入指令“给 PPT 换一个明朗、温馨一点的风格”，如图 5-102 所示。

步骤 03 发送指令后，即可更换 PPT 的风格，如图 5-103 所示。

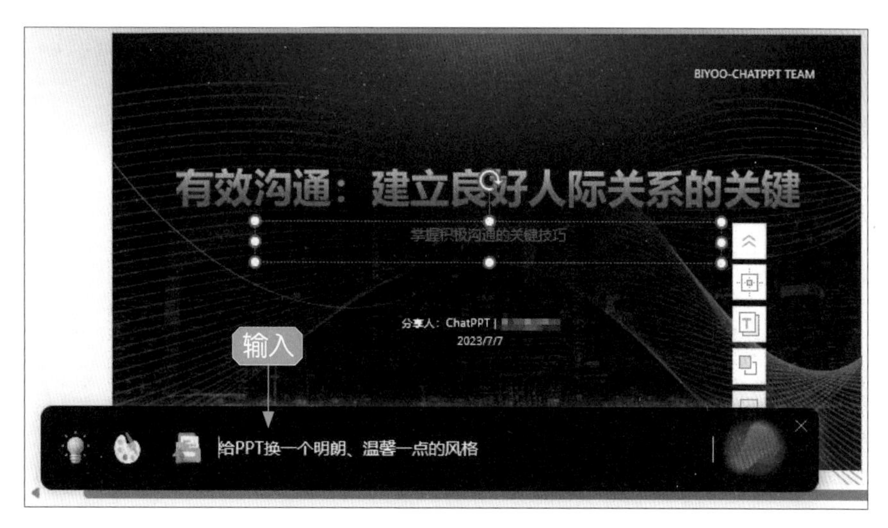

图 5-102

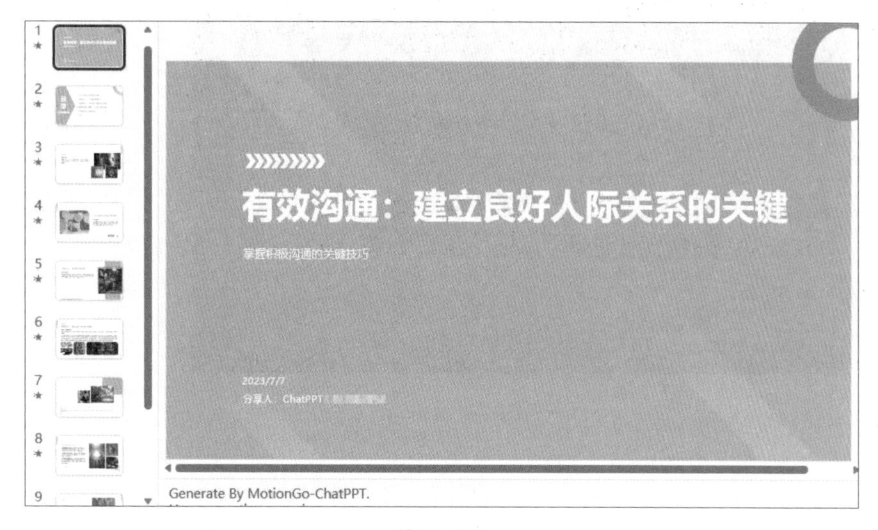

图 5-103

5.5 本章小结

本章首先介绍了 ChatGPT + Mindshow 生成 PPT 的操作方法，帮助用户掌握 Mindshow 的使用方法，利用 ChatGPT 和 Mindshow 生成 PPT；然后介绍了 ChatGPT + 闪击 PPT 生成 PPT 的操作方法，帮助用户掌握闪击 PPT 的使用方法，利用 ChatGPT 和闪击 PPT 生成 PPT；接着介绍了在 PowerPoint 中接入 MotionGO 的操作方法；最后介绍了 ChatGPT + ChatPPT 生成 PPT 的操作方法。

学完本章后，大家可以将所学知识和技巧融会贯通，灵活使用 ChatGPT 和其他 AI 工具生成精美的 PPT。

5.6 课后习题

鉴于本章知识的重要性，为了帮助读者更好地掌握所学知识，本节将通过课后习题帮助读者进行简单的知识回顾和补充。

1．用 ChatPPT 生成一个职业发展与个人成长策略的 PPT，效果如图 5-104 所示。

图 5-104

2．用 ChatPPT 将 PPT 的主题色改为浅绿色，效果如图 5-105 所示。

图 5-105

第6章 ChatGPT + WPS：生成各类办公文档

学习提示

WPS是一款功能强大的办公软件套件，为用户提供了文档处理的功能。ChatGPT可以为用户提供高质量的文本内容，与WPS软件的功能相结合可以实现办公文档的智能生成，提高工作效率和质量。

本章重点导航

- WPS文档的基本操作
- 用ChatGPT生成WPS办公文档

6.1 WPS 文档的基本操作

WPS 是一款功能全面、易于使用的办公软件套件，为用户提供了文档处理、表格编辑、演示文稿等功能，被广大用户欢迎和使用。而且 WPS 具备与其他办公软件兼容的能力，支持常见的文档格式。WPS 文档和 Word 文档大部分功能相同，本节将简单介绍 WPS 文档的几个基本操作方法，帮助大家尽快熟悉 WPS 文档的功能。

084 添加文档图片背景

不论是在 Word 文档中还是在 WPS 中，默认状态下，文档编辑页都是纯白色的，如果用户想要文档变得更加美观，可以为文档添加颜色背景或者图片背景，下面以添加文档图片背景为例介绍具体的操作方法。

步骤 01 打开一个文档，在“页面布局”功能区中，❶单击“背景”下拉按钮；❷在弹出的列表框中选择“图片背景”|“手绘山水背景图”图片，如图 6-1 所示。

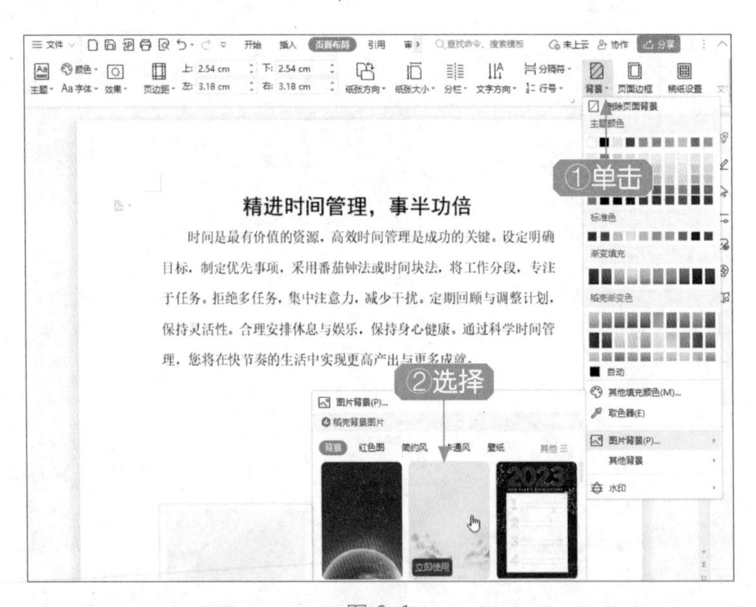

图 6-1

步骤 02 执行操作后，即可为文档添加图片背景，效果如图 6-2 所示。

精进时间管理，事半功倍

时间是最有价值的资源，高效时间管理是成功的关键。设定明确目标，制定优先事项，采用番茄钟法或时间块法，将工作分段，专注于任务。拒绝多任务，集中注意力，减少干扰。定期回顾与调整计划，保持灵活性。合理安排休息与娱乐，保持身心健康。通过科学时间管理，您将在快节奏的生活中实现更高产出与更多成就。

图 6-2

步骤 03 如果觉得 WPS 提供的背景图不合适，❶ 可以单击“页面布局”功能区的“背景”下拉按钮；❷ 在弹出的列表框中选择“删除页面背景”选项，将背景删除，如图 6-3 所示。

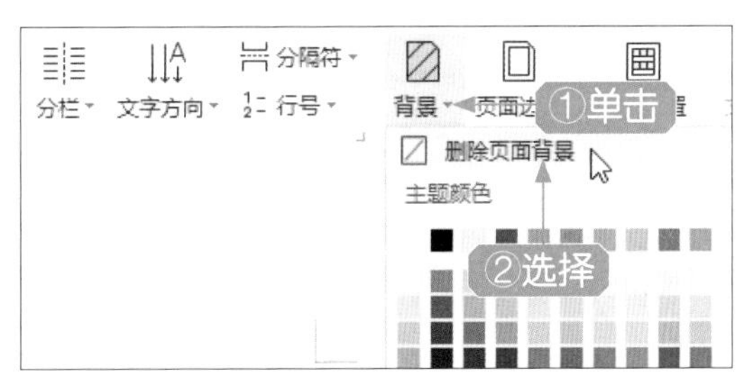

图 6-3

085 插入文档页眉页脚

文档的页眉和页脚位于页面顶部和底部，常用于显示文档元数据、页码、标题和日期等信息。在 WPS 中，还为用户提供了页眉和页脚图案样式，用户可以通过以下步骤进行操作。

步骤 01 打开一个文档，如图 6-4 所示，当前文档无背景、无页眉页脚。

步骤 02 在“插入”功能区中，单击“页眉页脚”按钮，如图 6-5 所示。

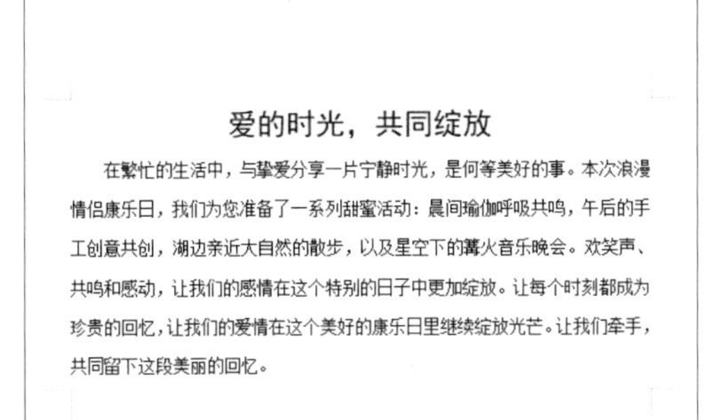

爱的时光，共同绽放

在繁忙的生活中，与挚爱分享一片宁静时光，是何等美好的事。本次浪漫情侣康乐日，我们为您准备了一系列甜蜜活动：晨间瑜伽呼吸共鸣，午后的手工创意共创，湖边亲近大自然的散步，以及星空下的篝火音乐晚会。欢笑声、共鸣和感动，让我们的感情在这个特别的日子中更加绽放。让每个时刻都成为珍贵的回忆，让我们的爱情在这个美好的康乐日里继续绽放光芒。让我们牵手，共同留下这段美丽的回忆。

图 6-4

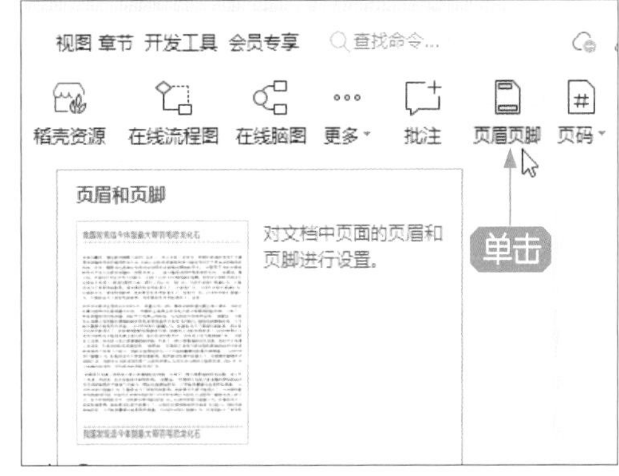

图 6-5

步骤 03 执行操作后，即可进入页眉页脚编辑状态，如图 6-6 所示。此时，用户可以根据需要在页眉文本框和页脚文本框中输入标题、日期以及页码等文字内容。

步骤 04 ❶在功能区中单击“页眉”下拉按钮，弹出列表框；❷切换至“节日”选项卡；找到“浪漫爱心”样式，❸单击“立即使用”按钮，如图 6-7 所示，即可将“浪漫爱心”样式添加至页眉中。

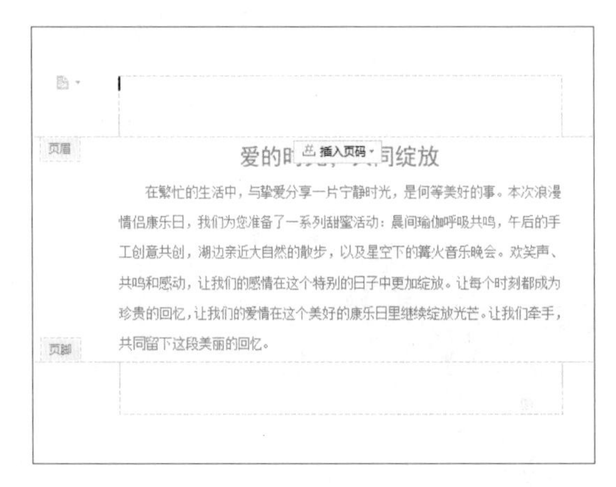

图 6-6

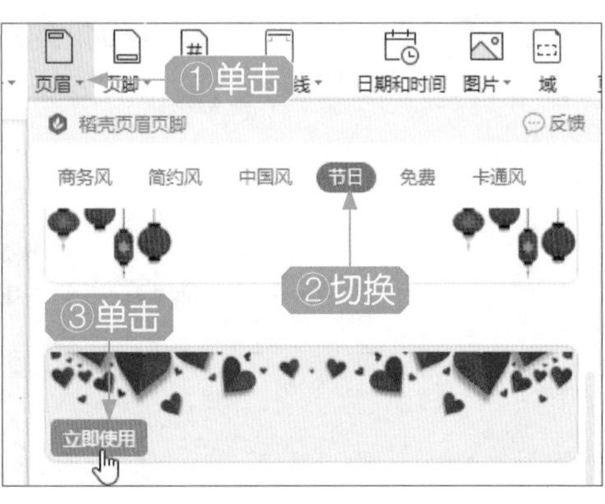

图 6-7

步骤 05 ❶在功能区中单击“页脚”下拉按钮，弹出列表框；❷切换至“节日”选项卡；找到“一箭穿心情人节”样式，❸单击“立即使用”按钮，如图 6-8 所示。

步骤 06 执行操作后，即可完成页眉页脚插入操作，效果如图 6-9 所示。

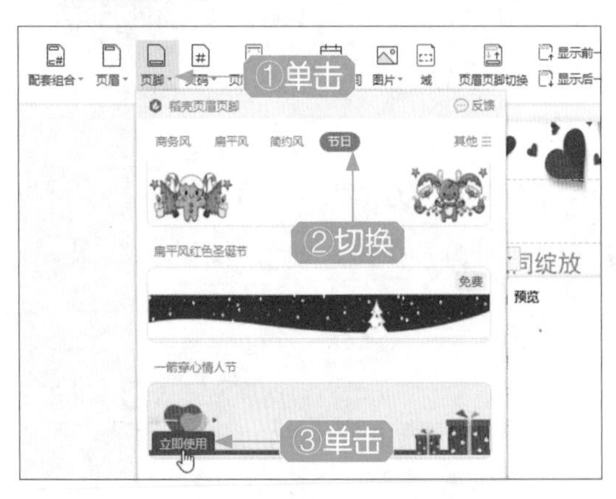

图 6-8

图 6-9

086 在文本上添加删除线

在 WPS 文档中，如果想要在文档中标记某些文本作为删除或不再有效的内容，可以用删除线突出修订、更正或者移除不需要的部分，下面介绍在文本上添加删除线的操作方法。

步骤 01 打开一个文档，选择需要标记删除的内容，如图 6-10 所示。

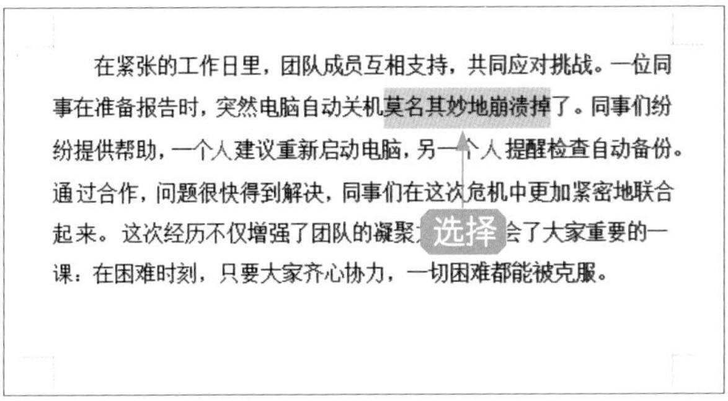

在紧张的工作日里，团队成员互相支持，共同应对挑战。一位同事在准备报告时，突然电脑自动关机莫名其妙地崩溃掉了。同事们纷纷提供帮助，一个人建议重新启动电脑，另一个人提醒检查自动备份。通过合作，问题很快得到解决，同事们在这次危机中更加紧密地联合起来。这次经历不仅增强了团队的凝聚力，也教会了大家重要的一课：在困难时刻，只要大家齐心协力，一切困难都能被克服。

选择

图 6-10

步骤 02 在“开始”功能区中，单击“删除线”按钮A，如图 6-11 所示。

步骤 03 执行操作后，即可在选择的内容上添加删除线，标记需要删除的内容，如图 6-12 所示。

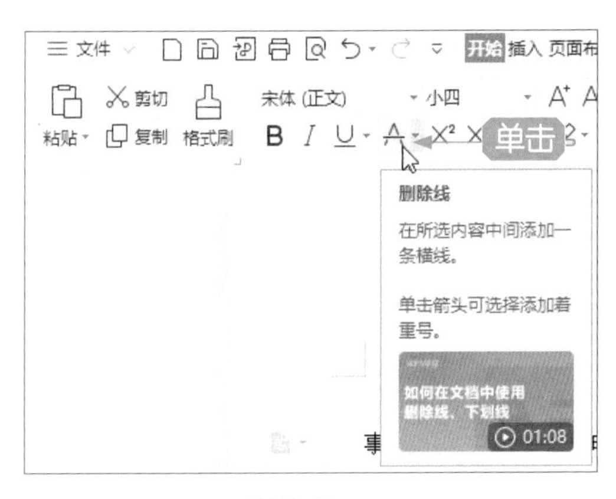

图 6-11

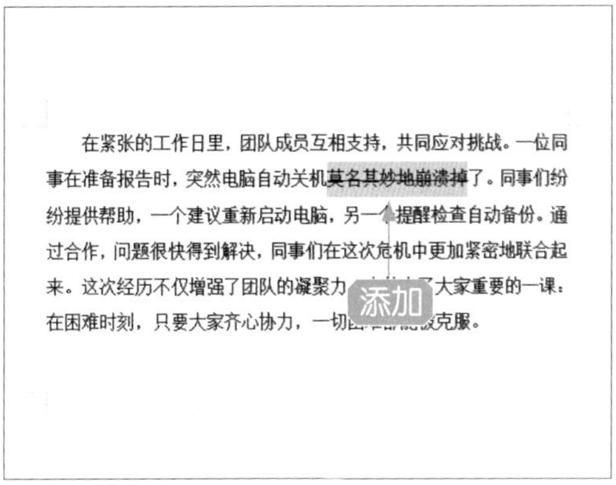

在紧张的工作日里，团队成员互相支持，共同应对挑战。一位同事在准备报告时，突然电脑自动关机~~莫名其妙地崩溃掉~~了。同事们纷纷提供帮助，一个建议重新启动电脑，另一个提醒检查自动备份。通过合作，问题很快得到解决，同事们在这次危机中更加紧密地联合起来。这次经历不仅增强了团队的凝聚力，也教会了大家重要的一课：在困难时刻，只要大家齐心协力，一切困难都能被克服。

添加

图 6-12

6.2 用 ChatGPT 生成 WPS 办公文档

通过 ChatGPT 用户可以轻松创建符合要求的 WPS 办公文档，并且在内容和格式上进行个性化的定制。这种联合办公的模式为用户提供了高效、智能的办公文档生成方法，可以使工作变得更加便捷和高效。

扫码观看教学视频

087 用 ChatGPT 智能生成旅游行程

通过 ChatGPT 用户可以便捷地获取个性化的旅游行程规划。该智能系统将结合用户提供的信息和喜好，自动生成丰富多样的行程安排，涵盖景点推荐、交通规划以及餐饮建议等。下面介绍用 ChatGPT 智能生成旅游行程的操作方法。

步骤 01 打开 ChatGPT 聊天窗口，如果用户想要 ChatGPT 生成的旅游行程比较详细、精准，那么用户在输入指令时，可以将自己的旅游地点、时间、经费预算以及要求提供给它，例如，在输入框中输入并发送“帮我制定长沙 5 天旅游行程攻略，预算 1 万元人民币，行程安排需涵盖热门景点推荐、交通规划以及食宿建议等”，ChatGPT 即可生成旅游行程，如图 6-13 所示。

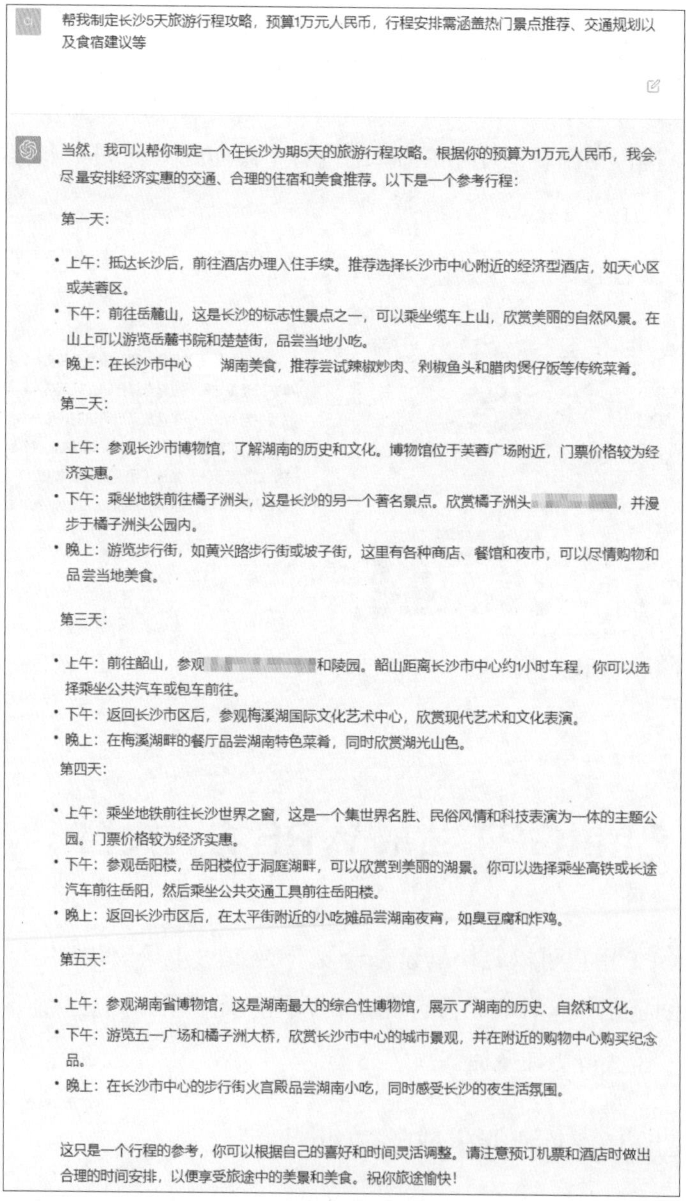

帮我制定长沙5天旅游行程攻略，预算1万元人民币，行程安排需涵盖热门景点推荐、交通规划以及食宿建议等

当然，我可以帮你制定一个在长沙为期5天的旅游行程攻略。根据你的预算为1万元人民币，我会尽量安排经济实惠的交通、合理的住宿和美食推荐。以下是一个参考行程：

第一天：

- 上午：抵达长沙后，前往酒店办理入住手续。推荐选择长沙市中心附近的经济型酒店，如天心区或芙蓉区。
- 下午：前往岳麓山，这是长沙的标志性景点之一，可以乘坐缆车上山，欣赏美丽的自然风景。在山上可以游览岳麓书院和楚楚街，品尝当地小吃。
- 晚上：在长沙市中心 湖南美食，推荐尝试辣椒炒肉、剁椒鱼头和腊肉煲仔饭等传统菜肴。

第二天：

- 上午：参观长沙市博物馆，了解湖南的历史和文化。博物馆位于芙蓉广场附近，门票价格较为经济实惠。
- 下午：乘坐地铁前往橘子洲头，这是长沙的另一个著名景点。欣赏橘子洲头 ，并漫步于橘子洲头公园内。
- 晚上：游览步行街，如黄兴路步行街或坡子街，这里有各种商店、餐馆和夜市，可以尽情购物和品尝当地美食。

第三天：

- 上午：前往韶山，参观 和陵园。韶山距离长沙市中心约1小时车程，你可以选择乘坐公共汽车或包车前往。
- 下午：返回长沙市区后，参观梅溪湖国际文化艺术中心，欣赏现代艺术和文化表演。
- 晚上：在梅溪湖畔的餐厅品尝湖南特色菜肴，同时欣赏湖光山色。

第四天：

- 上午：乘坐地铁前往长沙世界之窗，这是一个集世界名胜、民俗风情和科技表演为一体的主题公园。门票价格较为经济实惠。
- 下午：参观岳阳楼，岳阳楼位于洞庭湖畔，可以欣赏到美丽的湖景。你可以选择乘坐高铁或长途汽车前往岳阳，然后乘坐公共交通工具前往岳阳楼。
- 晚上：返回长沙市区后，在太平街附近的小吃摊品尝湖南夜宵，如臭豆腐和炸鸡。

第五天：

- 上午：参观湖南省博物馆，这是湖南最大的综合性博物馆，展示了湖南的历史、自然和文化。
- 下午：游览五一广场和橘子洲大桥，欣赏长沙市中心的城市景观，并在附近的购物中心购买纪念品。
- 晚上：在长沙市中心的步行街火宫殿品尝湖南小吃，同时感受长沙的夜生活氛围。

这只是一个行程的参考，你可以根据自己的喜好和时间灵活调整。请注意预订机票和酒店时做出合理的时间安排，以便享受旅途中的美景和美食。祝你旅途愉快！

图 6-13

步骤 02 如果觉得 ChatGPT 的回复有些平铺直叙，还可以让 ChatGPT 以表格的形式重新生成，使其更有组织性和易于阅读，效果如图 6-14 所示。

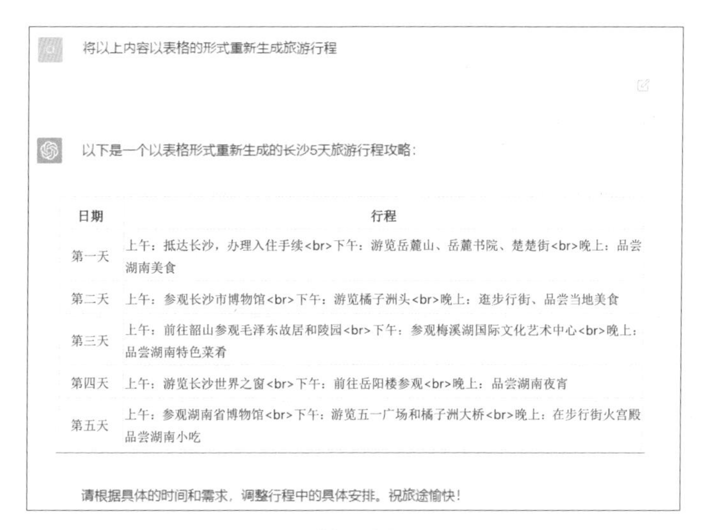
将以上内容以表格的形式重新生成旅游行程

以下是一个以表格形式重新生成的长沙5天旅游行程攻略：

日期	行程
第一天	上午：抵达长沙，办理入住手续 下午：游览岳麓山、岳麓书院、楚楚街 晚上：品尝湖南美食
第二天	上午：参观长沙市博物馆 下午：游览橘子洲头 晚上：逛步行街、品尝当地美食
第三天	上午：前往韶山参观毛泽东故居和陵园 下午：参观梅溪湖国际文化艺术中心 晚上：品尝湖南特色菜肴
第四天	上午：游览长沙世界之窗 下午：前往岳阳楼参观 晚上：品尝湖南夜宵
第五天	上午：参观湖南省博物馆 下午：游览五一广场和橘子洲大桥 晚上：在步行街火宫殿品尝湖南小吃

请根据具体的时间和需求，调整行程中的具体安排。祝旅途愉快！

图 6-14

步骤 03 复制重新生成的表格，新建一个 WPS 文档，❶在首行输入内容标题；❷粘贴复制的表格，如图 6-15 所示。

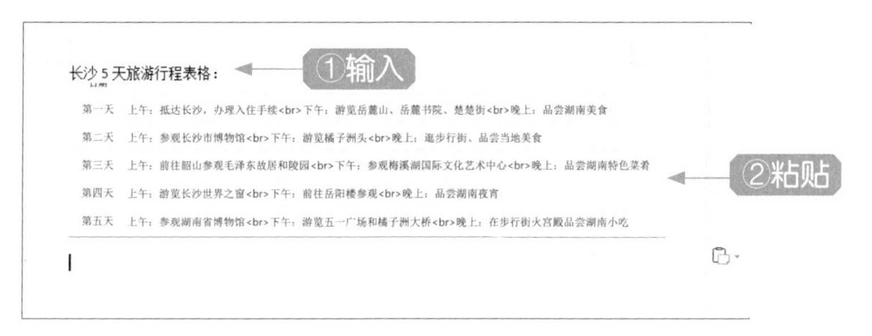
长沙 5 天旅游行程表格：

第一天	上午：抵达长沙，办理入住手续 下午：游览岳麓山、岳麓书院、楚楚街 晚上：品尝湖南美食
第二天	上午：参观长沙市博物馆 下午：游览橘子洲头 晚上：逛步行街、品尝当地美食
第三天	上午：前往韶山参观毛泽东故居和陵园 下午：参观梅溪湖国际文化艺术中心 晚上：品尝湖南特色菜肴
第四天	上午：游览长沙世界之窗 下午：前往岳阳楼参观 晚上：品尝湖南夜宵
第五天	上午：参观湖南省博物馆 下午：游览五一广场和橘子洲大桥 晚上：在步行街火宫殿品尝湖南小吃

图 6-15

步骤 04 通过拖曳表格边框和控制柄，调整表格的大小，如图 6-16 所示。

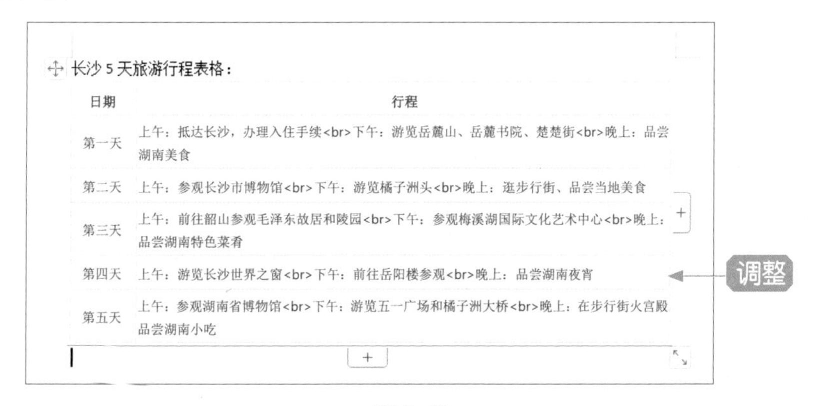
长沙 5 天旅游行程表格：

日期	行程
第一天	上午：抵达长沙，办理入住手续 下午：游览岳麓山、岳麓书院、楚楚街 晚上：品尝湖南美食
第二天	上午：参观长沙市博物馆 下午：游览橘子洲头 晚上：逛步行街、品尝当地美食
第三天	上午：前往韶山参观毛泽东故居和陵园 下午：参观梅溪湖国际文化艺术中心 晚上：品尝湖南特色菜肴
第四天	上午：游览长沙世界之窗 下午：前往岳阳楼参观 晚上：品尝湖南夜宵
第五天	上午：参观湖南省博物馆 下午：游览五一广场和橘子洲大桥 晚上：在步行街火宫殿品尝湖南小吃

图 6-16

步骤 05 ❶选择表格中关于行程的内容；单击鼠标右键，❷在弹出的快捷菜单中选择“单元格对齐方式”命令；❸在展开的列表框中单击按钮，将文本设置为上下居中并靠左对齐，如图 6-17 所示。

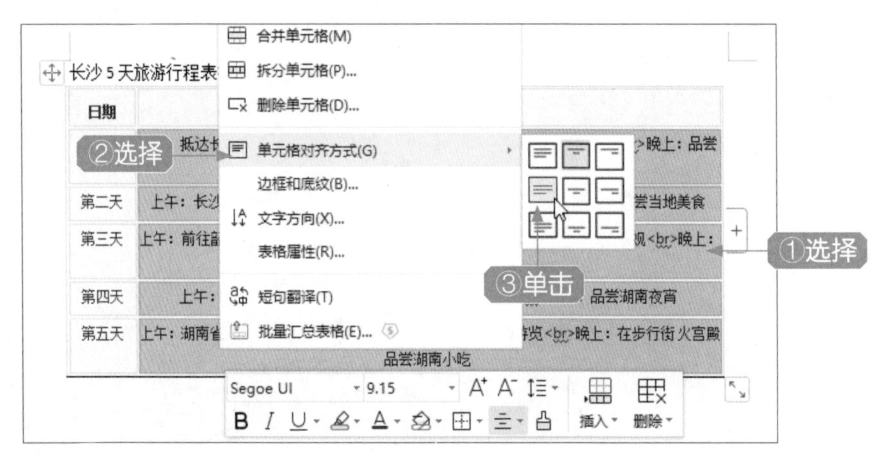

图 6-17

步骤 06 执行操作后，即可调整关于行程的内容的对齐方式，用上述同样的方法，调整日期的对齐方式，使其上下居中对齐，效果如图 6-18 所示。至此，已完成行程表格的编辑。

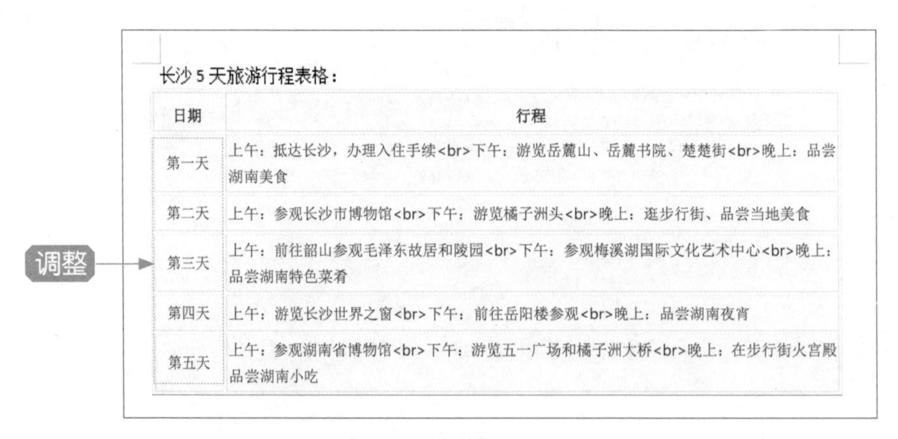

长沙 5 天旅游行程表格：

日期	行程
第一天	上午：抵达长沙，办理入住手续 下午：游览岳麓山、岳麓书院、楚楚街 晚上：品尝湖南美食
第二天	上午：参观长沙市博物馆 下午：游览橘子洲头 晚上：逛步行街、品尝当地美食
第三天	上午：前往韶山参观毛泽东故居和陵园 下午：参观梅溪湖国际文化艺术中心 晚上：品尝湖南特色菜肴
第四天	上午：游览长沙世界之窗 下午：前往岳阳楼参观 晚上：品尝湖南夜宵
第五天	上午：参观湖南省博物馆 下午：游览五一广场和橘子洲大桥 晚上：在步行街火宫殿品尝湖南小吃

图 6-18

088 用 ChatGPT 智能生成培训计划

ChatGPT 编制计划的能力很强，用户可以使用 ChatGPT 智能生成专业的培训计划，下面介绍具体的操作方法。

步骤 01 打开 ChatGPT 聊天窗口，向 ChatGPT 发送指令“帮我生成入职一周岗位培训计划”，ChatGPT 即可智能生成通用的培训计划，如图 6-19 所示。

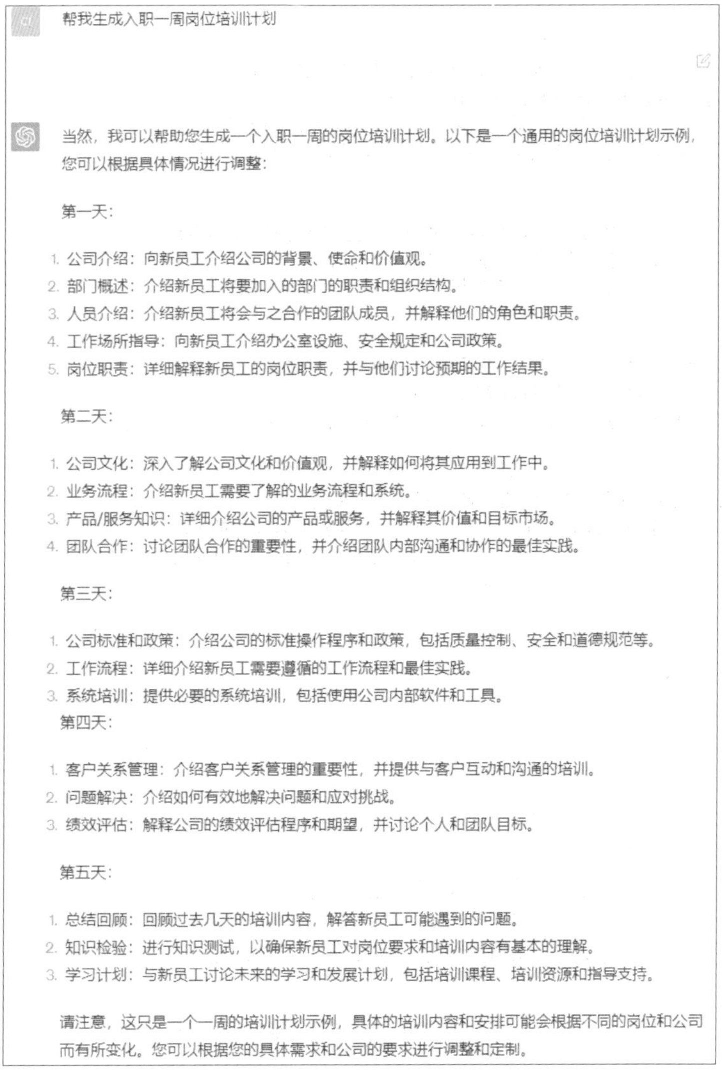

帮我生成入职一周岗位培训计划

当然，我可以帮助您生成一个入职一周的岗位培训计划。以下是一个通用的岗位培训计划示例，您可以根据具体情况进行调整：

第一天：

1. 公司介绍：向新员工介绍公司的背景、使命和价值观。
2. 部门概述：介绍新员工将要加入的部门的职责和组织结构。
3. 人员介绍：介绍新员工将会与之合作的团队成员，并解释他们的角色和职责。
4. 工作场所指导：向新员工介绍办公室设施、安全规定和公司政策。
5. 岗位职责：详细解释新员工的岗位职责，并与他们讨论预期的工作结果。

第二天：

1. 公司文化：深入了解公司文化和价值观，并解释如何将其应用到工作中。
2. 业务流程：介绍新员工需要了解的业务流程和系统。
3. 产品/服务知识：详细介绍公司的产品或服务，并解释其价值和目标市场。
4. 团队合作：讨论团队合作的重要性，并介绍团队内部沟通和协作的最佳实践。

第三天：

1. 公司标准和政策：介绍公司的标准操作程序和政策，包括质量控制、安全和道德规范等。
2. 工作流程：详细介绍新员工需要遵循的工作流程和最佳实践。
3. 系统培训：提供必要的系统培训，包括使用公司内部软件和工具。

第四天：

1. 客户关系管理：介绍客户关系管理的重要性，并提供与客户互动和沟通的培训。
2. 问题解决：介绍如何有效地解决问题和应对挑战。
3. 绩效评估：解释公司的绩效评估程序和期望，并讨论个人和团队目标。

第五天：

1. 总结回顾：回顾过去几天的培训内容，解答新员工可能遇到的问题。
2. 知识检验：进行知识测试，以确保新员工对岗位要求和培训内容有基本的理解。
3. 学习计划：与新员工讨论未来的学习和发展计划，包括培训课程、培训资源和指导支持。

请注意，这只是一个一周的培训计划示例，具体的培训内容和安排可能会根据不同的岗位和公司而有所变化。您可以根据您的具体需求和公司的要求进行调整和定制。

图 6-19

步骤 02 复制 ChatGPT 生成的培训计划，新建一个 WPS 文档，❶ 在首行输入内容标题；❷ 粘贴复制的培训计划，如图 6-20 所示。

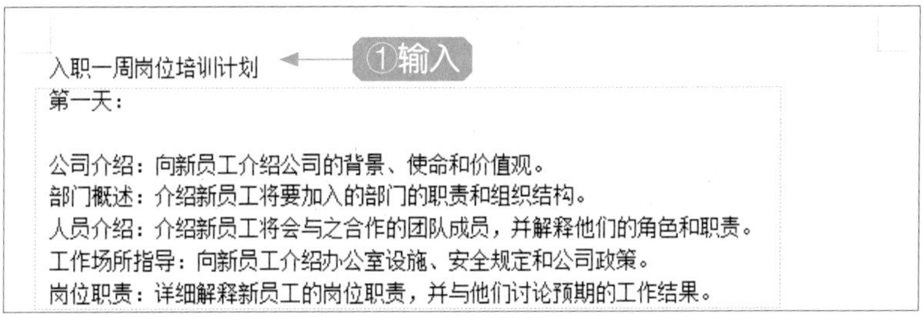

入职一周岗位培训计划 ←①输入

第一天：

公司介绍：向新员工介绍公司的背景、使命和价值观。
部门概述：介绍新员工将要加入的部门的职责和组织结构。
人员介绍：介绍新员工将会与之合作的团队成员，并解释他们的角色和职责。
工作场所指导：向新员工介绍办公室设施、安全规定和公司政策。
岗位职责：详细解释新员工的岗位职责，并与他们讨论预期的工作结果。

图 6-20

第二天：

公司文化：深入了解公司文化和价值观，并解释如何将其应用到工作中。
业务流程：介绍新员工需要了解的业务流程和系统。
产品/服务知识：详细介绍公司的产品或服务，并解释其价值和目标市场。
团队合作：讨论团队合作的重要性，并介绍团队内部沟通和协作的最佳实践。
第三天：

公司标准和政策：介绍公司的标准操作程序和政策，包括质量控制、安全和道德规范等。
工作流程：详细介绍新员工需要遵循的工作流程和最佳实践。
系统培训：提供必要的系统培训，包括使用公司内部软件和工具。
第四天：

客户关系管理：介绍客户关系管理的重要性，并提供与客户互动和沟通的培训。
问题解决：介绍如何有效地解决问题和应对挑战。
绩效评估：解释公司的绩效评估程序和期望，并讨论个人和团队目标。
第五天：

总结回顾：回顾过去几天的培训内容，解答新员工可能遇到的问题。
知识检验：进行知识测试，以确保新员工对岗位要求和培训内容有基本的理解。
学习计划：与新员工讨论未来的学习和发展计划，包括培训课程、培训资源和指导支持。

②粘贴

图 6-20（续）

步骤 03 执行上述操作后，接下来可以根据 ChatGPT 原本生成的格式，重新隔行排版，并为内容添加序号，效果如图 6-21 所示。

入职一周岗位培训计划

第一天：
1、公司介绍：向新员工介绍公司的背景、使命和价值观。
2、部门概述：介绍新员工将要加入的部门的职责和组织结构。
3、人员介绍：介绍新员工将会与之合作的团队成员，并解释他们的角色和职责。
4、工作场所指导：向新员工介绍办公室设施、安全规定和公司政策。
5、岗位职责：详细解释新员工的岗位职责，并与他们讨论预期的工作结果。

第二天：
1、公司文化：深入了解公司文化和价值观，并解释如何将其应用到工作中。
2、业务流程：介绍新员工需要了解的业务流程和系统。
3、产品/服务知识：详细介绍公司的产品或服务，并解释其价值和目标市场。
4、团队合作：讨论团队合作的重要性，并介绍团队内部沟通和协作的最佳实践。

第三天：
1、公司标准和政策：介绍公司的标准操作程序和政策，包括质量控制、安全和道德规范等。
2、工作流程：详细介绍新员工需要遵循的工作流程和最佳实践。
3、系统培训：提供必要的系统培训，包括使用公司内部软件和工具。

第四天：
1、客户关系管理：介绍客户关系管理的重要性，并提供与客户互动和沟通的培训。
2、问题解决：介绍如何有效地解决问题和应对挑战。
3、绩效评估：解释公司的绩效评估程序和期望，并讨论个人和团队目标。

第五天：
1、总结回顾：回顾过去几天的培训内容，解答新员工可能遇到的问题。
2、知识检验：进行知识测试，以确保新员工对岗位要求和培训内容有基本的理解。
3、学习计划：与新员工讨论未来的学习和发展计划，包括培训课程、培训资源和指导支持。

图 6-21

步骤 04 通过按 Ctrl + B 组合键将标题和天数加粗，在“开始”功能区中，设置文本“字号”为“小四”，效果如图 6-22 所示。至此，已完成培训计划的编辑。

入职一周岗位培训计划

第一天：
1、公司介绍：向新员工介绍公司的背景、使命和价值观。
2、部门概述：介绍新员工将要加入的部门的职责和组织结构。
3、人员介绍：介绍新员工将会与之合作的团队成员，并解释他们的角色和职责。
4、工作场所指导：向新员工介绍办公室设施、安全规定和公司政策。
5、岗位职责：详细解释新员工的岗位职责，并与他们讨论预期的工作结果。

第二天：
1、公司文化：深入了解公司文化和价值观，并解释如何将其应用到工作中。
2、业务流程：介绍新员工需要了解的业务流程和系统。
3、产品/服务知识：详细介绍公司的产品或服务，并解释其价值和目标市场。
4、团队合作：讨论团队合作的重要性，并介绍团队内部沟通和协作的最佳实践。

第三天：
1、公司标准和政策：介绍公司的标准操作程序和政策，包括质量控制、安全和道德规范等。
2、工作流程：详细介绍新员工需要遵循的工作流程和最佳实践。
3、系统培训：提供必要的系统培训，包括使用公司内部软件和工具。

第四天：
1、客户关系管理：介绍客户关系管理的重要性，并提供与客户互动和沟通的培训。
2、问题解决：介绍如何有效地解决问题和应对挑战。
3、绩效评估：解释公司的绩效评估程序和期望，并讨论个人和团队目标。

第五天：
1、总结回顾：回顾过去几天的培训内容，解答新员工可能遇到的问题。
2、知识检验：进行知识测试，以确保新员工对岗位要求和培训内容有基本的理解。
3、学习计划：与新员工讨论未来的学习和发展计划，包括培训课程、培训资源和指导支持。

图 6-22

通过与 ChatGPT 的互动，用户可以提供关于自身需求、目标和时间限制的信息。通过输入这些内容，ChatGPT 能够分析并理解用户的要求，然后利用自身深厚的知识和智能推理能力，生成一个经过精心设计的培训计划。

ChatGPT 将考虑用户的学习目标和兴趣，以及现有的知识水平和时间条件。根据这些因素，ChatGPT 可以推荐合适的学习材料、课程和实践活动，并合理安排学习进度和时间表。此外，ChatGPT 还能为用户提供进一步的建议和个性化的指导。如果用户有任何疑问或需要额外的支持，可以随时向 ChatGPT 提问，以获得详细解答和进一步的建议。

089 让 ChatGPT 自动编写年终总结

当用户需要做公司年度报表时，可以给 ChatGPT 指定岗位角色和文章风格，让 ChatGPT 自动编写年终总结，下面介绍具体的操作方法。

步骤 01 打开 ChatGPT 聊天窗口，向 ChatGPT 发送指令“你是人力资源部的主管，需要编写一篇年终总结，内容要专业但不要太长，风格要简洁”，ChatGPT 即可根据接收到的指令自动编写一份年终总结，如图 6-23 所示。

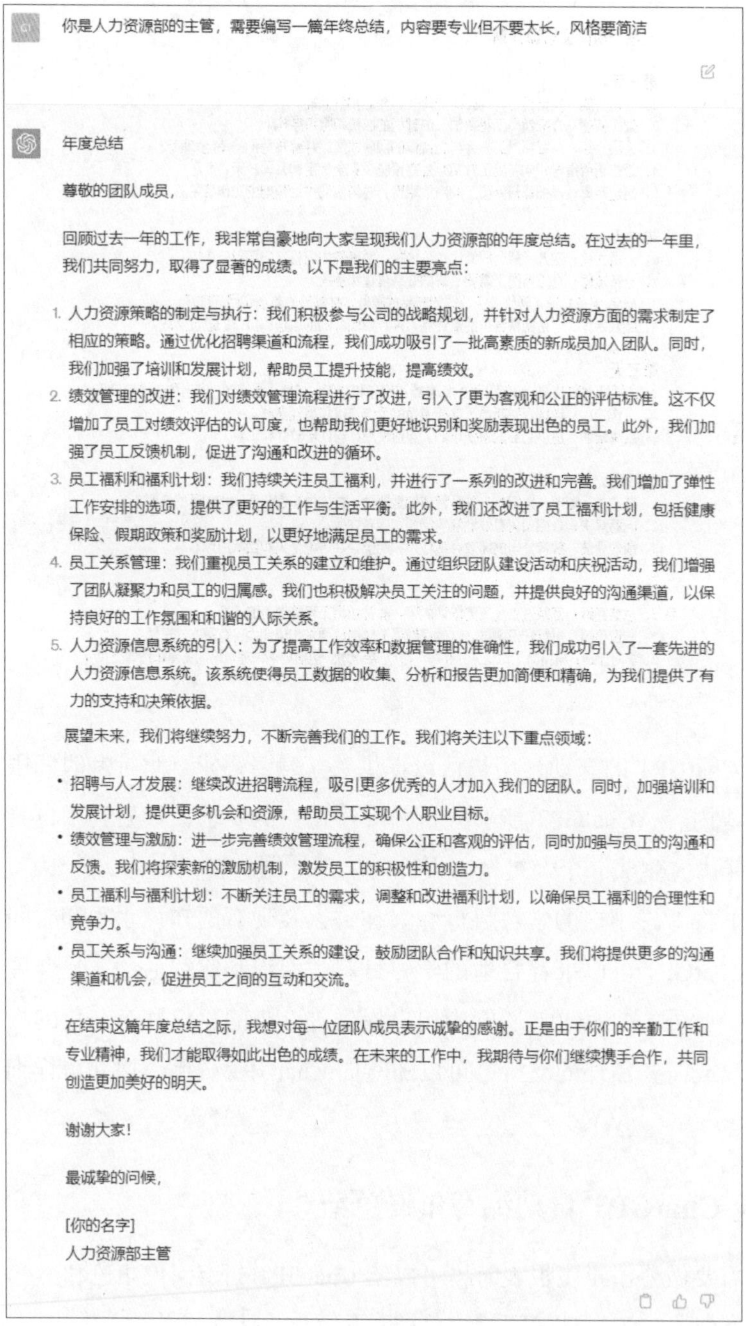

你是人力资源部的主管，需要编写一篇年终总结，内容要专业但不要太长，风格要简洁

年度总结

尊敬的团队成员，

回顾过去一年的工作，我非常自豪地向大家呈现我们人力资源部的年度总结。在过去的一年里，我们共同努力，取得了显著的成绩。以下是我们的主要亮点：

1. 人力资源策略的制定与执行：我们积极参与公司的战略规划，并针对人力资源方面的需求制定了相应的策略。通过优化招聘渠道和流程，我们成功吸引了一批高素质的新成员加入团队。同时，我们加强了培训和发展计划，帮助员工提升技能，提高绩效。
2. 绩效管理的改进：我们对绩效管理流程进行了改进，引入了更为客观和公正的评估标准。这不仅增加了员工对绩效评估的认可度，也帮助我们更好地识别和奖励表现出色的员工。此外，我们加强了员工反馈机制，促进了沟通和改进的循环。
3. 员工福利和福利计划：我们持续关注员工福利，并进行了一系列的改进和完善。我们增加了弹性工作安排的选项，提供了更好的工作与生活平衡。此外，我们还改进了员工福利计划，包括健康保险、假期政策和奖励计划，以更好地满足员工的需求。
4. 员工关系管理：我们重视员工关系的建立和维护。通过组织团队建设活动和庆祝活动，我们增强了团队凝聚力和员工的归属感。我们也积极解决员工关注的问题，并提供良好的沟通渠道，以保持良好的工作氛围和和谐的人际关系。
5. 人力资源信息系统的引入：为了提高工作效率和数据管理的准确性，我们成功引入了一套先进的人力资源信息系统。该系统使得员工数据的收集、分析和报告更加简便和精确，为我们提供了有力的支持和决策依据。

展望未来，我们将继续努力，不断完善我们的工作。我们将关注以下重点领域：

- 招聘与人才发展：继续改进招聘流程，吸引更多优秀的人才加入我们的团队。同时，加强培训和发展计划，提供更多机会和资源，帮助员工实现个人职业目标。
- 绩效管理与激励：进一步完善绩效管理流程，确保公正和客观的评估，同时加强与员工的沟通和反馈。我们将探索新的激励机制，激发员工的积极性和创造力。
- 员工福利与福利计划：不断关注员工的需求，调整和改进福利计划，以确保员工福利的合理性和竞争力。
- 员工关系与沟通：继续加强员工关系的建设，鼓励团队合作和知识共享。我们将提供更多的沟通渠道和机会，促进员工之间的互动和交流。

在结束这篇年度总结之际，我想对每一位团队成员表示诚挚的感谢。正是由于你们的辛勤工作和专业精神，我们才能取得如此出色的成绩。在未来的工作中，我期待与你们继续携手合作，共同创造更加美好的明天。

谢谢大家！

最诚挚的问候，

[你的名字]
人力资源部主管

图 6-23

步骤 02 复制 ChatGPT 编写的年终总结，新建一个 WPS 文档，粘贴复制的年终总结，❶ 把第 1 句话后面的逗号改成冒号；❷ 把“[你的名字]”改为报告人的名字（这里输入的是虚拟名称“周小冬”），如图 6-24 所示。

年度总结

尊敬的团队成员：

回顾过去一年的工作，我非常自豪地向大家呈现我们人力资源部的年度总结。在过去的一年里，我们共同努力，取得了显著的成绩。以下是我们的主要亮点：

1. 人力资源策略的制定与执行：我们积极参与公司的战略规划，并针对人力资源方面的需求制定了相应的策略。通过优化招聘渠道和流程，我们成功吸引了一批高素质的新成员加入团队。同时，我们加强了培训和发展计划，帮助员工提升技能，提高绩效。

2. 绩效管理的改进：我们对绩效管理流程进行了改进，引入了更为客观和公正的评估标准。这不仅增加了员工对绩效评估的认可度，也帮助我们更好地识别和奖励表现出色的员工。此外，我们加强了员工反馈机制，促进了沟通和改进的循环。

3. 员工福利和福利计划：我们持续关注员工福利，并进行了一系列的改进和增加。我们增加了弹性工作安排的选项，提供了更好的工作与生活平衡。此外，我们还改进了员工福利计划，包括健康保险、假期政策和奖励计划，以更好地满足员工的需求。

4. 员工关系管理：我们重视员工关系的建立和维护。通过组织团队建设活动和庆祝活动，我们增强了团队凝聚力和员工的归属感。我们也积极解决员工关注的问题，并提供良好的沟通渠道，以保持良好的工作氛围和和谐的人际关系。

5. 人力资源信息系统的引入：为了提高工作效率和数据管理的准确性，我们成功引入了一套先进的人力资源信息系统。该系统使得员工数据的收集、分析和报告更加简便和精确，为我们提供了有力的支持和决策依据。

展望未来，我们将继续努力，不断完善我们的工作。我们将关注以下重点领域：

- 招聘与人才发展：继续改进招聘流程，吸引更多优秀的人才加入我们的团队。同时，加强培训和发展计划，提供更多机会和资源，帮助员工实现个人职业目标。

- 绩效管理与激励：进一步完善绩效管理流程，确保公正和客观的评估，同时加强与员工的沟通和反馈。我们将探索新的激励机制，激发员工的积极性和创造力。

- 员工福利与福利计划：不断关注员工的需求，调整和改进福利计划，以确保员工福利的合理性和竞争力。

- 员工关系与沟通：继续加强员工关系的建设，鼓励团队合作和知识共享。我们将提供更多的沟通渠道和机会，促进员工之间的互动和交流。

在结束这篇年度总结之际，我想对每一位团队成员表示诚挚的感谢。正是由于你们的辛勤工作和专业精神，我们才能取得如此出色的成绩。在未来的工作中，我期待与你们继续携手合作，共同创造更加美好的明天。

谢谢大家！

最诚挚的问候，

周小冬
人力资源部主管

图 6-24

步骤 03 选择标题“年度总结”，在“开始”功能区中选择“标题 1”预设样式，设置标题为一级标题格式，如图 6-25 所示。

步骤 04 执行操作后，在“开始”功能区中，单击“居中对齐”按钮，如图 6-26 所示。

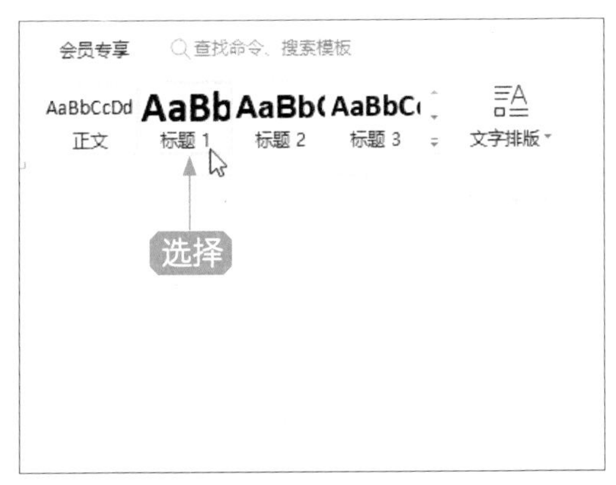

图 6-25

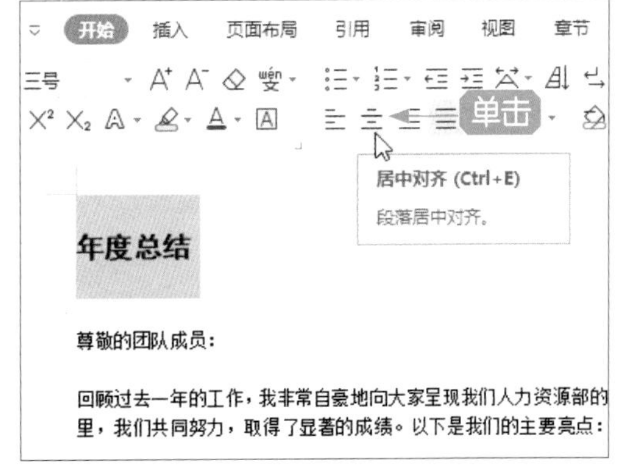

图 6-26

步骤 05 选择第 2 段内容，在“开始”功能区中，❶单击“文字排版”下拉按钮；

❷ 在弹出的下拉列表中选择“段落首行缩进 2 字符”选项，如图 6-27 所示，即可使段落首行缩进。

步骤 06 执行操作后，删除“最诚挚的问候，”这句话，并用上述同样的方法，设置第 8 段和第 13 段内容的段落格式，效果如图 6-28 所示。至此，已完成年终总结的编辑。

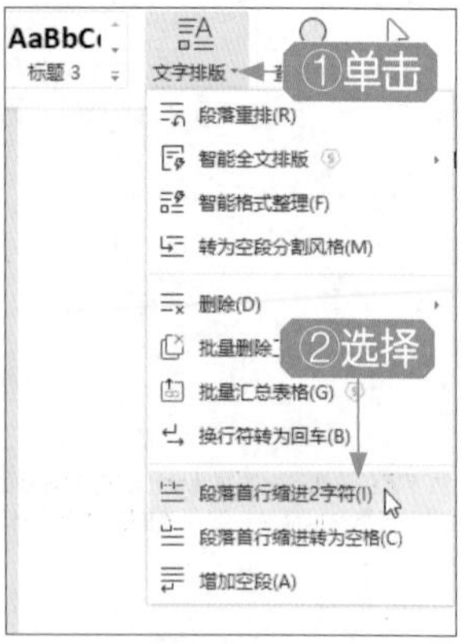

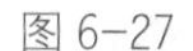

图 6-27

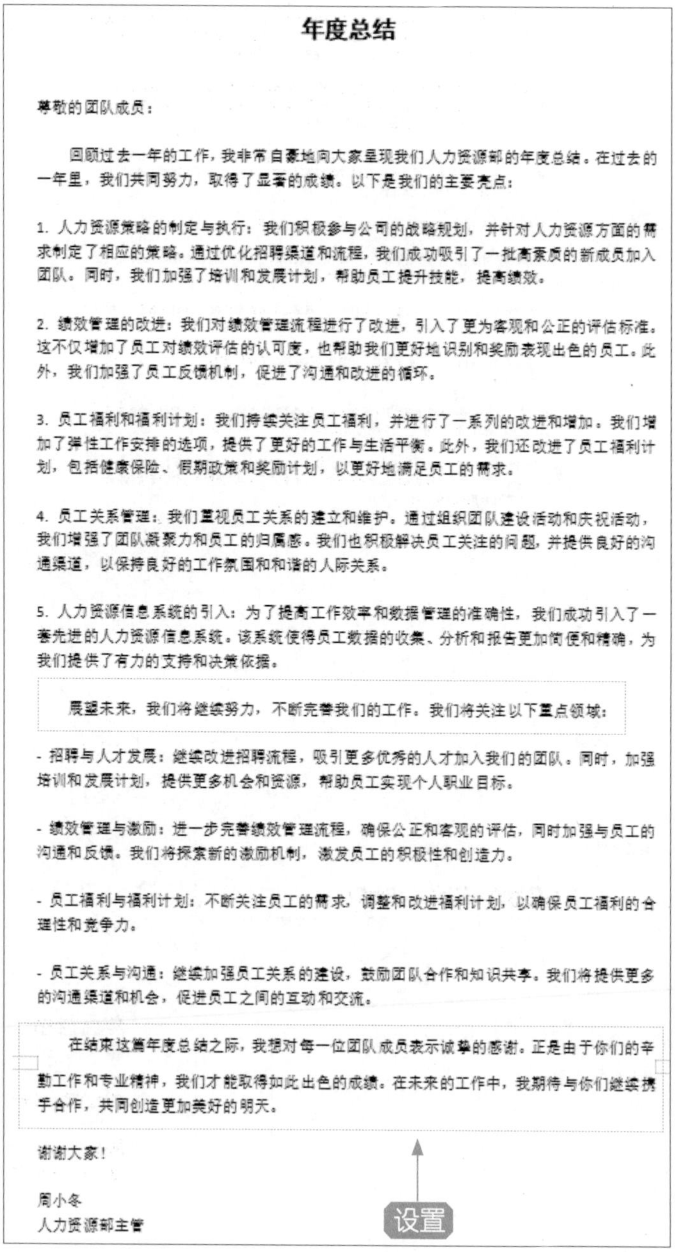

年度总结

尊敬的团队成员：

回顾过去一年的工作，我非常自豪地向大家呈现我们人力资源部的年度总结。在过去的一年里，我们共同努力，取得了显著的成绩。以下是我们的主要亮点：

1. 人力资源策略的制定与执行：我们积极参与公司的战略规划，并针对人力资源方面的需求制定了相应的策略。通过优化招聘渠道和流程，我们成功吸引了一批高素质的新成员加入团队。同时，我们加强了培训和发展计划，帮助员工提升技能，提高绩效。

2. 绩效管理的改进：我们对绩效管理流程进行了改进，引入了更为客观和公正的评估标准。这不仅增加了员工对绩效评估的认可度，也帮助我们更好地识别和奖励表现出色的员工。此外，我们加强了员工反馈机制，促进了沟通和改进的循环。

3. 员工福利和福利计划：我们持续关注员工福利，并进行了一系列的改进和增加。我们增加了弹性工作安排的选项，提供了更好的工作与生活平衡。此外，我们还改进了员工福利计划，包括健康保险、假期政策和奖励计划，以更好地满足员工的需求。

4. 员工关系管理：我们重视员工关系的建立和维护。通过组织团队建设活动和庆祝活动，我们增强了团队凝聚力和员工的归属感。我们也积极解决员工关注的问题，并提供良好的沟通渠道，以保持良好的工作氛围和和谐的人际关系。

5. 人力资源信息系统的引入：为了提高工作效率和数据管理的准确性，我们成功引入了一套先进的人力资源信息系统。该系统使得员工数据的收集、分析和报告更加简便和精确，为我们提供了有力的支持和决策依据。

展望未来，我们将继续努力，不断完善我们的工作。我们将关注以下重点领域：

- 招聘与人才发展：继续改进招聘流程，吸引更多优秀的人才加入我们的团队。同时，加强培训和发展计划，提供更多机会和资源，帮助员工实现个人职业目标。

- 绩效管理与激励：进一步完善绩效管理流程，确保公正和客观的评估，同时加强与员工的沟通和反馈。我们将探索新的激励机制，激发员工的积极性和创造力。

- 员工福利与福利计划：不断关注员工的需求，调整和改进福利计划，以确保员工福利的合理性和竞争力。

- 员工关系与沟通：继续加强员工关系的建设，鼓励团队合作和知识共享。我们将提供更多的沟通渠道和机会，促进员工之间的互动和交流。

在结束这篇年度总结之际，我想对每一位团队成员表示诚挚的感谢。正是由于你们的辛勤工作和专业精神，我们才能取得如此出色的成绩。在未来的工作中，我期待与你们继续携手合作，共同创造更加美好的明天。

谢谢大家！

周小冬
人力资源部主管

图 6-28

090 让 ChatGPT 自动编写辞职报告

当用户对辞职报告一筹莫展时，可以让 ChatGPT 自动编写一份辞职报告，并限定报告字数，下面介绍具体的操作方法。

步骤 01 打开 ChatGPT 聊天窗口，用户可以在指令中向 ChatGPT 表述清楚离职原因和离职日期，向 ChatGPT 发送指令"我是一名绘画师，因另有职业规划，想在 9 月 20 日正式离职，请帮我生成一份辞职报告，要求字数在 100 字左右"，ChatGPT 即可根据指令自动编写一份辞职报告，如图 6-29 所示。

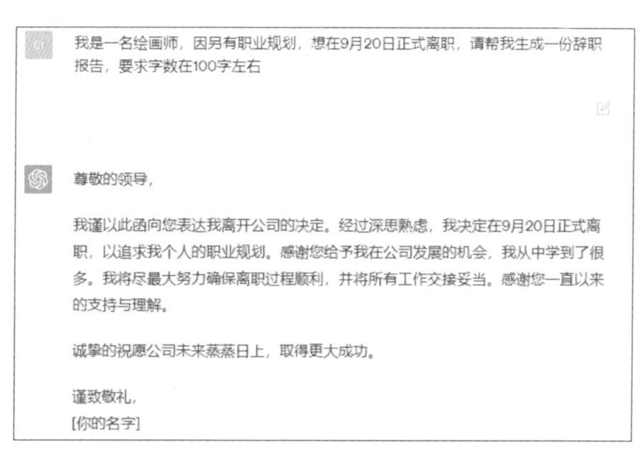

图 6-29

步骤 02 复制 ChatGPT 编写的辞职报告，新建一个 WPS 文档，粘贴复制的辞职报告，❶把第 1 句话后面的逗号改成冒号；❷把"[你的名字]"改为"程程"（这里输入的是虚拟名称）；❸把"谨致敬礼"后面的逗号删除，如图 6-30 所示。至此，已完成辞职报告的编辑。

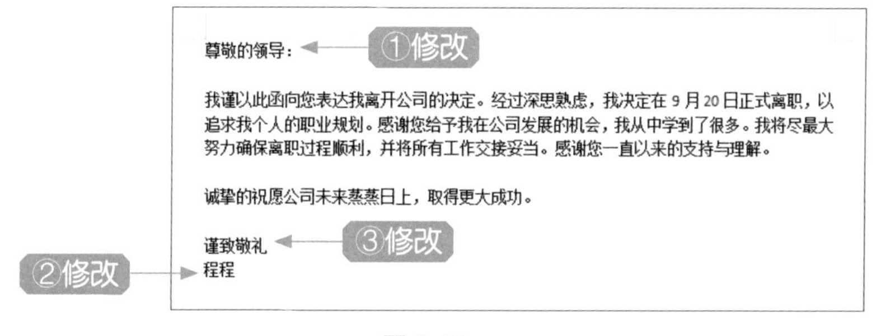

图 6-30

091 让 ChatGPT 智能编写分析报告

ChatGPT 可以智能化、精准化地编写分析报告，为各行各业的决

策者和专业人士提供更多有价值的信息。下面介绍让 ChatGPT 智能编写分析报告的操作方法。

步骤 01 打开 ChatGPT 聊天窗口，向 ChatGPT 发送指令“帮我编写一份宠物领养趋势分析报告”，ChatGPT 即可根据指令智能编写一份分析报告，如图 6-31 所示。

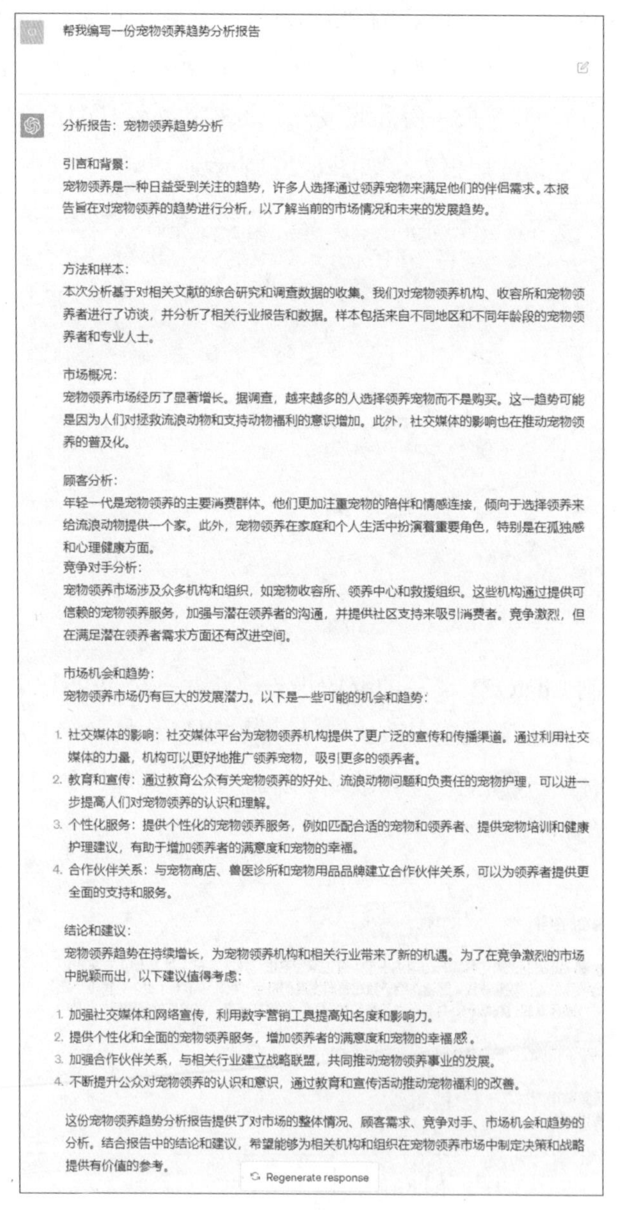

图 6-31

步骤 02 复制 ChatGPT 编写的分析报告，新建一个 WPS 文档，粘贴复制的分析报告，删除不需要的内容，根据要求调整文本格式和字体属性等，效果如图 6-32 所示。至此，已完成分析报告的编辑。

分析报告：宠物领养趋势分析

引言和背景：

宠物领养是一种日益受到关注的趋势，许多人选择通过领养宠物来满足他们的伴侣需求。本报告旨在对宠物领养的趋势进行分析，以了解当前的市场情况和未来的发展趋势。

方法和样本：

本次分析基于对相关文献的综合研究和调查数据的收集。我们对宠物领养机构、收容所和宠物领养者进行了访谈，并分析了相关行业报告和数据。样本包括来自不同地区和不同年龄段的宠物领养者和专业人士。

市场概况：

宠物领养市场经历了显著增长。据调查，越来越多的人选择领养宠物而不是购买。这一趋势可能是因为人们对拯救流浪动物和支持动物福利的意识增加。此外，社交媒体的影响也在推动宠物领养的普及化。

顾客分析：

年轻一代是宠物领养的主要消费群体。他们更加注重宠物的陪伴和情感连接，倾向于选择领养来给流浪动物提供一个家。此外，宠物领养在家庭和个人生活中扮演着重要角色，特别是在孤独感和心理健康方面。

竞争对手分析：

宠物领养市场涉及众多机构和组织，如宠物收容所、领养中心和救援组织。这些机构通过提供可信赖的宠物领养服务，加强与潜在领养者的沟通，并提供社区支持来吸引消费者。竞争激烈，但在满足潜在领养者需求方面还有改进空间。

市场机会和趋势：

宠物领养市场仍有巨大的发展潜力。以下是一些可能的机会和趋势：

1. 社交媒体的影响：社交媒体平台为宠物领养机构提供了更广泛的宣传和传播渠道。通过利用社交媒体的力量，机构可以更好地推广领养宠物，吸引更多的领养者。
2. 教育和宣传：通过教育公众有关宠物领养的好处、流浪动物问题和负责任的宠物护理，可以进一步提高人们对宠物领养的认识和理解。
3. 个性化服务：提供个性化的宠物领养服务，例如匹配合适的宠物和领养者、提供宠物培训和健康护理建议，有助于增加领养者的满意度和宠物的幸福。
4. 合作伙伴关系：与宠物商店、兽医诊所和宠物用品品牌建立合作伙伴关系，可以为领养者提供更全面的支持和服务。

结论和建议：

宠物领养趋势在持续增长，为宠物领养机构和相关行业带来了新的机遇。为了在竞争激烈的市场中脱颖而出，以下建议值得考虑：

1. 加强社交媒体和网络宣传，利用数字营销工具提高知名度和影响力。
2. 提供个性化和全面的宠物领养服务，增加领养者的满意度和宠物的幸福感。
3. 加强合作伙伴关系，与相关行业建立战略联盟，共同推动宠物领养事业的发展。
4. 不断提升公众对宠物领养的认识和意识，通过教育和宣传活动推动宠物福利的改善。

图 6-32

6.3 本章小结

本章首先介绍了 WPS 文档的基本操作，包括新建、保存以及熟悉文档界面等；然后介绍了用 ChatGPT 生成各类文档的操作方法，包括生成旅游行程、培训计划、年终总结、辞职报告以及分析报告。学完本章，希望大家可以掌握 WPS 的基本操作和结合 ChatGPT 生成文档内容的操作方法。

6.4 课后习题

鉴于本章知识的重要性，为了帮助读者更好地掌握所学知识，本节将通过课后习题，帮助读者进行简单的知识回顾和补充。

1．使用 ChatGPT 生成一份读书计划，如图 6-33 所示。

以下是一份简单的读书计划，帮助大家在一周内读完一本 300 页的书：

第一天：阅读书的前言和引言部分，了解书籍的背景和作者的观点。读完前言后，估计剩下多少页需要阅读，并将总页数除以剩余的天数，以确定每天需要读的页数。

第二至第六天：将每天需要读的页数平均分配到这五天中。例如，如果剩下 270 页，那么每天读 54 页。根据自己的日程安排和个人喜好，将每天的阅读时间安排在合适的时段，确保您能够集中注意力并享受阅读。

第七天：留出一天的缓冲时间，以便完成阅读并复习书的内容。如果已经按计划读完了所有的页面，可以用这一天来回顾书籍的重点和主要观点。

在执行读书计划时，这些技巧可能有所帮助：

1. **创建一个安静且无干扰的阅读环境，以便专注于阅读。**
2. **将手机或其他可能干扰注意力的设备放在一边，以免分散注意力。**
3. **将阅读时间纳入日常日程中，坚持每天都花一定时间阅读。**
4. **如果可能的话，尝试将阅读时间安排在自己感觉最清醒和专注的时段。**
5. **坚持每天的阅读目标，避免拖延。**

扫码获取答案

图 6-33

2．使用 ChatGPT 生成一份调岗申请书，如图 6-34 所示。

调岗申请书

尊敬的公司领导：

我是公司的文员助理，怀揣着一直以来的梦想，我真诚地申请成为预备设计师并参与公司的培训计划。

拥有扎实的美术绘画功底是我独特的优势。我对设计领域充满热情，并在过去的工作中积累了一些设计经验。我相信通过参与培训，我能进一步提升自己的设计技能和知识，为公司的发展贡献我的力量。

我愿意全力以赴，努力学习和成长。成为预备设计师是我的梦想，我希望能够得到公司的认可和支持。我相信，在公司的指导下，我能够发挥自己的潜力，成为一名优秀的设计师，为公司创造出色的设计作品。

衷心感谢您审阅我的申请，期待能够得到您的答复。

真诚地致敬
张小果

图 6-34

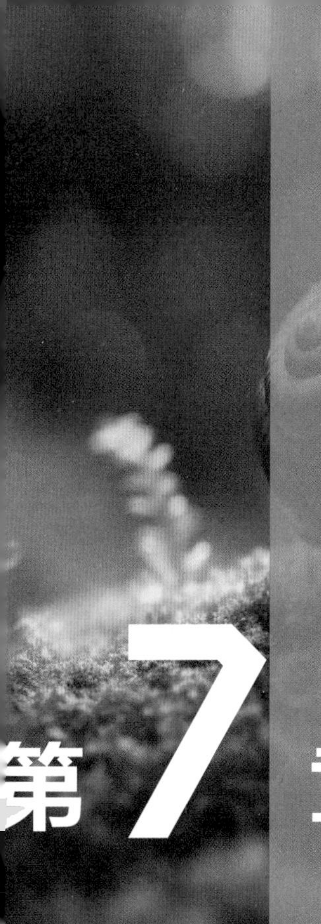

第7章 ChatGPT + WPS：生成各类办公演示文稿

学习提示

除了文档，WPS 还为用户提供了强大的演示文稿功能，通过结合 ChatGPT，可以更加便捷地生成各类办公演示文稿。ChatGPT 与 WPS 在工作中的结合使用，为用户提供了更高效、更具创意的办公方式。

本章重点导航

- WPS 演示文稿的基本操作
- 用 ChatGPT 生成 WPS 演示文稿

7.1 WPS 演示文稿的基本操作

WPS 演示文稿提供了各种演示文稿模板，包括适用于商务、教育、科技、艺术等方面的模板，用户可以选择适合自己主题的模板，并根据需要进行自定义编辑。本节将向大家介绍 WPS 演示文稿的一些基本操作，帮助大家尽快熟悉 WPS 演示文稿。

092 去除 PPT 默认版式

制作 PPT 时需要新建幻灯片，但新建的幻灯片通常都会自带默认版式，如“单击此处添加标题”和“单击此处添加副标题”等。很多时候，我们并不需要这些版式，这些版式甚至还会影响我们的制作流程和创意思路，因此先要去除这种默认版式效果，下面介绍快速去除 PPT 默认版式的操作方法。

步骤 01 启动 WPS 应用程序，打开一个演示文稿，在左侧的预览窗格中单击鼠标右键，在弹出的快捷菜单中选择“新建幻灯片”选项，如图 7-1 所示，新建一个幻灯片。

图 7-1

步骤 02 选中新建的幻灯片，在“开始”功能区中，❶单击“版式”下拉按钮；❷在弹出的列表框中选择“空白”模板，如图 7-2 所示。

步骤 03 执行操作后，即可去除幻灯片中的所有元素，变成空白幻灯片，如图 7-3 所示。

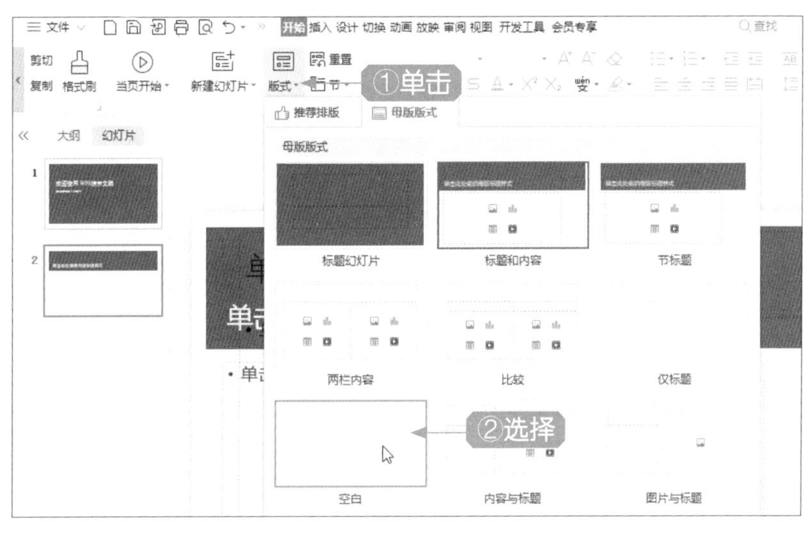

图 7-2

图 7-3

093 在演示文稿中多文字排版

如果演示文稿页面中的文字内容比较多，此时用户可以借助 SmartArt 图形快速对文字进行版式设计，下面介绍具体的操作方法。

步骤 01 在 WPS 中，打开一个演示文稿，如图 7-4 所示。

步骤 02 在编辑区中的文本框内，选择相应的文本内容，如图 7-5 所示。

步骤 03 在“开始”功能区中，单击“增加缩进量”按钮，如图 7-6 所示，即可调整文字层级。

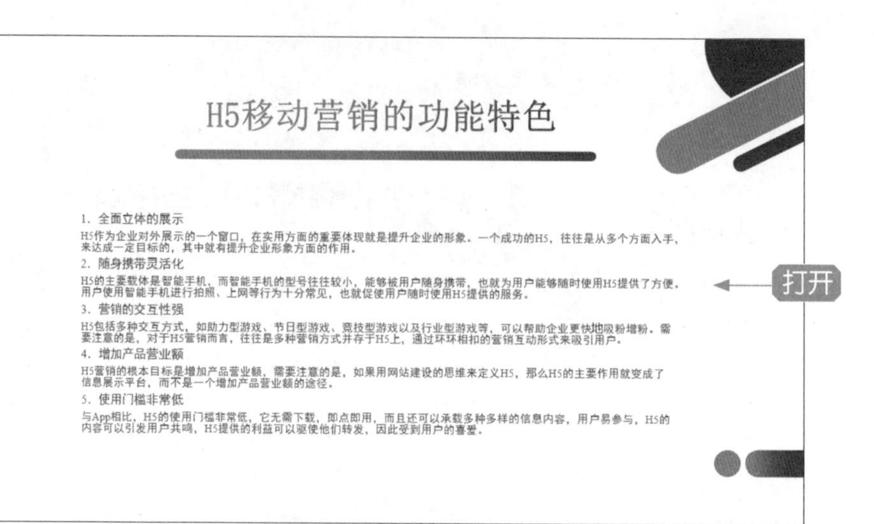

图 7-4

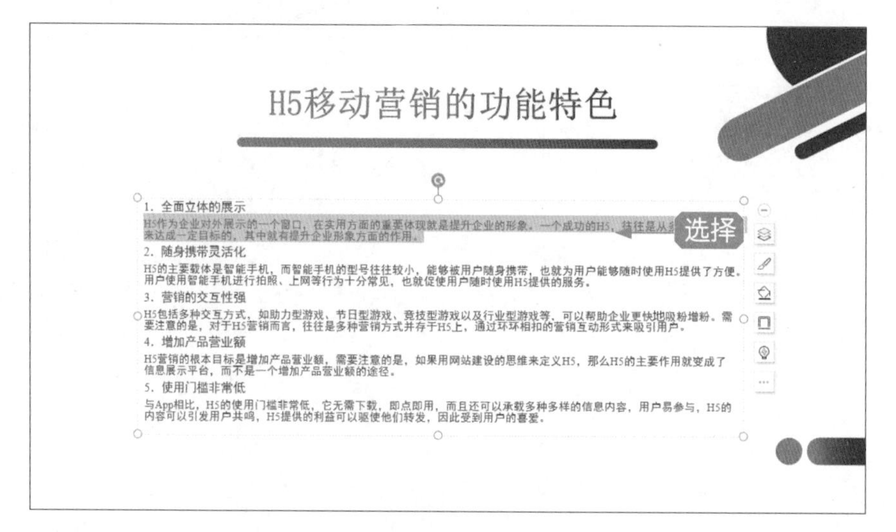

图 7-5

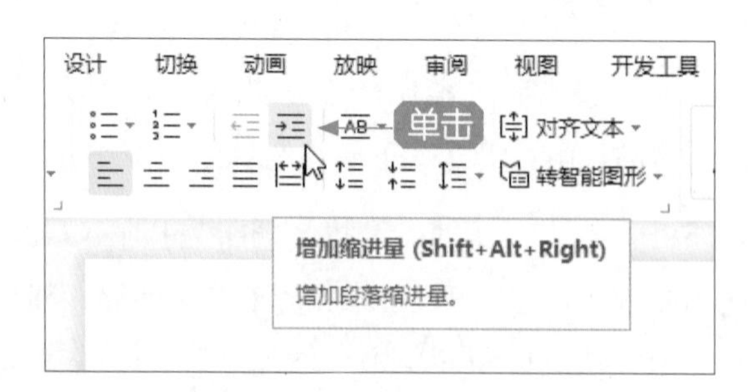

图 7-6

步骤 04 将调整后的段落文本的“字号”设置为 12，效果如图 7-7 所示。

步骤 05 用上述同样的方法，调整文本框中其他段落的层级属性，选择文本框，在“开始”功能区中，❶ 单击“转智能图形”下拉按钮；❷ 在弹出的列表框中选择“垂直块列表”样式，如图 7-8 所示。

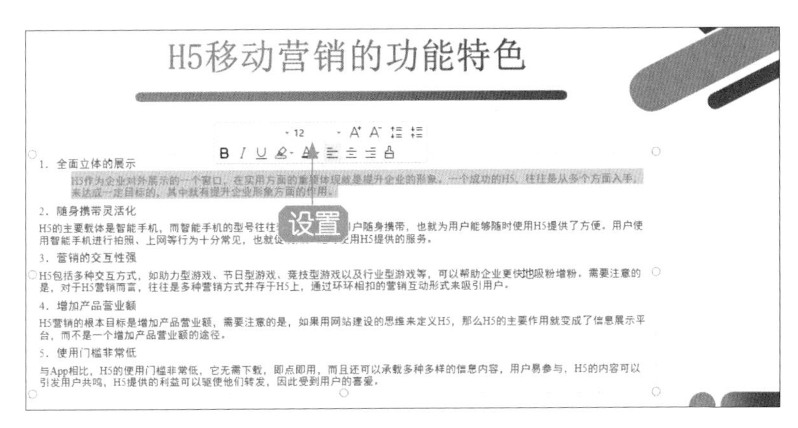

图 7-7

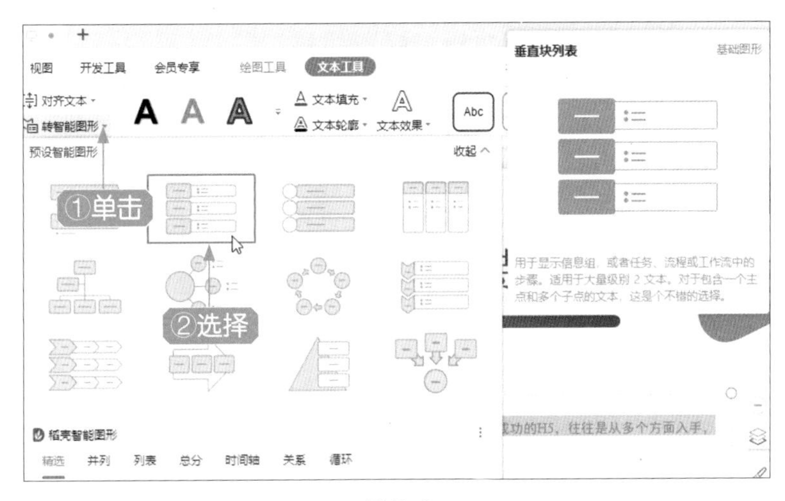

图 7-8

步骤 06 执行操作后，即可使用SmartArt图形对文字进行排版，效果如图 7-9 所示。

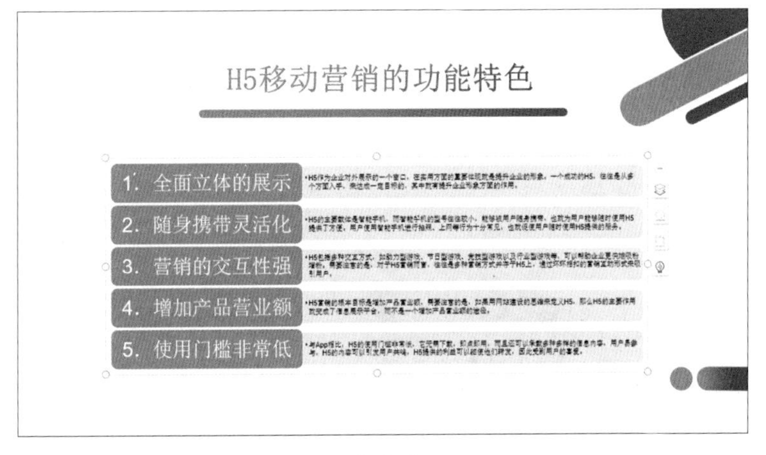

图 7-9

094 在演示文稿中组合多个对象

如果演示文稿中的图片比较多，移动时容易让版面变得混乱，此时用户可以将多个对象组合成一张图片，这样进行移动操作时会更方便快捷，下面介绍具体的操作方法。

步骤 01 打开一个演示文稿，如图 7-10 所示。

图 7-10

步骤 02 在编辑区中选择多个图片对象，如图 7-11 所示。

图 7-11

步骤 03 按 Ctrl ＋ G 组合键，即可组合选择的多个图片对象，如图 7-12 所示。

图 7-12

步骤 04 移动组合后的图片，将其移至合适的位置，效果如图 7-13 所示。

图 7-13

095 添加 PPT 的进入动画效果

进入动画是最基本的动画效果，即 PPT 页面里的对象，包括文本、图形、图片、组合以及多媒体素材，从无到有、陆续出现的动画效果，下面介绍具体的操作方法。

步骤 01 打开一个演示文稿，如图 7-14 所示。

图 7-14

步骤 02 在编辑区中，选择需要设置动画的对象，如图 7-15 所示。

图 7-15

步骤 03 在“动画”功能区中，单击“其他”按钮，弹出列表框，在“进入”选项区中单击“更多选项”按钮，如图 7-16 所示。

图 7-16

步骤 04 展开更多动画效果，在“华丽型”选项区中，选择“弹跳”动画，如图 7-17 所示。

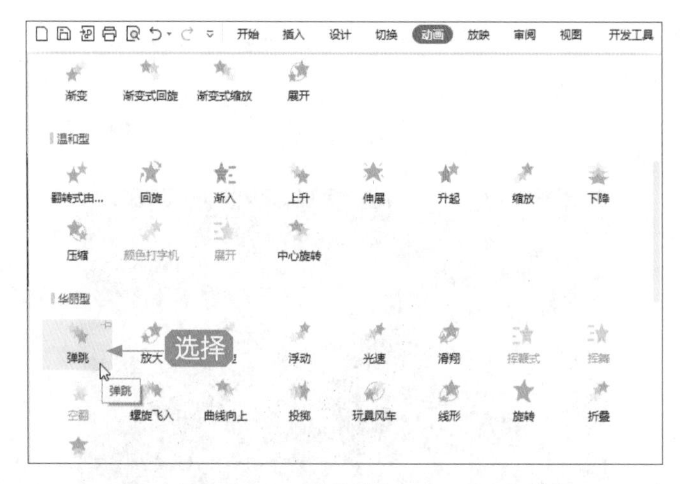

图 7-17

步骤 05 执行操作后，即可为幻灯片中的对象添加“弹跳”动画效果，单击“预览效果”按钮，预览动画效果，如图 7-18 所示。

图 7-18

图 7-18（续）

在“动画”功能区中，系统仅显示了 7 种进入动画效果，如图 7-19 所示。如果用户需要查看全部的进入动画效果，则可参照上例中的步骤，通过单击“更多选项”按钮，展开动画列表，其中包括所有的进入动画效果。

图 7-19

总体来说，进入动画包括以下 4 种类型的动画效果。

◎ 基本型：这种类型最常用，在动作演示过程中，对象所占版面的位置不会发生变化。

◎ 细微型：这种类型的动画效果不是特别明显。

◎ 温和型：这种类型的动画效果适中。

◎ 华丽型：这种类型的动作演示比较夸张，动画幅度较大，变形明显。

7.2 用 ChatGPT 生成 WPS 演示文稿

与用 PowerPoint 制作 PPT 一样，用户也可以使用 ChatGPT 生成演示内容，然后用 WPS 制作演示文稿。本节将向大家介绍用 ChatGPT 生成各类办公演示文稿的操作方法。

096 用 ChatGPT 生成述职报告 PPT

扫码观看教学视频

述职报告 PPT 是一种通过幻灯片演示的形式，向上级、同事或团队展示个人工作成果、经验和反思的报告。它通常用于组织内部的年度或季度评估，用于员工晋升或绩效评估。

用户在使用 ChatGPT 生成述职报告时，在发送的指令中可以写明自己的角色身份和工作年限、工作职责和目标、工作成果和业绩、经验和反思以及对未来的展望和发展计划等。用户还可以提前准备一个 PPT 模板，然后通过 ChatGPT 生成一份述职报告 PPT，最后将 ChatGPT 生成的内容一页一页套进 PPT 模板中，即可完成述职报告演示文稿的制作，下面介绍具体的操作方法。

步骤 01 打开 ChatGPT 的聊天窗口，向 ChatGPT 发送生成 PPT 的指令“我是一名服装设计师，主要负责夏季服装款式设计，由于我设计出来的服装款式成为了当季爆款，因此我即将晋升为设计部门的副经理，需要你为我生成一份述职报告 PPT 的内容，要求包括封面页的标题、目录页和内容页。要求内容页有 5 页，每页字数不超过 100 个字”，ChatGPT 即可根据接收的指令生成一份述职报告 PPT 的内容，效果如图 7-20 所示。

步骤 02 打开提前准备好的 WPS 演示模板，❶ 用户可以在封面页中输入 ChatGPT 生成的标题，也可以输入自己想好的标题；❷ 输入汇报人的姓名和日期，如图 7-21 所示。

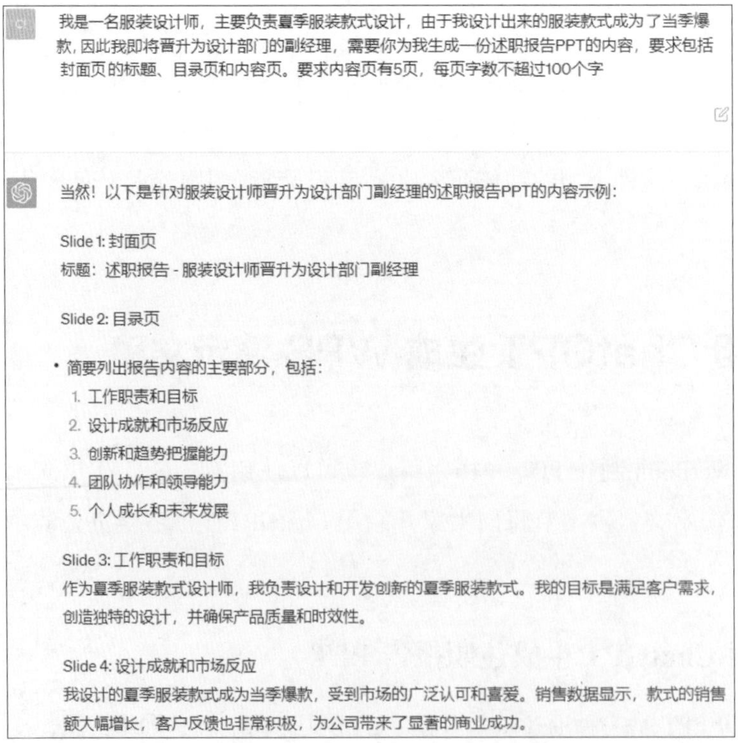

我是一名服装设计师，主要负责夏季服装款式设计，由于我设计出来的服装款式成为了当季爆款，因此我即将晋升为设计部门的副经理，需要你为我生成一份述职报告PPT的内容，要求包括封面页的标题、目录页和内容页。要求内容页有5页，每页字数不超过100个字

当然！以下是针对服装设计师晋升为设计部门副经理的述职报告PPT的内容示例：

Slide 1: 封面页
标题：述职报告 - 服装设计师晋升为设计部门副经理

Slide 2: 目录页

- 简要列出报告内容的主要部分，包括：
  1. 工作职责和目标
  2. 设计成就和市场反应
  3. 创新和趋势把握能力
  4. 团队协作和领导能力
  5. 个人成长和未来发展

Slide 3: 工作职责和目标
作为夏季服装款式设计师，我负责设计和开发创新的夏季服装款式。我的目标是满足客户需求，创造独特的设计，并确保产品质量和时效性。

Slide 4: 设计成就和市场反应
我设计的夏季服装款式成为当季爆款，受到市场的广泛认可和喜爱。销售数据显示，款式的销售额大幅增长，客户反馈也非常积极，为公司带来了显著的商业成功。

图 7-20

Slide 5: 创新和趋势把握能力
我的设计充满创新，注重时尚趋势的把握。我不断研究最新的时尚趋势，并将其融入到夏季服装款式的设计中。这使得我们的产品能够引领潮流，并满足客户对于时尚和个性的追求。

Slide 6: 团队协作和领导能力
作为设计部门的一员，我积极参与团队协作，并在团队中发挥领导作用。我与团队成员密切合作，共同完成项目，并有效地分配资源和任务。我通过积极地沟通和协作，促进了团队的合作与创新。

Slide 7: 个人成长和未来发展
我在过去的工作中不断学习和成长。我参加了各类培训和研讨会，提升了自己的设计技能和领导能力。未来，我计划继续深入研究时尚趋势，并培养团队成员的潜力，为设计部门的发展作出更大的贡献。

请注意，以上只是一个简要示例，每页的字数不超过100个字。您可以根据需要进一步扩展和调整每个内容页的具体内容，以准确地反映您的个人成就和能力。祝您的述职报告取得成功！

图 7-20（续）

图 7-21

步骤 03 选择第 2 张幻灯片，在其中输入汇报人的个人相关介绍，效果如图 7-22 所示。

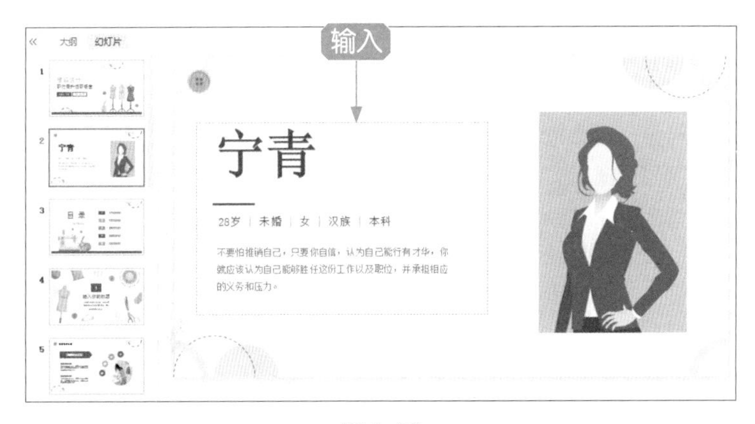

图 7-22

步骤 04 选择第 3 张幻灯片，将 ChatGPT 生成的目录粘贴至 PPT 的目录页中，制作目录页，效果如图 7-23 所示。

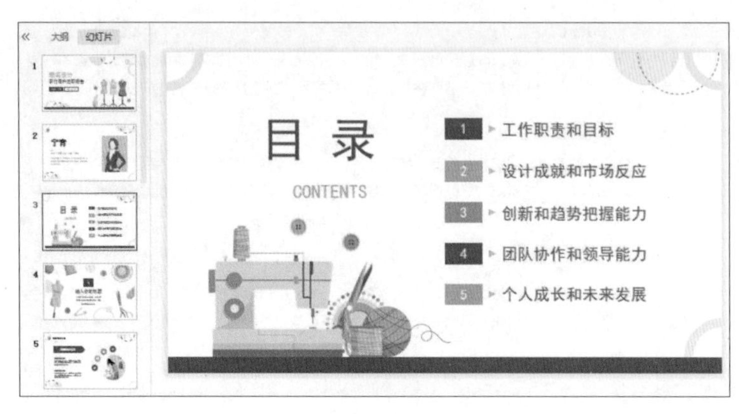

图 7-23

步骤 05 选择第 4 张幻灯片，输入章节标题并调整文本位置，制作第 1 张章节页，效果如图 7-24 所示。

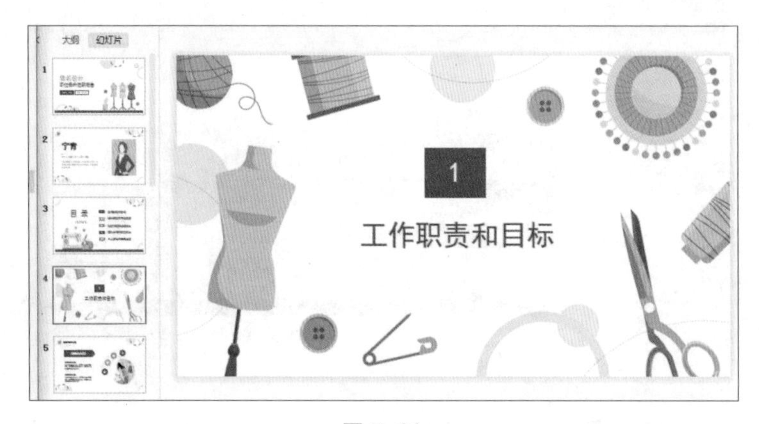

图 7-24

步骤 06 接下来需要将 ChatGPT 生成的内容页制作出来，选择第 5 张幻灯片，将 ChatGPT 生成的标题和内容粘贴至幻灯片对应的位置，并删除多余的文本框，制作第 1 张内容页，如图 7-25 所示。

图 7-25

步骤 07 执行上述操作后，用上述同样的方法，制作其他标题页和内容页幻灯片，效果如图 7-26 所示。

图 7-26

步骤 08 选择最后一张幻灯片，修改标题、汇报人的姓名和日期，如图 7-27 所示。

图 7-27

097 用 ChatGPT 生成商务演示 PPT

商务演示 PPT 通常用于展示商业计划、销售报告、市场分析、产品演示和公司战略等内容，可以在会议、销售演示、培训课程和商业展览等场合使用。前文提到过，WPS 演示文稿提供了多款 PPT 模板，用户可以登录会员账号，在“新建演示”界面中挑选喜欢的 PPT 模板进行使用，下面介绍用 ChatGPT 生成商务演示 PPT 的操作方法。

步骤 01 打开 ChatGPT 的聊天窗口，向 ChatGPT 发送生成 PPT 的指令“生成一份有关智能音箱市场分析的商务演示 PPT 内容，要包括封面页的标题、目录页和内容页。要求内容页有 5 页，每页字数不超过 200 个字”，ChatGPT 即可根据接收的指令生成一份商务演示 PPT 内容，如图 7-28 所示。

生成一份有关智能音箱市场分析的商务演示PPT内容，要包括封面页的标题、目录页和内容页。要求内容页有5页，每页字数不超过200个字

商务演示PPT：智能音箱市场分析

封面页：
标题：智能音箱市场分析

目录页：

1. 市场概述
2. 市场规模和增长趋势
3. 主要市场参与者
4. 消费者需求和趋势
5. 市场竞争和未来展望

内容页1：市场概述
智能音箱是一种集成语音助手和音频播放功能的智能家居设备。随着人工智能和语音识别技术的不断发展，智能音箱市场迅速崛起。这些设备不仅能够回答问题、提供信息和控制智能家居设备，还能够通过音频播放提供音乐、电台和有声读物等娱乐内容。

内容页2：市场规模和增长趋势
智能音箱市场在过去几年里取得了惊人的增长。据市场研究公司的数据显示，预计到2025年，全球智能音箱市场规模将超过100亿美元。这种增长主要受益于技术进步、不断增长的智能家居市场以及消费者对便利性和娱乐体验的需求。

内容页3：主要市场参与者
智能音箱市场存在着一些主要的市场参与者。这些参与者包括科技巨头、消费电子公司和互联网企业。他们通过不断推出新产品和提供优质的语音助手功能来争夺市场份额。目前，市场上最知名的智能音箱品牌包括亚马逊的Echo系列、谷歌的Google Home系列和苹果的HomePod系列。

内容页4：消费者需求和趋势
消费者对智能音箱的需求日益增长。他们期望通过语音控制设备来简化日常任务，并享受智能家居带来的便利。此外，消费者对音频内容的需求也在不断增加，他们希望通过智能音箱获得高质量的音乐、有声读物和电台等娱乐体验。未来，随着人工智能和语音技术的进一步发展，智能音箱市场将继续迎来新的消费者需求和趋势。

内容页5：市场竞争和未来展望
智能音箱市场竞争激烈，参与者之间争夺市场份额。未来，随着技术的进步和消费者需求的不断演变，市场竞争将更加激烈。预计新的功能和服务将不断涌现，如更智能的语音助手、与其他智能设备的更好集成等。同时，智能音箱市场也将扩大到更多的地理区域和消费群体。

以上是关于智能音箱市场分析的商务演示PPT的内容。希望能对您的工作有所帮助！

图 7-28

步骤 02 启动 WPS 应用程序，进入“新建演示”界面，在“推荐分类”选项区下方的“热门风格”选项卡中，选择“商务风”选项，如图 7-29 所示。

步骤 03 切换至相应界面，在“搜索”文本框中，❶ 输入“市场分析”，按 Enter 键即可搜索出与市场分析相关的 PPT 模板；❷ 选择“商务简约市场分析报告 PPT”模板，如图 7-30 所示。

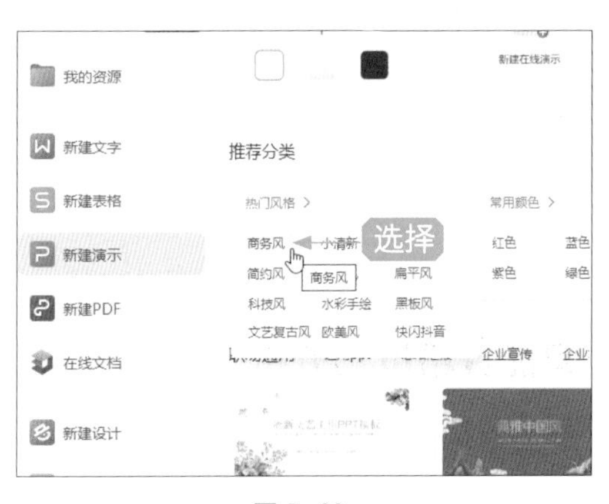

图 7-29

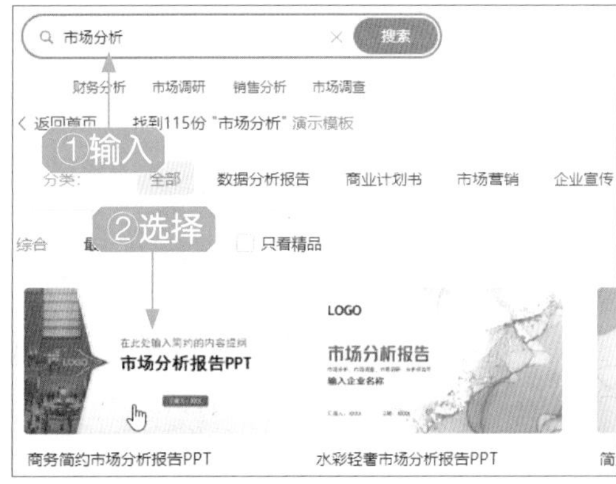

图 7-30

步骤 04 执行操作后，即可弹出“商务简约市场分析报告 PPT”预览面板，单击“立即下载”按钮，如图 7-31 所示。

图 7-31

步骤 05 执行操作后，即可下载并使用“商务简约市场分析报告 PPT”模板，效果如图 7-32 所示。

图 7-32

步骤 06 参考上例中的模板使用操作方法，将 ChatGPT 生成的 PPT 内容套用到“商务简约市场分析报告 PPT”模板中，制作有关智能音箱市场分析的商务演示 PPT，效果如图 7-33 所示。

图 7-33

098 用 ChatGPT 生成活动策划 PPT

活动策划 PPT 是指用于策划、组织和展示活动方案和细节的演示文稿，用于向相关团队成员、利益相关者或客户传达活动的目标、内容、流程和预期结果。活动策划 PPT 的目的是提供一个清晰而详细的框架，以便参与者能够理解活动的整体规划和运行方式，因此在用 ChatGPT 生成 PPT 内容时，指令中可以不用限制其生成页数，下面介绍用 ChatGPT 生成活动策划 PPT 的操作方法。

步骤 01 打开 ChatGPT 的聊天窗口，向 ChatGPT 发送生成 PPT 的指令“生成一份有关‘双 11’儿童玩具店铺线上推广的活动策划 PPT 内容，要包括封面页的标题、目录页和内容页。要求内容页每页字数不超过 200 个字”，ChatGPT 即可根据接收的指令生成一份活动策划 PPT 内容，如图 7-34 所示。

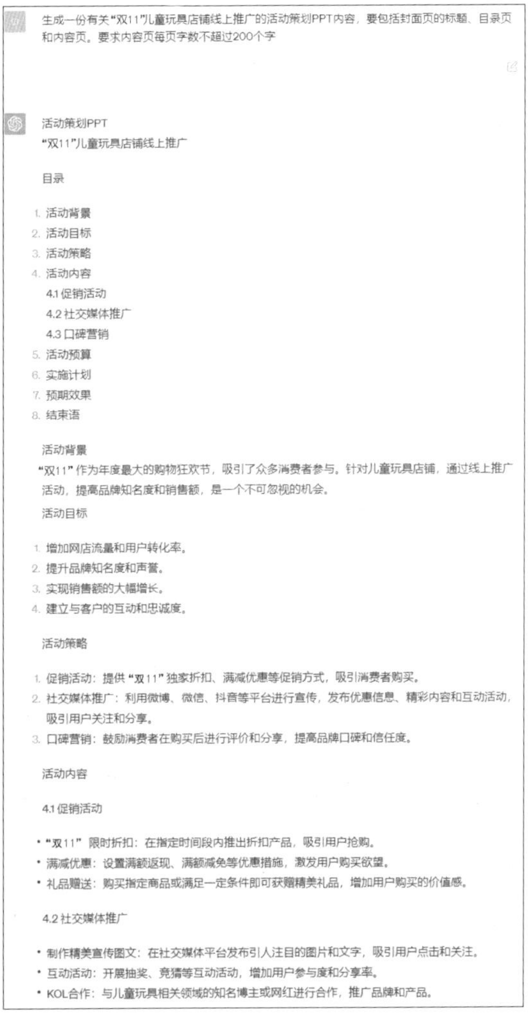

生成一份有关“双11”儿童玩具店铺线上推广的活动策划PPT内容，要包括封面页的标题、目录页和内容页。要求内容页每页字数不超过200个字

活动策划PPT
“双11”儿童玩具店铺线上推广

目录

1. 活动背景
2. 活动目标
3. 活动策略
4. 活动内容
   4.1 促销活动
   4.2 社交媒体推广
   4.3 口碑营销
5. 活动预算
6. 实施计划
7. 预期效果
8. 结束语

活动背景
“双11”作为年度最大的购物狂欢节，吸引了众多消费者参与。针对儿童玩具店铺，通过线上推广活动，提高品牌知名度和销售额，是一个不可忽视的机会。
活动目标

1. 增加网店流量和用户转化率。
2. 提升品牌知名度和声誉。
3. 实现销售额的大幅增长。
4. 建立与客户的互动和忠诚度。

活动策略

1. 促销活动：提供“双11”独家折扣、满减优惠等促销方式，吸引消费者购买。
2. 社交媒体推广：利用微博、微信、抖音等平台进行宣传，发布优惠信息、精彩内容和互动活动，吸引用户关注和分享。
3. 口碑营销：鼓励消费者在购买后进行评价和分享，提高品牌口碑和信任度。

活动内容

4.1 促销活动

- “双11”限时折扣：在指定时间段内推出折扣产品，吸引用户抢购。
- 满减优惠：设置满额返现、满额减免等优惠措施，激发用户购买欲望。
- 礼品赠送：购买指定商品或满足一定条件即可获赠精美礼品，增加用户购买的价值感。

4.2 社交媒体推广

- 制作精美宣传图文：在社交媒体平台发布引人注目的图片和文字，吸引用户点击和关注。
- 互动活动：开展抽奖、竞猜等互动活动，增加用户参与度和分享率。
- KOL合作：与儿童玩具相关领域的知名博主或网红进行合作，推广品牌和产品。

图 7-34

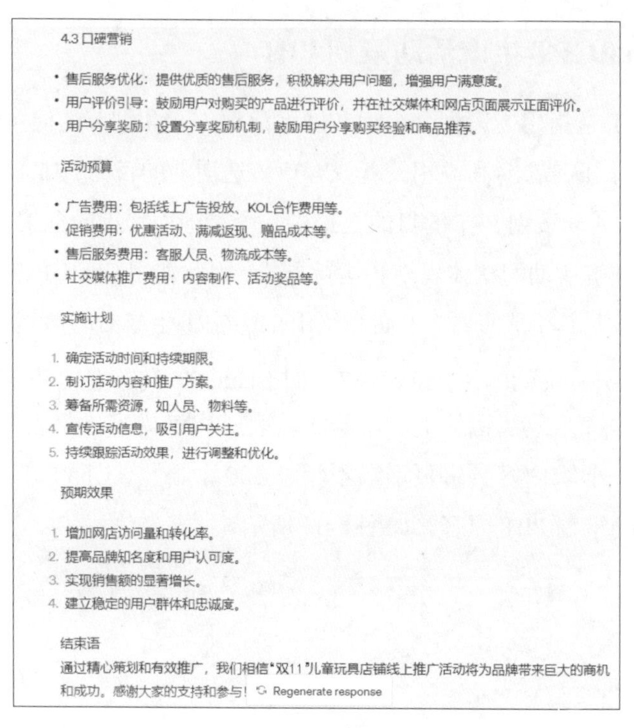

4.3 口碑营销

- 售后服务优化：提供优质的售后服务，积极解决用户问题，增强用户满意度。
- 用户评价引导：鼓励用户对购买的产品进行评价，并在社交媒体和网店页面展示正面评价。
- 用户分享奖励：设置分享奖励机制，鼓励用户分享购买经验和商品推荐。

活动预算

- 广告费用：包括线上广告投放、KOL合作费用等。
- 促销费用：优惠活动、满减返现、赠品成本等。
- 售后服务费用：客服人员、物流成本等。
- 社交媒体推广费用：内容制作、活动奖品等。

实施计划

1. 确定活动时间和持续期限。
2. 制订活动内容和推广方案。
3. 筹备所需资源，如人员、物料等。
4. 宣传活动信息，吸引用户关注。
5. 持续跟踪活动效果，进行调整和优化。

预期效果

1. 增加网店访问量和转化率。
2. 提高品牌知名度和用户认可度。
3. 实现销售额的显著增长。
4. 建立稳定的用户群体和忠诚度。

结束语

通过精心策划和有效推广，我们相信"双11"儿童玩具店铺线上推广活动将为品牌带来巨大的商机和成功。感谢大家的支持和参与！ Regenerate response

图 7-34（续）

步骤 02 启动 WPS 应用程序，新建一个空白演示文稿，删除默认创建的幻灯片，❶单击“新建幻灯片”下拉按钮；弹出“新建幻灯片”面板，在“封面页”选项卡中，❷选择一款封面页模板，如图 7-35 所示。

图 7-35

步骤 03 执行操作后，即可下载封面页模板并弹出“稻壳智能特性”面板，其中展示了整套 PPT 幻灯片模板，单击“立即下载”按钮，如图 7-36 所示。

步骤 04 执行操作后，即可下载整套模板，根据需要将 ChatGPT 生成的 PPT 内容套进模板中，调整幻灯片的位置，并将多余的幻灯片删除，完成“双 11”儿童玩具店铺线上推广活动策划 PPT 的制作，效果如图 7-37 所示。

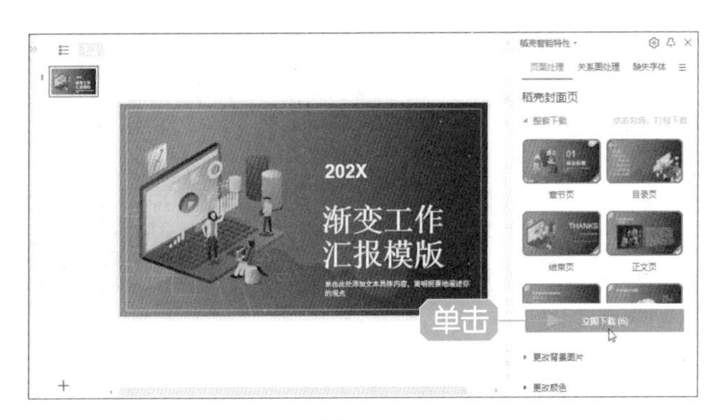

图 7-36

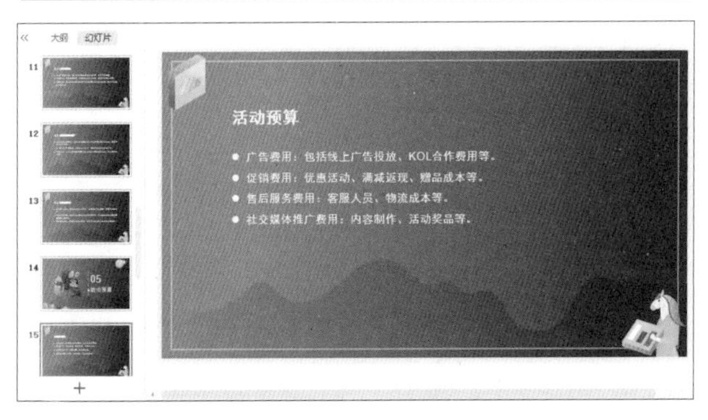

图 7-37

图 7-37（续）

099 用 ChatGPT 生成行业分析 PPT

行业分析 PPT 是用于展示和解释特定行业的市场、趋势、竞争情况和前景等内容的演示文稿。它用于帮助企业、投资者或决策者了解特定行业的情况，以便做出战略决策、制订业务计划或评估投资机会，下面介绍用 ChatGPT 生成行业分析 PPT 的操作方法。

步骤 01 打开 ChatGPT 的聊天窗口，向 ChatGPT 发送生成 PPT 的指令“生成一份新能源汽车行业分析 PPT 内容，要包括封面页的标题、目录页和内容页。要求内容页有 6 页，每页字数不超过 200 个字”，ChatGPT 即可生成一份新能源汽车行业分析 PPT 内容，如图 7-38 所示。

生成一份新能源汽车行业分析PPT内容，要包括封面页的标题、目录页和内容页。要求内容页有6页，每页字数不超过200个字

标题：新能源汽车行业分析

目录：

1. 行业概况
2. 市场趋势
3. 政策环境
4. 技术创新
5. 品牌竞争
6. 未来展望

页码：1

标题：行业概况

内容：

- 新能源汽车是指以电力、氢能等替代传统燃料的汽车，具有零排放和低能耗的特点。
- 近年来，新能源汽车行业迅猛发展，成为汽车行业的重要增长引擎。
- 新能源汽车包括电动汽车、插电式混合动力车等多种类型，市场需求不断增长。

图 7-38

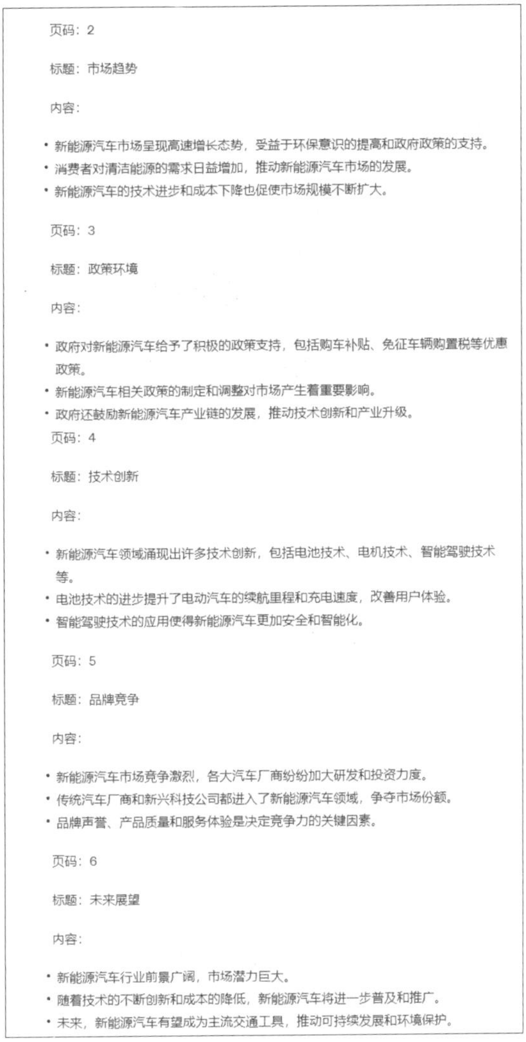

页码：2

标题：市场趋势

内容：

- 新能源汽车市场呈现高速增长态势，受益于环保意识的提高和政府政策的支持。
- 消费者对清洁能源的需求日益增加，推动新能源汽车市场的发展。
- 新能源汽车的技术进步和成本下降也促使市场规模不断扩大。

页码：3

标题：政策环境

内容：

- 政府对新能源汽车给予了积极的政策支持，包括购车补贴、免征车辆购置税等优惠政策。
- 新能源汽车相关政策的制定和调整对市场产生着重要影响。
- 政府还鼓励新能源汽车产业链的发展，推动技术创新和产业升级。

页码：4

标题：技术创新

内容：

- 新能源汽车领域涌现出许多技术创新，包括电池技术、电机技术、智能驾驶技术等。
- 电池技术的进步提升了电动汽车的续航里程和充电速度，改善用户体验。
- 智能驾驶技术的应用使得新能源汽车更加安全和智能化。

页码：5

标题：品牌竞争

内容：

- 新能源汽车市场竞争激烈，各大汽车厂商纷纷加大研发和投资力度。
- 传统汽车厂商和新兴科技公司都进入了新能源汽车领域，争夺市场份额。
- 品牌声誉、产品质量和服务体验是决定竞争力的关键因素。

页码：6

标题：未来展望

内容：

- 新能源汽车行业前景广阔，市场潜力巨大。
- 随着技术的不断创新和成本的降低，新能源汽车将进一步普及和推广。
- 未来，新能源汽车有望成为主流交通工具，推动可持续发展和环境保护。

图 7-38（续）

步骤 02 启动 WPS 应用程序，选择一个行业分析演示模板，如图 7-39 所示。

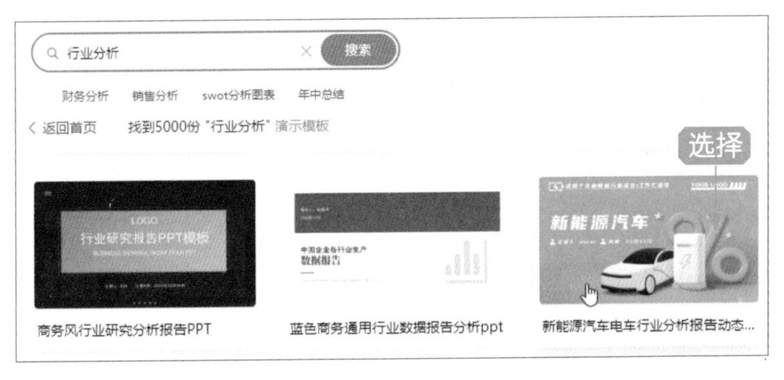

图 7-39

步骤 03 下载选择的演示模板，并将 ChatGPT 生成的 PPT 内容套进模板中，完成新能源汽车行业分析 PPT 的制作，效果如图 7-40 所示。

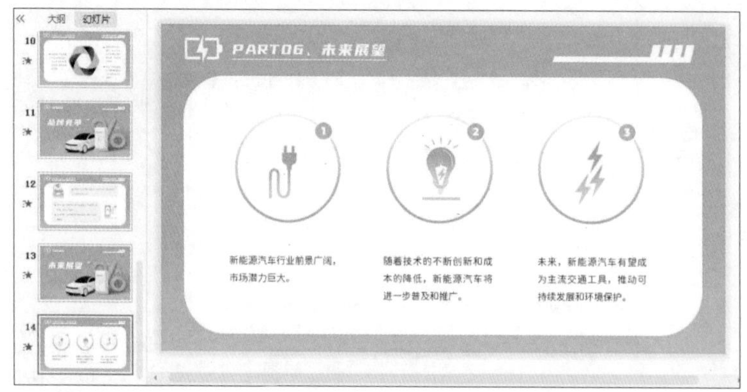

图 7-40

7.3 本章总结

本章首先介绍了 WPS 演示文稿的基本操作，包括新建空白演示文稿、熟悉 WPS 演示文稿界面以及新建和删除幻灯片等内容；然后介绍了用 ChatGPT 生成 WPS 演示文稿的操作方法，包括生成述职报告 PPT、商务演示 PPT、活动策划 PPT 以及行业分析 PPT 等。学完本章，大家可以熟练使用 ChatGPT 和 WPS 生成演示文稿。

7.4 课后习题

鉴于本章知识的重要性，为了帮助读者更好地掌握所学知识，本节将通过课后习题帮助读者进行简单的知识回顾和补充。

1. 对于多余的幻灯片，可以通过什么方法将其删除？

（扫描封底的“文泉云盘”二维码获取答案）

2. 使用 ChatGPT 和 WPS 生成一份服装类直播营销策划 PPT，如图 7-41 所示。

图 7-41

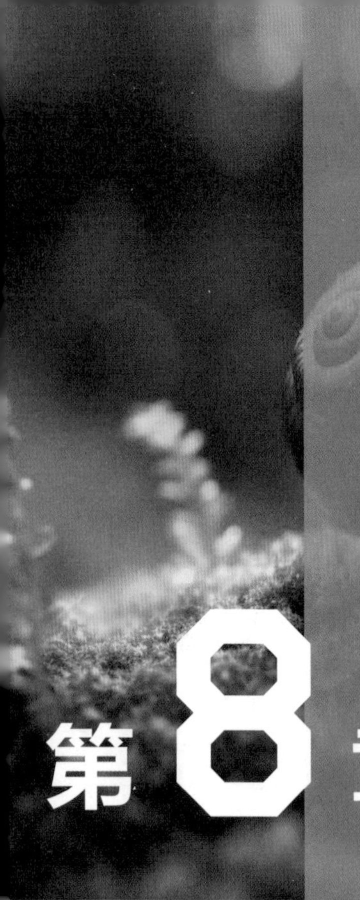

第8章 强强结合：办公实战——年终总结

学习提示

本章将结合使用 ChatGPT、Word、PowerPoint 以及 WPS，利用各款软件的特点，提高工作效率，制作年终总结 PPT，使总结报告更加准确、清晰和生动。

本章重点导航

- 用 ChatGPT 生成 PPT 大纲
- 用 Word 设置 PPT 标题
- 用 PowerPoint 生成演示文稿
- 用 WPS 智能美化演示文稿

8.1 用 ChatGPT 生成 PPT 大纲

ChatGPT 的语言模型非常强大，在制作年终总结 PPT 时，用户可以通过与 ChatGPT 进行对话生成 PPT 大纲，减少冗长的编写时间。本节将介绍细化 PPT 关键词和获取 PPT 内容大纲的方法。

100 细化 PPT 关键词

在制作年终总结 PPT 时，关键词的选择和使用非常重要，它们可以在展示 PPT 时突出重点，提供清晰的信息传达，并引起观众的注意。下面是一些可以用来细化年终总结 PPT 关键词的建议。

1. 成果和亮点

在年终总结中，应该突出展示个人或团队在过去一年中取得的成果和亮点。关键词可以包括重大突破、创新成果、业绩提升以及市场占有率增长等，这些关键词可以传达个人或团队所取得的具体成绩和进展。

2. 目标与策略

使用关键词描述个人或团队在过去一年中设定的目标和所采取的策略。关键词可以包括目标设定、战略规划、执行计划以及资源优化等，这些关键词可以说明个人或团队在实现目标方面所采取的具体方法和策略。

3. 团队与合作

年终总结也是一个展示团队合作和员工贡献的机会，可以使用关键词强调团队的合作精神和员工的贡献。关键词可以包括团队协作、合作伙伴关系、员工奉献以及团队成就等，这些关键词可以突出团队合作的重要性以及个人和团队在达成目标方面所作出的贡献。

4. 创新与发展

如果需要强调个人或团队在创新和发展方面的努力和成果。关键词可以包括创新思维、技术领先、产品研发以及市场扩展等，这些关键词可以帮助我们突出在创新方面所取得的突破和发展。

5. 未来展望

展示对未来的展望和计划，关键词可以包括发展战略、市场趋势、竞争优势以及未来机会等，这些关键词可以传达员工对未来的预期和计划。

PPT 关键词的选择应该准确、简洁，并能够突出汇报人想要传达的核心信息。同时，关键词的排列和使用应该符合 PPT 的整体结构和逻辑，以确保信息传达的清晰性和连贯性。

101 获取 PPT 内容大纲

在向 ChatGPT 获取 PPT 内容大纲时，用户可以提前在记事本中编好指令，将要求和 PPT 关键词写清楚，以便获取更加符合用户预期的 PPT 内容大纲，下面介绍具体的操作方法。

步骤 01 打开编写好的指令记事本，全选并复制指令，如图 8-1 所示。

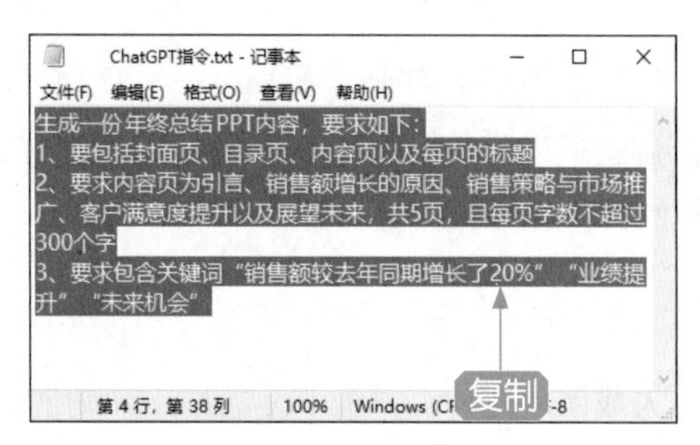

图 8-1

步骤 02 打开 ChatGPT 聊天窗口，向其发送复制的指令，ChatGPT 即可生成一份年终总结 PPT 内容大纲，如图 8-2 所示。

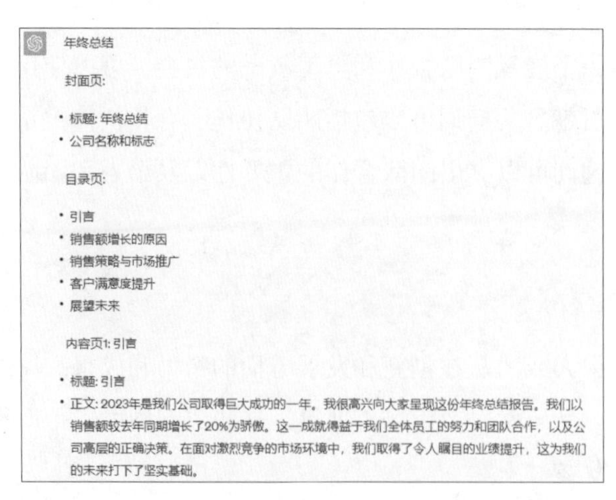

图 8-2

内容页2: 销售额增长的原因

- 标题: 销售额增长的原因
- 正文: 我们的销售额增长得益于多个因素的积极作用。首先，我们加强了市场调研和竞争分析，深入了解客户需求，从而能够提供更准确、更满足客户期望的产品和服务。其次，我们改进了销售团队的培训和激励机制，提高了销售人员的专业素养和动力，使其能够更好地与客户沟通和促成交易。此外，我们积极拓展了新的销售渠道，加强了与合作伙伴的合作关系，扩大了市场覆盖范围。这些因素的综合作用使得我们的销售额获得了持续增长。

内容页3: 销售策略与市场推广

- 标题: 销售策略与市场推广
- 正文: 我们制定了一系列有效的销售策略，以加速销售额的增长。首先，我们优化了产品定位和定价策略，使产品更具竞争力。其次，我们加大了市场推广力度，通过多种渠道和媒介，向潜在客户传递我们产品的独特价值和优势。我们还积极参加行业展会和活动，提升品牌知名度和曝光度。这些策略的有效实施，为我们带来了更多的销售机会和市场份额。

内容页4: 客户满意度提升

- 标题: 客户满意度提升
- 正文: 我们一直将客户满意度作为重要指标，并采取了一系列措施来提升客户满意度。我们加强了客户服务团队的培训，提高了他们的服务水平和响应速度。我们积极倾听客户的反馈和建议，不断改进产品和服务，以更好地满足客户的需求。我们建立了长期的合作伙伴关系，与客户保持密切沟通，增强了客户的信任和忠诚度。这些努力使得我们的客户满意度得到了显著提升。

内容页5: 展望未来

- 标题: 展望未来
- 正文: 面对未来，我们充满信心并看到了更多的机会。市场的发展潜力巨大，我们将继续推进创新和研发，不断提升产品的竞争力。我们将继续加强市场营销和品牌推广，扩大市场份额和客户群体。同时，我们将继续关注客户需求，提供更优质的服务和支持。我们相信，在全体员工的共同努力下，我们将能够取得更大的成功，并在未来实现更高的业绩。

以上是我们公司的年终总结报告，感谢大家对公司的支持和付出。我们期待在新的一年中继续与大家携手合作，共同迎接未来的挑战和机遇。

谢谢!

(注意：每页字数不超过300字，可根据需要进行适当修改)

图 8-2（续）

8.2 用 Word 设置 PPT 标题

接下来，需要用到 Word 软件组织和编辑 ChatGPT 生成的 PPT 内容大纲，清除大纲格式并设置标题的层级格式，用 Word 重新设置 PPT 的标题，使年终总结更加清晰、有条理。如果用户还需要增页，可以结合自己的经验，编写具有逻辑连贯性的总结报告内容，将其合理地嵌入 ChatGPT 生成的 PPT 内容大纲中。

102 在 Word 中清除大纲格式

ChatGPT 生成的内容一般都自带格式，复制到 Word 文档后，需要清除格式，以便重新调整，下面介绍具体的操作方法。

步骤 01 复制 ChatGPT 生成的 PPT 大纲内容，粘贴至新建的 Word 空白文档中，如图 8-3 所示，可以看到粘贴后的内容格式是乱的。

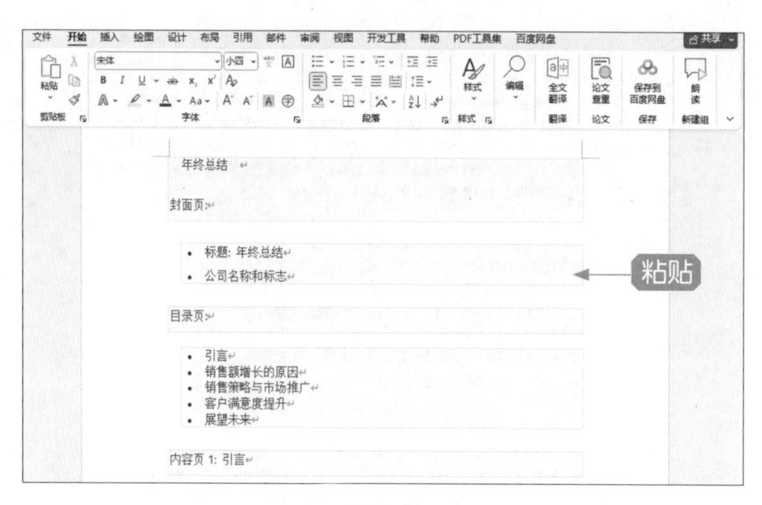

图 8-3

步骤 02 全选大纲内容，在“开始”功能区的“字体”面板中，单击“清除所有格式”按钮A，如图 8-4 所示。

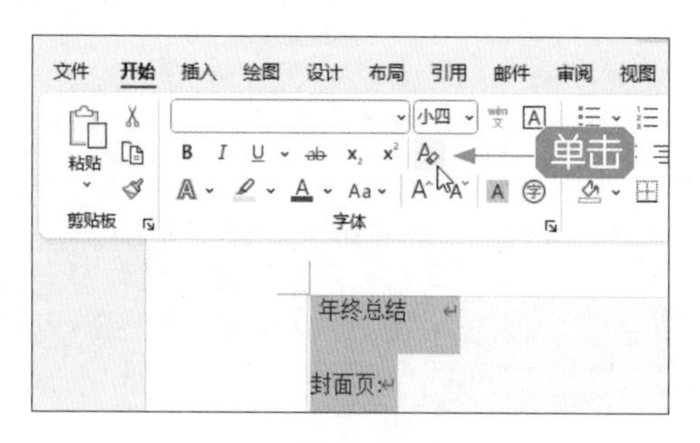

图 8-4

步骤 03 执行操作后，即可清除大纲格式，效果如图 8-5 所示。

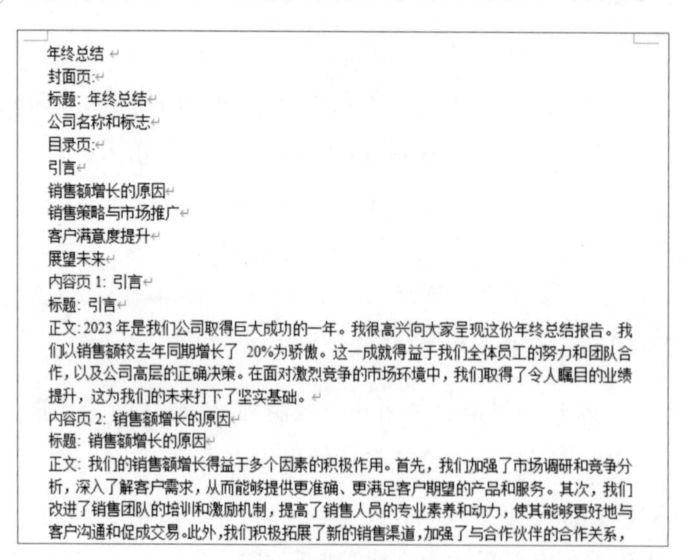
年终总结
封面页:
标题: 年终总结
公司名称和标志
目录页:
引言
销售额增长的原因
销售策略与市场推广
客户满意度提升
展望未来
内容页 1: 引言
标题: 引言
正文: 2023 年是我们公司取得巨大成功的一年。我很高兴向大家呈现这份年终总结报告。我们以销售额较去年同期增长了 20%为骄傲。这一成就得益于我们全体员工的努力和团队合作，以及公司高层的正确决策。在面对激烈竞争的市场环境中，我们取得了令人瞩目的业绩提升，这为我们的未来打下了坚实基础。
内容页 2: 销售额增长的原因
标题: 销售额增长的原因
正文: 我们的销售额增长得益于多个因素的积极作用。首先，我们加强了市场调研和竞争分析，深入了解客户需求，从而能够提供更准确、更满足客户期望的产品和服务。其次，我们改进了销售团队的培训和激励机制，提高了销售人员的专业素养和动力，使其能够更好地与客户沟通和促成交易。此外，我们积极拓展了新的销售渠道，加强了与合作伙伴的合作关系，

图 8-5

专家指点

清除大纲格式后，用户如果有需要添加的内容，可以直接在 Word 中编写，或者提前编写好，复制粘贴到合适的位置。

103 开启大纲视图模式

在 Word 中，如果用户需要查看、设置标题层级，可以开启大纲视图模式进行查看和设置，下面介绍具体的操作方法。

步骤 01 在“视图”选项卡的“视图”面板中，单击“大纲”按钮，如图 8-6 所示。

步骤 02 执行操作后，即可开启大纲视图模式，效果如图 8-7 所示。

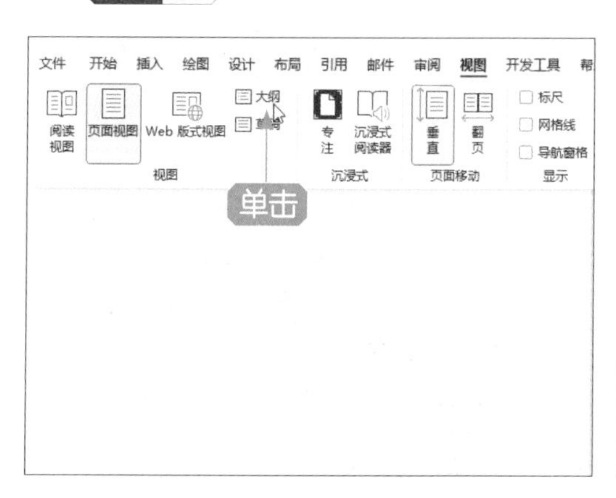

图 8-6

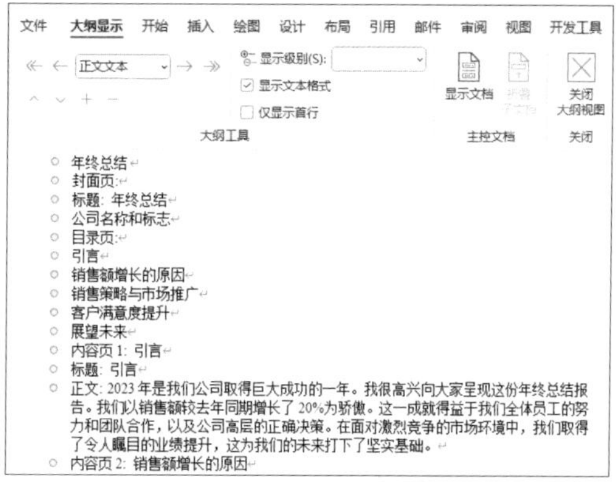

图 8-7

104 设置标题的层级格式

开启大纲视图模式后，接下来可以修改标题内容和正文内容，并设置标题的层级格式，下面介绍具体的操作方法。

步骤 01 继续上例的操作，单击首行文本内容前面的灰色圆点◎，如图 8-8 所示，即可选择整行内容。

步骤 02 ❶ 单击“大纲工具”面板中的“大纲级别”下拉按钮；❷ 在弹出的列表中选择“1 级”选项，如图 8-9 所示，设置所选内容为 1 级格式。

专家指点

这里说明一下，Word 中的 1 级格式内容对应 PPT 中的标题；2 级、3 级格式内容对应 PPT 中的正文内容，同时也会分层级显示内容。

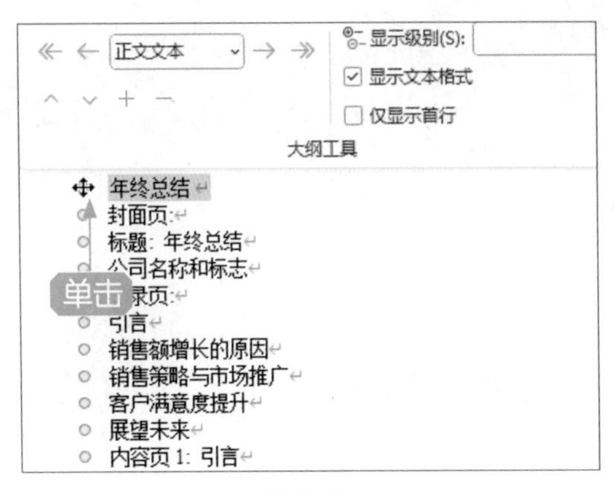

图 8-8

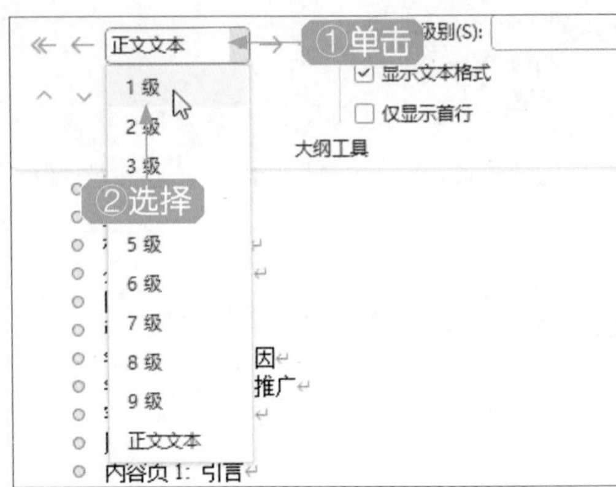

图 8-9

步骤 03 按住 Shift 键的同时选择需要删除的内容，如图 8-10 所示，按 Delete 键删除。

步骤 04 ❶ 修改“目录页”为“目录”并设置“目录”为 1 级格式；❷ 设置目录内容为 2 级格式，效果如图 8-11 所示。

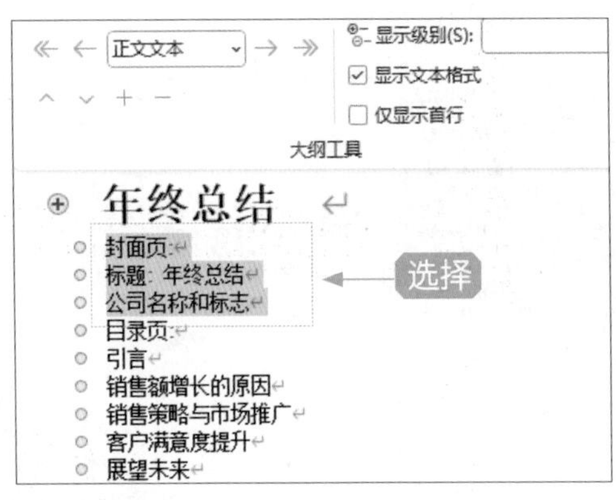

图 8-10

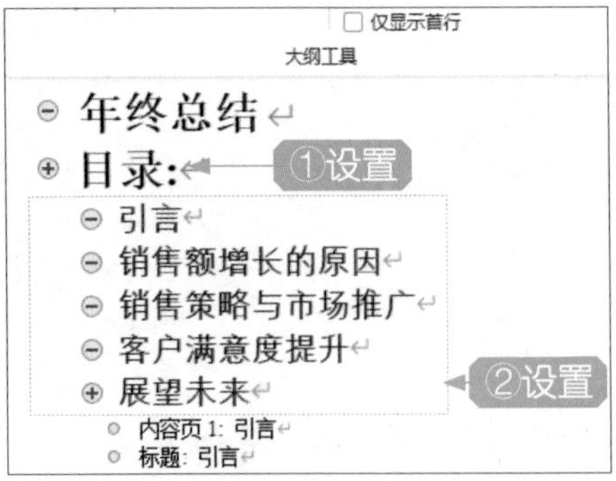

图 8-11

步骤 05 参考上述方法，对大纲内容进行层级格式设置，效果如图 8-12 所示。

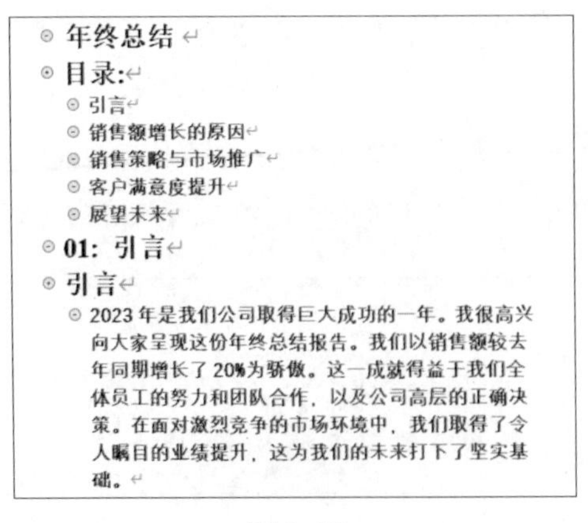

图 8-12

- 02：销售额增长的原因
- 销售额增长的原因
  - 我们的销售额增长得益于多个因素的积极作用。
  - 首先，我们加强了市场调研和竞争分析，深入了解客户需求，从而能够提供更准确、更满足客户期望的产品和服务。
  - 其次，我们改进了销售团队的培训和激励机制，提高了销售人员的专业素养和动力，使其能够更好地与客户沟通和促成交易。
  - 此外，我们积极拓展了新的销售渠道，加强了与合作伙伴的合作关系，扩大了市场覆盖范围。
  - 这些因素的综合作用使得我们的销售额获得了持续增长。
- 03：销售策略与市场推广
- 销售策略与市场推广
  - 我们制定了一系列有效的销售策略，以加速销售额的增长。
  - 首先，我们优化了产品定位和定价策略，使产品更具竞争力。
  - 其次，我们加大了市场推广力度，通过多种渠道和媒介，向潜在客户传递我们产品的独特价值和优势。
  - 我们还积极参加行业展会和活动，提升品牌知名度和曝光度。
  - 这些策略的有效实施，为我们带来了更多的销售机会和市场份额。
- 04：客户满意度提升
- 客户满意度提升
  - 我们一直将客户满意度作为重要指标，并采取了一系列措施来提升客户满意度。
  - 我们加强了客户服务团队的培训，提高了他们的服务水平和响应速度。
  - 我们积极倾听客户的反馈和建议，不断改进产品和服务，以更好地满足客户的需求。
  - 我们建立了长期的合作伙伴关系，与客户保持密切沟通，增强了客户的信任和忠诚度。
  - 这些努力使得我们的客户满意度得到了显著提升。
- 05：展望未来
- 展望未来
  - 面对未来，我们充满信心并看到了更多的机会。市场的发展潜力巨大，我们将继续推进创新和研发，不断提升产品的竞争力。我们将继续加强市场营销和品牌推广，扩大市场份额和客户群体。同时，我们将继续关注客户需求，提供更优质的服务和支持。我们相信，在全体员工的共同努力下，我们将能够取得更大的成功，并在未来实现更高的业绩。
  - 以上是我们公司的年终总结报告，感谢大家对公司的支持和付出。我们期待在新的一年中继续与大家携手合作，共同迎接未来的挑战和机遇。
  - 谢谢！

图 8-12（续）

8.3 用 PowerPoint 生成演示文稿

接下来将使用 PowerPoint 软件并用 Word 中已经生成的标题和大纲内容制作年终总结 PPT 的幻灯片。

105 插入 Word 文档生成幻灯片

使用 PowerPoint 可以直接将 Word 文档插入演示文稿中，根据标题层级格式生成对应的幻灯片，下面介绍具体的操作方法。

步骤 01 在 PowerPoint 中，新建一个空白演示文稿，❶单击“新建幻灯片”下拉按钮；❷在弹出的列表框中选择“幻灯片（从大纲）”选项，如图 8-13 所示。

步骤 02 弹出“插入大纲”对话框，选择上例保存的 Word 文档，如图 8-14 所示。

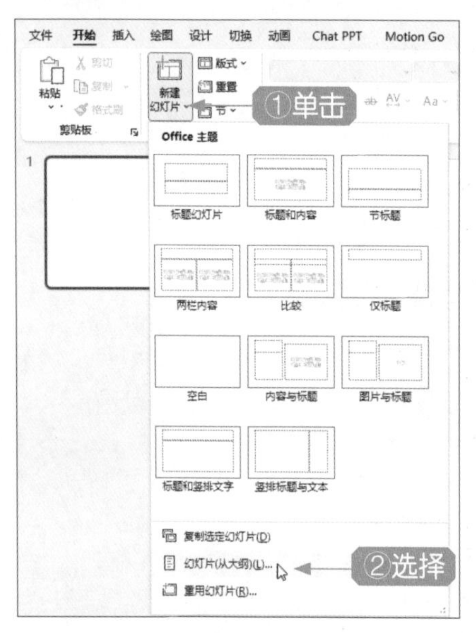

图 8-13

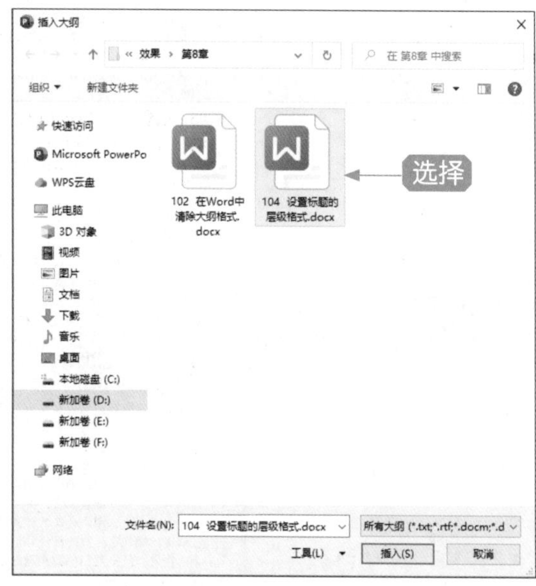

图 8-14

步骤 03 单击“插入”按钮，即可将 Word 文档中的内容生成幻灯片，效果如图 8-15 所示，在状态栏中显示了演示文稿的幻灯片张数。

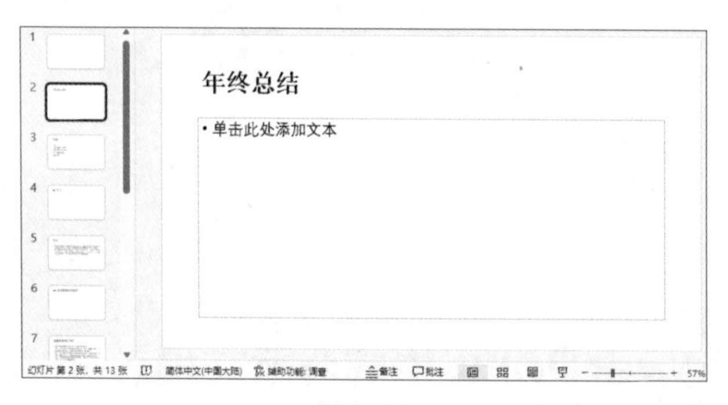

图 8-15

106 编辑幻灯片内容

接下来需要对幻灯片中的内容进行编辑操作，包括将空白的幻灯片和幻灯片中多余的文本框删除，在封面页中添加汇报人姓名，调整幻灯片中文本的段落格式等，下面介绍具体的操作方法。

步骤 01 ❶选择第 1 张空白幻灯片；单击鼠标右键，❷在弹出的快捷菜单中选择“删除幻灯片”选项，如图 8-16 所示，即可将空白幻灯片删除。

步骤 02 在封面页幻灯片的文本框中输入汇报人姓名，如图 8-17 所示。

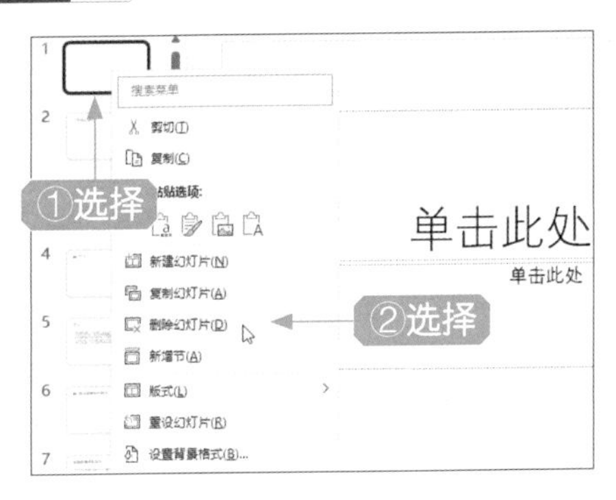

图 8-16

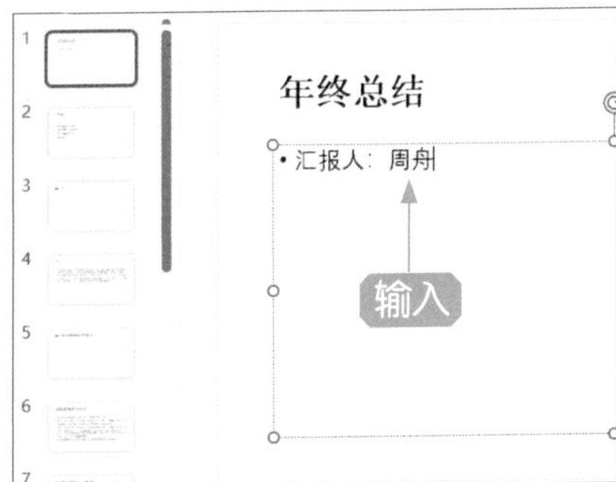

图 8-17

步骤 03 选择输入的内容，在“开始”功能区中，❶单击“段落”面板中的“项目符号”下拉按钮；❷在弹出的列表框中选择“无”选项，如图 8-18 所示。

步骤 04 执行操作后，即可去除文本前面的项目符号，效果如图 8-19 所示。

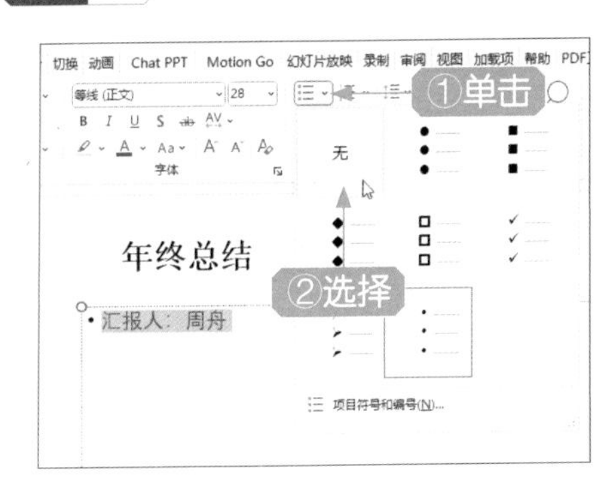

图 8-18

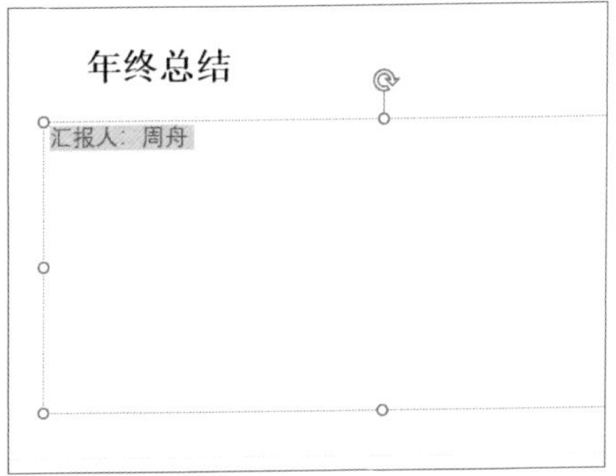

图 8-19

步骤 05 用上述同样的方法，调整其他幻灯片中的文本段落格式和文本位置，并删除幻灯片中多余的文本框，幻灯片编辑效果如图 8-20 所示。

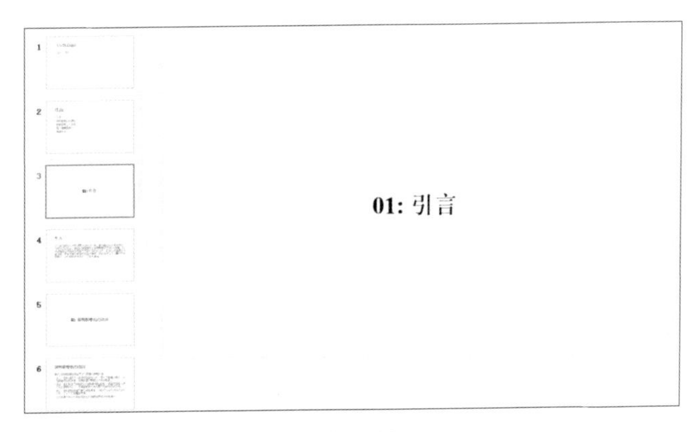

图 8-20

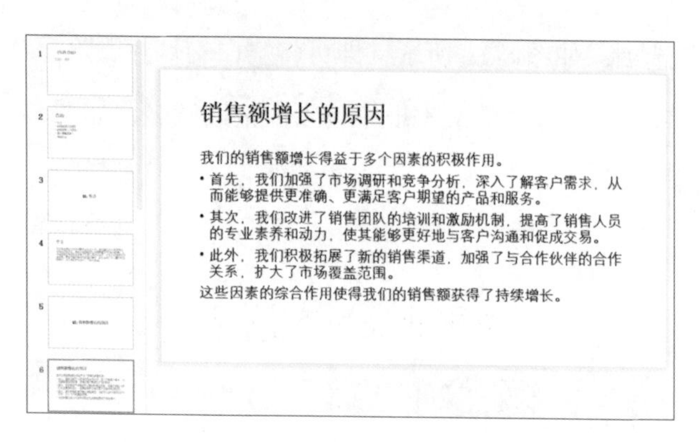

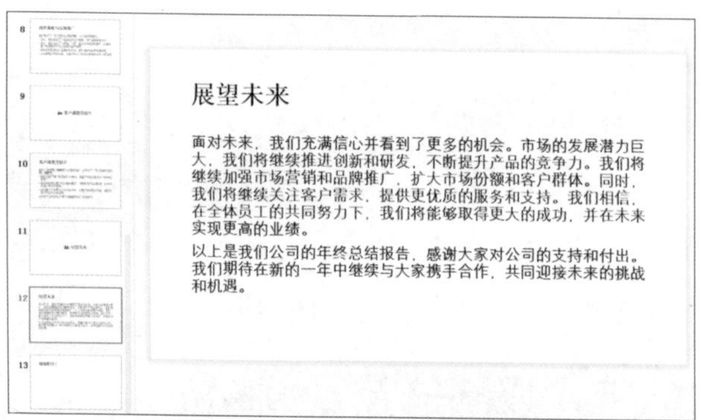

图 8-20（续）

8.4 用 WPS 智能美化演示文稿

PowerPoint 中提供的设计模板没有 WPS 中提供的模板丰富、美观，因此美化演示文稿的操作可以在 WPS 中进行。WPS 提供了“智能美化”功能，可以对演示文稿进行全文换肤、统一字体等操作，以满足用户的设计需求。

107 对演示文稿全文换肤

WPS 中虽然有“单页美化”功能，可以单独对某一张幻灯片进行模板套用，但与一张一张地进行美化操作相比，直接使用“全文换肤”功能下载使用整套模板会更加快捷、便利，下面介绍具体的操作方法。

步骤 01 用 WPS 打开 PowerPoint 生成的演示文稿，在“设计”功能区中，❶单击“智能美化”下拉按钮；❷在弹出的列表中选择“全文换肤”选项，如图 8-21 所示。

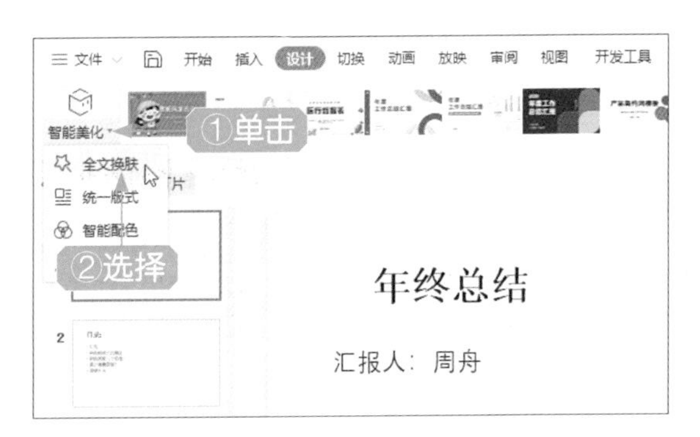

图 8-21

步骤 02 稍等片刻，即可弹出“全文美化”对话框，找到一款合适的模板，单击模板上的“预览换肤效果”按钮，如图 8-22 所示。

图 8-22

步骤 03 执行操作后，即可在“美化预览”选项卡中预览换肤效果，如图 8-23 所示。

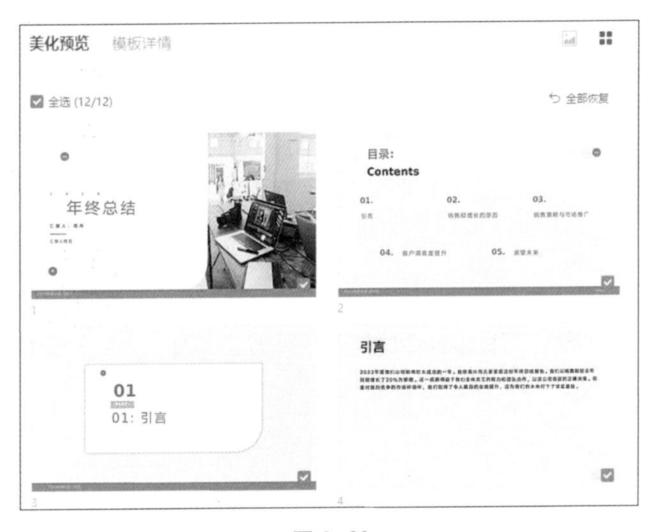

图 8-23

步骤 04 在下方单击“应用美化”按钮，如图 8-24 所示。

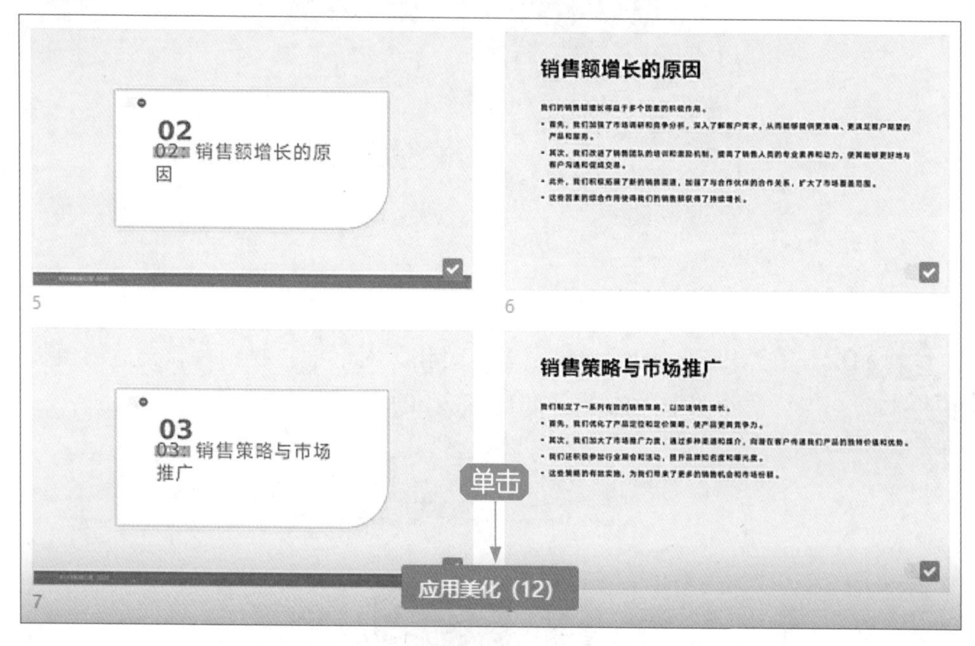

图 8-24

步骤 05 执行操作后，即可对演示文稿全文换肤，检查每一张幻灯片中的内容是否正确、文本格式是否正确，还可以根据需要在幻灯片中插入图片、重新布局图文，最终效果如图 8-25 所示。

图 8-25

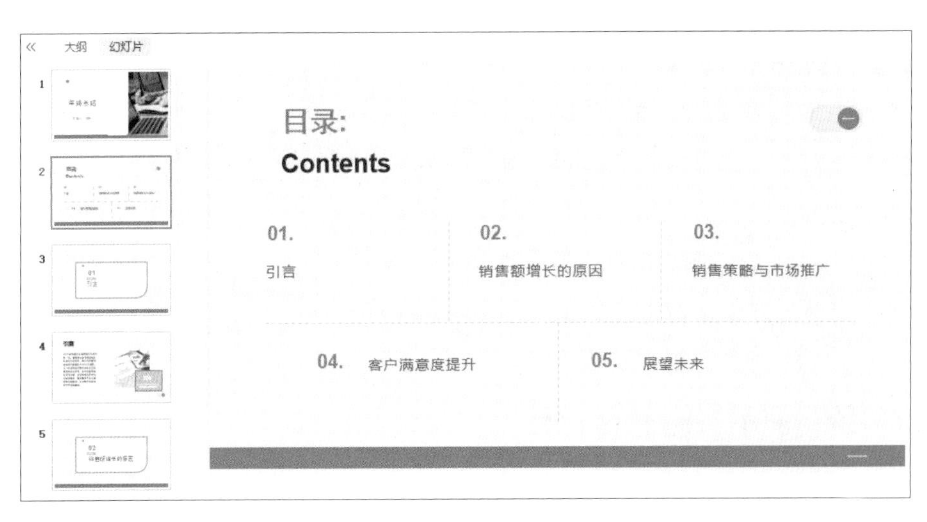
大纲
幻灯片
目录:
Contents
01.
引言
02.
销售额增长的原因
03.
销售策略与市场推广
04.
客户满意度提升
05.
展望未来

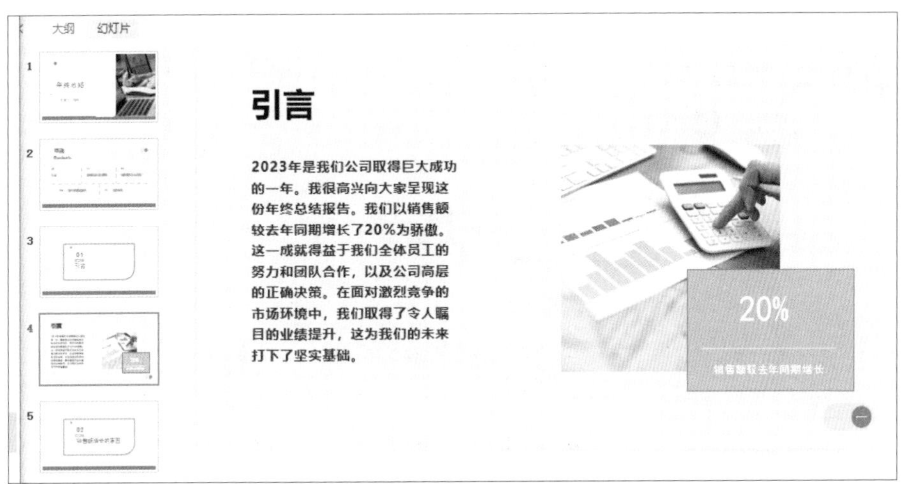
大纲
幻灯片
引言
2023年是我们公司取得巨大成功的一年。我很高兴向大家呈现这份年终总结报告。我们以销售额较去年同期增长了20%为骄傲。这一成就得益于我们全体员工的努力和团队合作，以及公司高层的正确决策。在面对激烈竞争的市场环境中，我们取得了令人瞩目的业绩提升，这为我们的未来打下了坚实基础。
20%

大纲
幻灯片
谢谢聆听！

图 8-25（续）

专家指点

本案例中，幻灯片中插入的图片大多是从其他幻灯片模板中调用过来的，用户可以将鼠标移至幻灯片上，单击⊕按钮，在弹出的“新建幻灯片”对话框中，选择并使用带有图片的、合适的幻灯片模板，将模板插入演示文稿中，复制幻灯片中的图片，将其粘贴至其他需要图片的幻灯片中，然后删除插入的幻灯片模板即可。除此之外，用户也可以在幻灯片中插入自己准备好的图片。

108 统一演示文稿中的字体

接下来，可以在 WPS 演示文稿中对字体进行统一更换，下面介绍具体的操作方法。

步骤 01 继续上例的操作，❶在“设计”功能区中，单击“统一字体”下拉按钮；❷在弹出的列表框中单击“自定义”按钮，如图 8-26 所示。

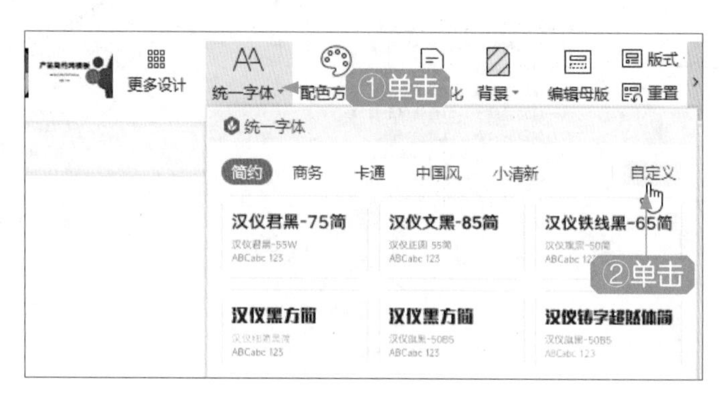

图 8-26

步骤 02 执行操作后，单击“创建自定义字体”按钮，如图 8-27 所示。

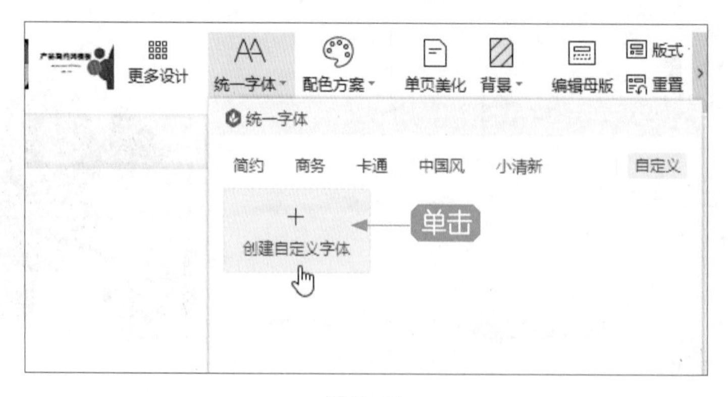

图 8-27

步骤 03 执行操作后，即可弹出“自定义字体”对话框，如图 8-28 所示。

步骤 04 ❶在“名称”文本框中输入“年终总结”；❷在“中文字体”下拉列表中选择“黑体”选项，如图 8-29 所示。

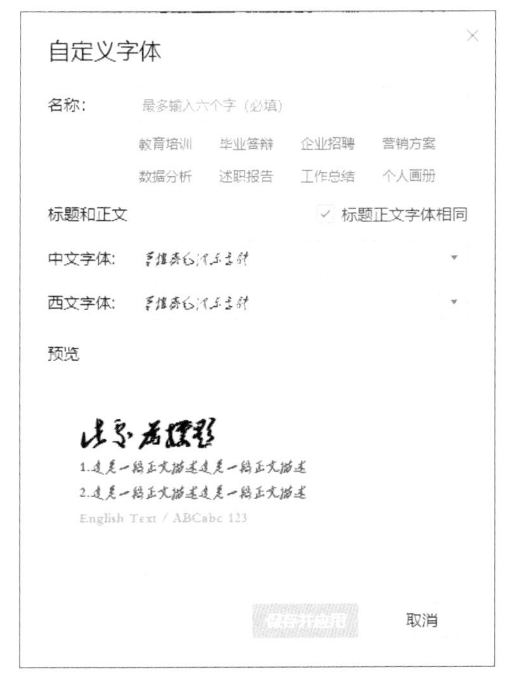

图 8-28

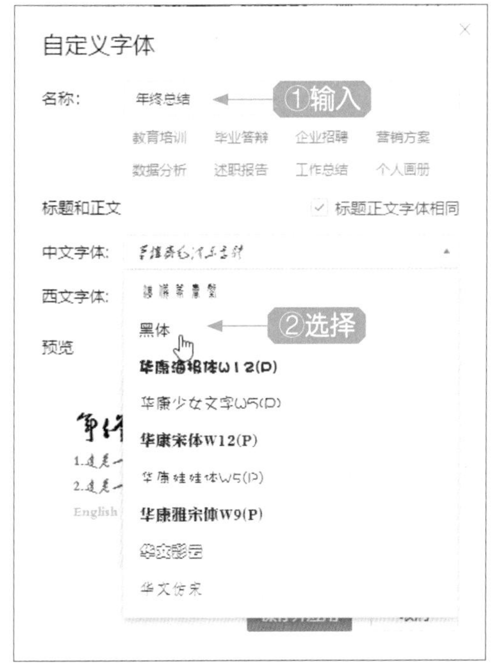

图 8-29

步骤 05 用同样的方法，❶设置“西文字体”也为“黑体”；❷单击“保存并应用”按钮，如图 8-30 所示。

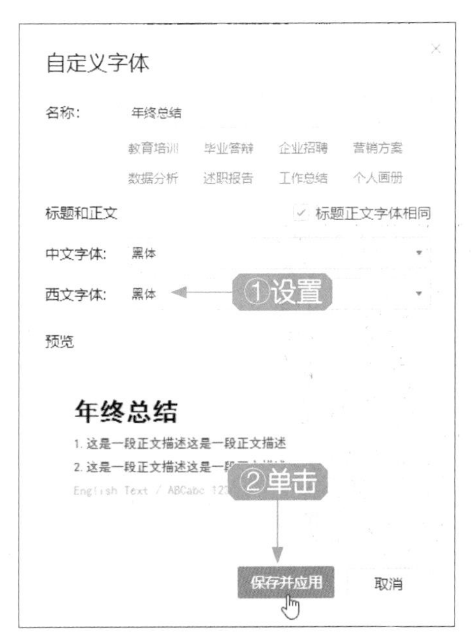

图 8-30

步骤 06 执行操作后，在“设计”功能区中，展开“统一字体”列表框，在“自定义”选项卡中，选择创建的“年终总结”字体，如图 8-31 所示。

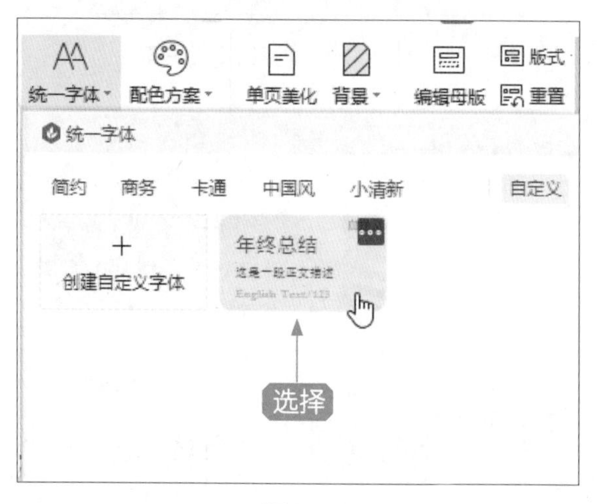

图 8-31

步骤 07 执行操作后，即可统一演示文稿中的字体，效果如图 8-32 所示。至此，已完成年终总结 PPT 的制作。

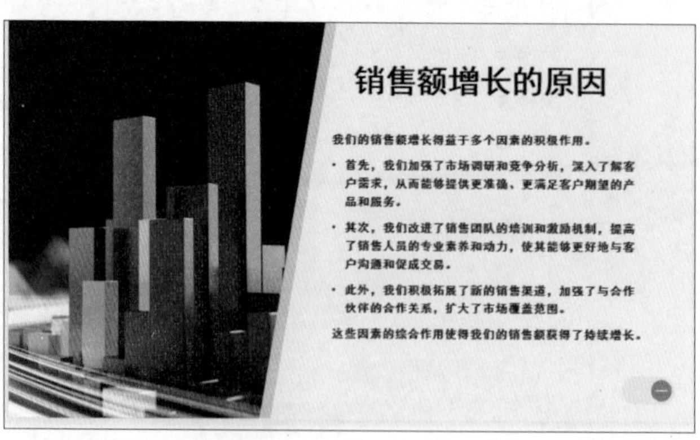

图 8-32

8.5 本章总结

本章主要介绍使用4款软件协同办公制作年终总结PPT的操作方法，包括用ChatGPT生成PPT大纲、用Word设置PPT标题、用PowerPoint生成演示文稿以及用WPS智能美化演示文稿。学完本章大家可以完全掌握使用ChatGPT、Word、PowerPoint和WPS制作PPT的全部流程。